小动物皮肤病诊疗问与答

——经典病例 142

主编 **岩崎利郎**
东京农工大学教授
译 **施振声 安铁洙**

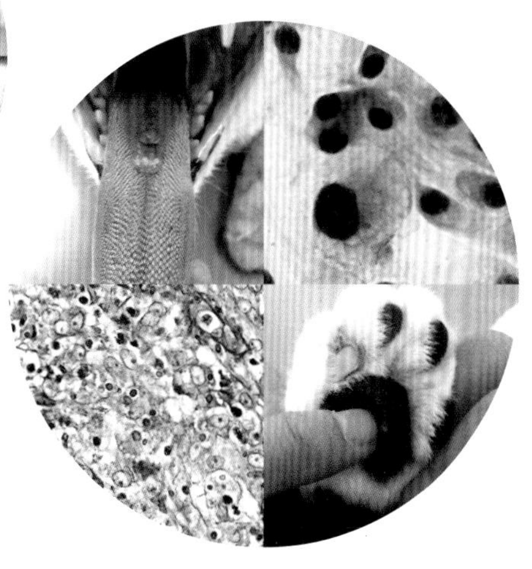

中国农业科学技术出版社

注意事项

本书中所描述的诊断方法、治疗方法、用药等都是根据最新的医学发展知识，仔细加以整理的结果。但是，从医学的飞速发展来看，书中所记载的内容不能保证都准确无误。临床医师应该在实际病例应用时，根据所使用的仪器、各个化验室的正常值及用药量等仔细核对，谨慎行事。如果由于按照本书所描述的诊断方法、治疗方法及用药量而造成了差错，本书的编者，以及出版商不承担任何责任（绿书房出版社）。

图书在版编目（CIP）数据

小动物皮肤病诊疗问与答：经典病例142/（日）岩崎利郎主编；施振声，安铁洙译．—北京：中国农业科学技术出版社，2015.8
ISBN 978-7-5116-2073-6

Ⅰ．①小… Ⅱ．①岩… ②施… ③安… Ⅲ．①动物疾病－皮肤病－诊疗－问题解答 Ⅳ．①S857.5-44

中国版本图书馆CIP数据核字(2015)第082340号

责任编辑　徐　毅　张志花
责任校对　李向荣

出 版 者　中国农业科学技术出版社
　　　　　北京市中关村南大街12号　　　邮编：100081
电　　话　（010）82106636（编辑室）　（010）82109702（发行部）
　　　　　（010）82109709（读者服务部）
传　　真　（010）82106631
网　　址　http://www.castp.cn
经 销 者　各地新华书店
印 刷 者　北京卡乐富印刷有限公司
开　　本　787 mm × 1 092mm　1/16
印　　张　19.75
字　　数　365千字
版　　次　2015年8月第1版　2015年8月第1次印刷
定　　价　198.00元

翻译人员

译

施振声	中国农业大学
安铁洙	东北林业大学

副主译

许小琴	扬州大学
方南洙	延边大学

译　者（以姓氏笔画为序）

韦旭斌	吉林大学
方南洙	延边大学
尹哲友	延边大学
付本懂	吉林大学
朴善花	东北林业大学
伊鹏霏	吉林大学
安铁洙	东北林业大学
许小琴	扬州大学
李钟淑	延边大学
金英海	延边大学
金花子	延边大学
金庆国	延边大学
郑仁玖	长白山科学研究院
施振声	中国农业大学
鲁　承	延边大学
靳　朝	吉林大学

主　审

韦旭斌	吉林大学
施振声	中国农业大学

内容简介

这本《小动物皮肤病诊疗问与答——经典病例142》就要与读者见面了。本书原版主编岩崎利郎教授是国际著名兽医皮肤病专家，曾担任2008年在香港召开的世界兽医皮肤病大会主席。他多年担任日本兽医皮肤病学会会长，多次到中国讲学，很多听过他讲课的同行都对他印象深刻。

本书的特点完全符合主编的个性特点，简明扼要，深入浅出，内容丰富而不张扬。与众不同的地方之一是以病例为中心，先对病例进行描述，提出一系列相关问题，然后作者对每个问题一一作答，非常详细，很有说服力，对临床上诊疗皮肤病有相当的参考价值。同时他的思路对读者也应有很大的启发。译者衷心希望本书对小动物临床医师能有所裨益。

感谢吉林大学韦旭斌教授组织翻译班子译成此书，东北林业大学安铁洙教授做了大量的翻译和组织工作。还要感谢北京北农阳光文化有限公司李少莉总经理的高效率协调和支持。对各位译者和出版者在此一并致谢。

施振声

中国农业大学

2015年3月15日于北京

序　言

由日本最著名的兽医皮肤病专家岩崎利郎教授主编的实用型小动物皮肤病专业书籍《小动物皮肤病诊疗问与答——经典病例 142》是一本非常简明而有深度的专著。这本书将岩崎利郎教授的临床心得体会奉献给执业宠物医师，非常简练、实用，启发性强。

每一个症状相似的皮肤病发生在不同品种、年龄、机体状态的动物身上，疾病不一定完全相同。诊断复杂的皮肤病，首先应当具有一般皮肤病分类、特点、基本诊断技术、临床鉴别诊断、临床用药的基础，并经过自己一定的实践检验，才能做到更好。

临床疾病的诊疗与针对性的科研相结合，能够更深入地揭示疾病的发病机理和诊断技术并高效用药，岩崎利郎教授是这方面的权威，受到了同行的尊敬和爱戴。

期望这本书能够对于成长中的中国小动物临床事业有所帮助！

特此荣幸地推荐！

林德贵

中国农业大学动物医学院教授

2015 年 7 月 4 日

前　言

近一二十年，日本的小动物临床医学取得了飞速的发展，特别是临床第一线的兽医师们已经和欧美的兽医实力不相上下了。可是，遗憾的是我们的专家级水平的小动物临床医学尚未完全跟上，这是我们今后需要努力的地方。

小动物皮肤病方面的教科书、参考书包括翻译的书籍已经很多了。但是，其中作者引用的病例多数是由皮肤病专家接诊的转诊病例，这些转诊病例的大多数都是所谓的疑难杂症。当然首诊兽医师偶尔也可以见到类似的转诊病例。转诊病例和首诊病例两者不是一个层次的事情。

本书为了填补这两者之间的空白，特别邀请了临床一线的15名皮肤病专家为临床兽医师选取了常见的病例进行讲解。因此，书中的病例都是临床上常见的。另外，由于本书采用了一个一个病例以问答的形式加以论述，大家可以学到与临床实际相吻合的思路，非常实用。

本书如果能为更多的读者、教师、学生们拓宽视野起到一些作用的话，正是作者所希望的。

最后，向为本书的出版发行、策划、编辑而付出了辛苦努力的绿书房出版社的松原芳绘氏致以深深的谢意。

岩崎利郎

东京农工大学教授

2012年7月1日

目　录

疾病及其症状目录

（数字代表病例编号）

总　论

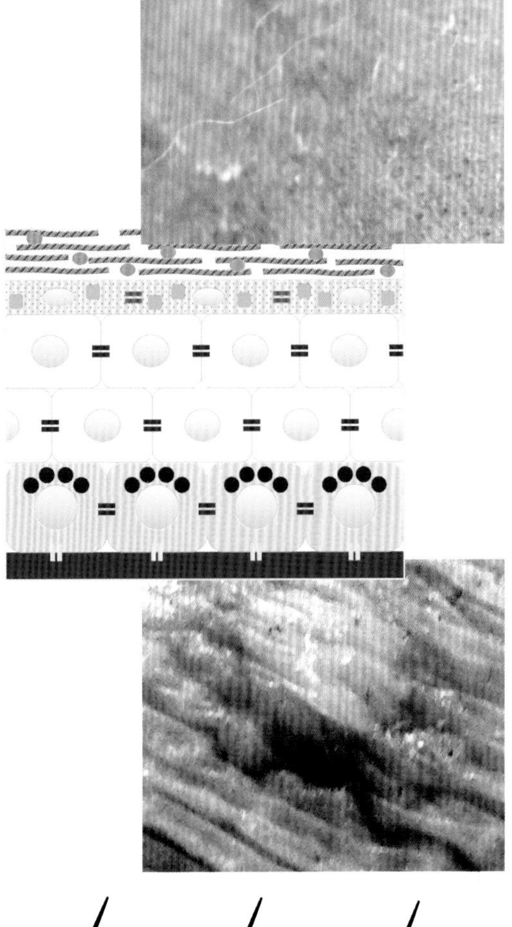

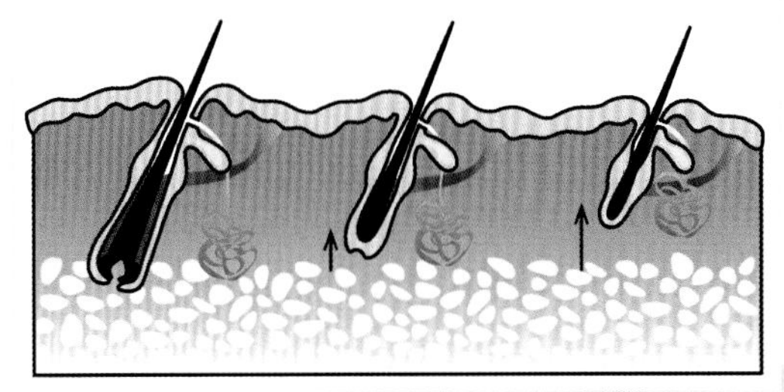

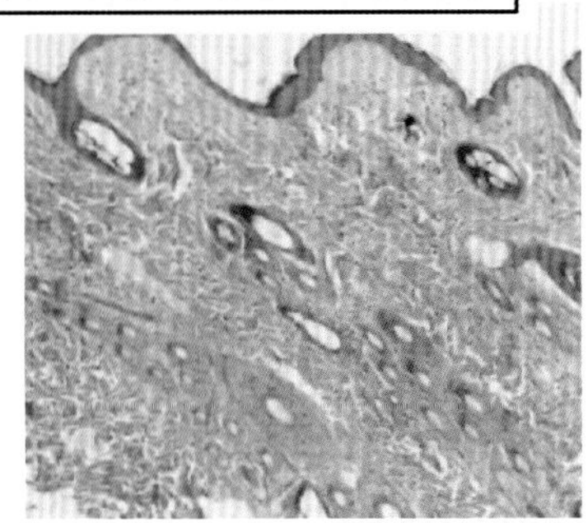

●皮肤的定义

皮肤占体重约 12%，是机体的最大器官。皮肤直接暴露于外界环境，其各种各样的结构是为维持生命活动提供各种功能。

●皮肤的机能

①屏障功能：皮肤为防止外界的物理性，化学性刺激侵入机体的屏障，同时还有防止内部的水分、电解质、蛋白质等流出体外的功能。

②维持机体的可动性，保持正常形态：皮肤具有柔软性，弹性，且富韧性。由于皮肤具有这样一些特性，机体可以完成各种活动，而且可以保持机体的形态。

③调节体温：皮肤在通过调节被毛，血液循环及汗腺的分泌等来调节体温方面，发挥重要作用。

④内部环境的反应：内脏疾病，营养状态，用药等各种影响都可能在皮肤表现出来。

⑤免疫调节机能：皮肤是免疫系统的重要器官。以上皮细胞，朗翰氏细胞，淋巴细胞等免疫细胞为主，对微生物感染，肿瘤的生长等起到调节免疫功能，对其发挥抑制作用。

⑥感觉器官：触觉，痛觉，痒觉，冷热等不同的感知功能。

⑦其他：合成维生素 D，产生色素等合成功能。

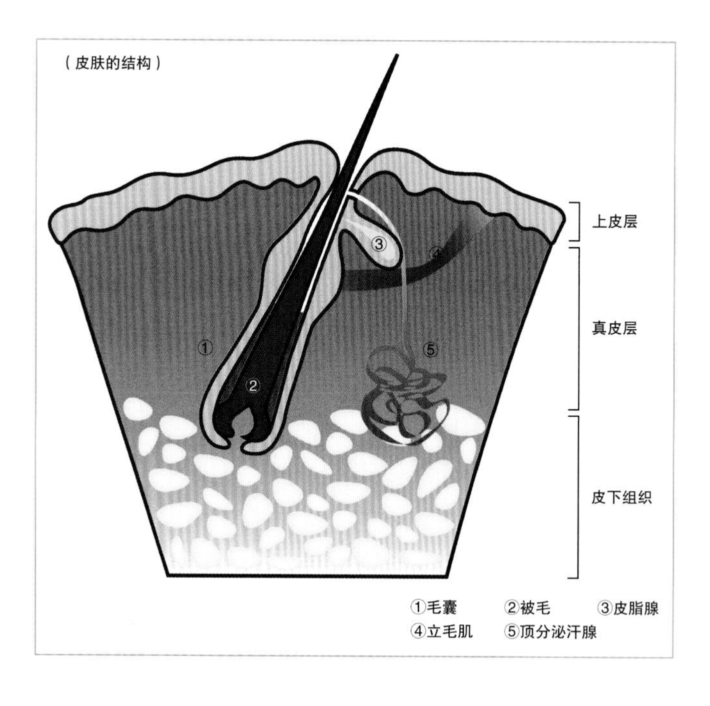

●皮肤的结构

皮肤的结构可以分为上皮层，真皮层和皮下组织3层，此外还有被毛器官（毛囊，毛），立毛肌，皮脂腺，汗腺（顶分泌汗腺，外泌汗腺），趾甲等附属器官。

上皮层

上皮是皮肤的最外层，是皮肤屏障机能的最重要部分。上皮层的95%由角化细胞构成，其他还有如色素细胞，朗翰氏细胞，默克尔细胞等。

上皮由基底层，有棘层，颗粒层，角质层4层构成。角化细胞从上皮层的最深部（基底层）开始分裂，分化，成熟（角化），同时向表层（有棘层—颗粒层）移行，最后角化细胞脱核，复层化，形成角质层。在上皮的颗粒层，角化细胞含有两种颗粒（透明质酸颗粒，板层颗粒），透明质酸颗粒内含克林在细胞角化时被分解为克林衍生物。这些物质在细胞质内使胶原纤维聚集，然后在角质层分解，起到保持水分和吸收紫外线的作用，是天然保湿因子。

另外，板层颗粒内神经酰胺原，角化细胞成熟后到达角质层时，由板层颗粒释放神经酰胺到角质细胞间（细胞间脂质：存在其他固醇类，游离脂肪酸等）。神经酰胺影响脂质的双重结构，起到皮肤保湿的重要作用。克林和神经酰胺的保湿和屏障作用起到非常重要的作用，如果因为遗传因素，其产生障碍，含量下降等会导致鱼鳞斑或特异性脱毛等疾病。

角化细胞与相邻的角化细胞结合是通过桥接或间隙结合，连接在基底膜上，半桥接的结构也有。角化细胞间桥接的同时，细胞膜和细胞骨架相连，裂隙结合主要出现在上皮表层，防止水分子和电解质的蒸发。

色素细胞来源于神经系，分布在上皮的基底层。细胞内富含色素颗粒，在此颗粒内由酪氨酸合成色素。供给基底细胞成熟色素颗粒，基底细胞核上的颗粒防止紫外线对核的破坏形成核帽。

朗翰氏细胞来源于脊髓的树突细胞，具有将抗原信息转给T细胞的功能。美格细胞是存在于基底层的表层的触觉受体细胞，结合在感觉神经末梢。

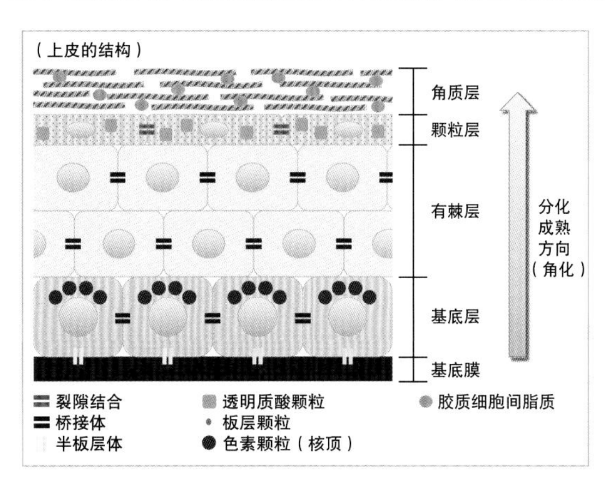

基底膜

上皮层与真皮层通过基底膜连接。基底膜由各种黏合蛋白组成，结构复杂。基底细胞和基地板之间的结合中，半桥接起到重要作用。两者之间是透明带。

BP180（水泡性天疱疮的抗原 ：ⅩⅦ胶原），a6B4 整合素与板形成素 5 相结合，通过半桥接与基地板连接。板形成素 5 与基底板下面的Ⅶ型胶原（固定纤维）相结合，Ⅶ型胶原使Ⅰ型和Ⅲ型胶原与基地板结合。BP180，板桥素 5，Ⅶ型胶原等先天性异常导致的疾病已知的有上皮水泡症。后天性的疾病是机体产生抗 BP180 或 BP230 的抗体，引发水泡类天疱疮。Ⅶ型胶原自身抗体可引起后天性上皮水泡症。

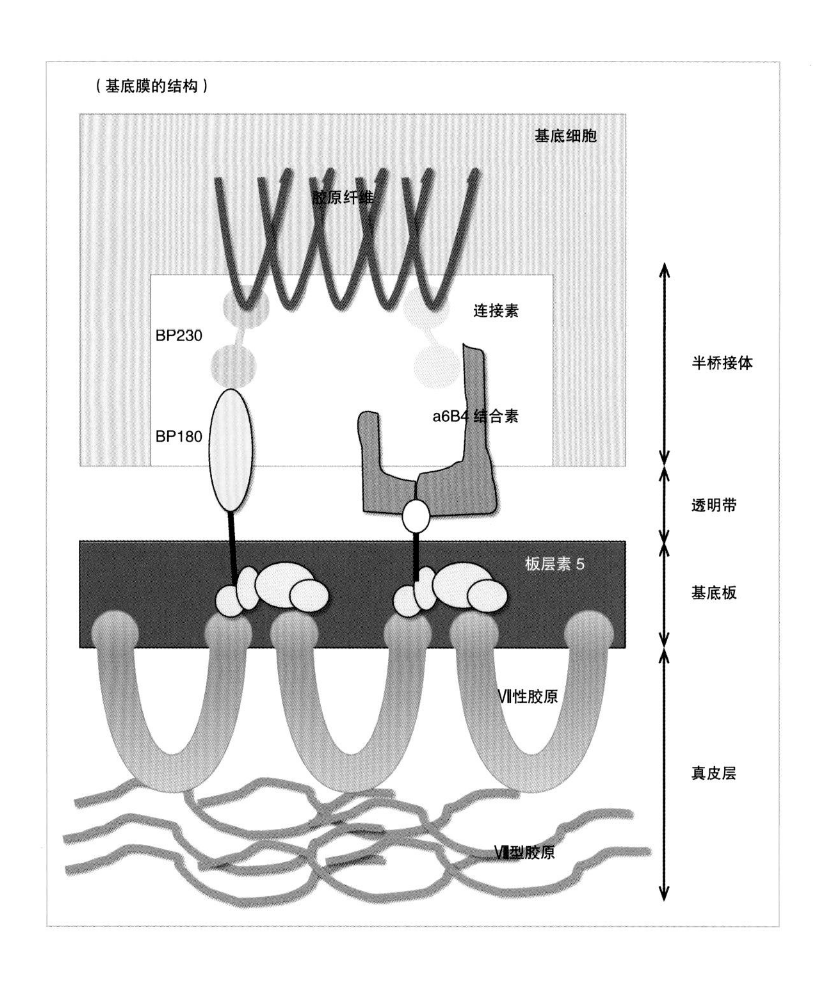

真皮

真皮是上皮下层的富含纤维组织的结构，解剖学上分为乳头层，乳头下层，网状层 3 层。构成真皮层的纤维组织大部分是胶原纤维（主要是Ⅰ型，Ⅲ型胶原纤维）。胶原纤维具有强劲的抗张力功能，皮肤的强度主要来自于此。真皮富有弹性，皮肤的柔韧性主要来自这部分组织。艾洛斯但洛斯综合征就是这些纤维组织减少，结构异常造成的，此症的特点是皮肤脆弱，过度拉伸。

真皮中的血管呈网状分布，相互吻合成血管丛，血管丛分布于皮下和乳头下。这样的血管结构给皮肤提供营养，气体交换，还在体温调节方面发挥重要作用。此外，真皮层还有淋巴管，感觉神经（触觉，痛觉，温热感觉，压觉）以及植物神经分布。细胞成分主要有成纤维细胞，组织细胞，肥大细胞，形质细胞等。

皮下组织

皮下组织的大部分是皮下脂肪组织。皮下脂肪组织的大部分是脂肪细胞，对物理性的外力起到缓冲作用，还能产生热量，以及保湿功能等重要作用。

（真皮及皮下组织）

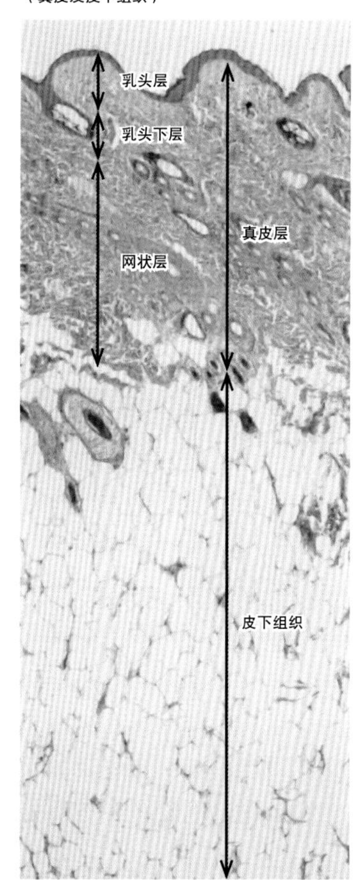

●皮肤的附属器

被毛

被毛保护皮肤免受物理和化学刺激，还能调节体温，起到感觉器官的重要作用。被毛器官由毛和包被在毛根部的毛囊组成。毛本身是由内部的毛髓、毛皮质、毛小皮 3 层构成。毛又可以分成主毛（一次毛）和副毛（二次毛）。

毛囊由两层构成，外侧叫结缔组织毛囊，与真皮相连，内侧是由上皮性的成分组成，分成外毛根梢和内毛根梢。毛囊从上向下分别为毛孔，毛囊漏斗部，毛囊峡部及毛囊膨大部。最下部膨大成球状叫毛球。毛囊膨大部有立毛肌附着，其上部有皮脂腺导管和顶浆分泌汗腺开口。毛球的中央有毛乳头，其外包被毛母细胞。毛母细胞中含有色素细胞，提供色素给被毛。

毛器官的生长周期由成长期，退行期，休止期组成，生长周期循环往复，导致被毛生长和脱落交替循环。毛周期的长短受被毛的长度，品种，日照时间，气温，营养状态，激素等影响。处于成长期的被毛含有反复活跃增殖的毛母细胞，在皮下组织可见毛球。进入退行期的毛器官毛母细胞的增殖活动休止，毛囊收缩，毛球的位置上移。进入休止期的毛囊向上移行到其膨大部的位置，毛根变成棍棒状。然后当其再次进入成长期时，毛囊又向下移行到皮下组织的位置。

汗腺

汗腺可划分为顶浆分泌汗腺和外分泌汗腺两种。与人类不同，犬猫除鼻镜和爪肉垫以外的皮肤上分布的是顶浆分泌汗腺。顶浆分泌汗腺开口于毛囊漏斗部，这可能和体臭有关，同时可能有抗细菌感染的作用。外分泌汗腺存在于爪肉垫部，直接开口于肉垫皮肤表面。在人体上，外分泌汗腺通过出汗来调节身体对温热刺激的反应，而犬猫主要通过精神紧张性出汗来调节。

皮脂腺

皮脂腺是产生皮脂的附属器官，开口于毛囊漏斗部（顶浆分泌汗腺管开口部下方）。皮脂腺产生的皮脂是皮肤和被毛弹性的来源，还有保湿和抗微生物侵害的作用。

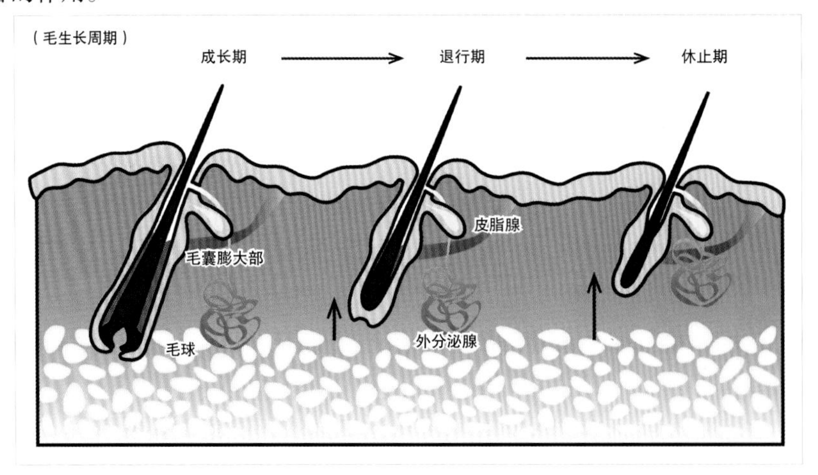

●皮疹学

皮疹指的是皮肤发生病变。皮疹可以分为原发皮疹（初期）和继发皮疹（原发皮疹或继发皮疹后的并发症）。皮肤病科诊疗过程就是要仔细观察原发皮疹，继发皮疹，确认其性质及分布等，这在皮肤病诊疗上是很重要的。

原发皮疹

1. 色调的变化（斑）

（1）红斑（图①）：皮疹是由于真皮浅层血管扩张引起的，但是血液成分并未漏出血管外。用玻片按压后皮肤的颜色会减退。红斑是由过敏或马拉色菌引起的炎症变化。由于红斑呈多个圆形，又叫圆形红斑，为皮肤真菌，浅层脓皮症等引起的多形红斑。

（2）紫斑（图②）：是由真皮或皮下织出血引起的皮疹，与红斑不同，这种情况下，血液成分会漏出血管外，用玻片压后皮肤不会褪色。见于外伤，血液凝集异常，血管炎，肾上腺皮质机能异常，类固醇性皮肤病等。

（3）色素斑（图③）：主要是黑色素沉着引起的皮疹，色素沉着的部位和量的不同，肉眼可见的病变各异。在小动物临床上，多数是色素沉着于表皮内，色素斑呈黑色到褐色不等。多见于激素性皮肤病，炎症性皮肤病等情况。

（4）白斑（图④）：黑色素，色素细胞的减少或消失而造成的皮疹，在许多种皮肤病时都可见到。例如，盘状红斑狼疮葡萄膜皮肤病综合征，上皮性淋巴瘤（蕈状息肉）等，此外，老龄，缺血，炎症及慢性物理性刺激等也可导致。

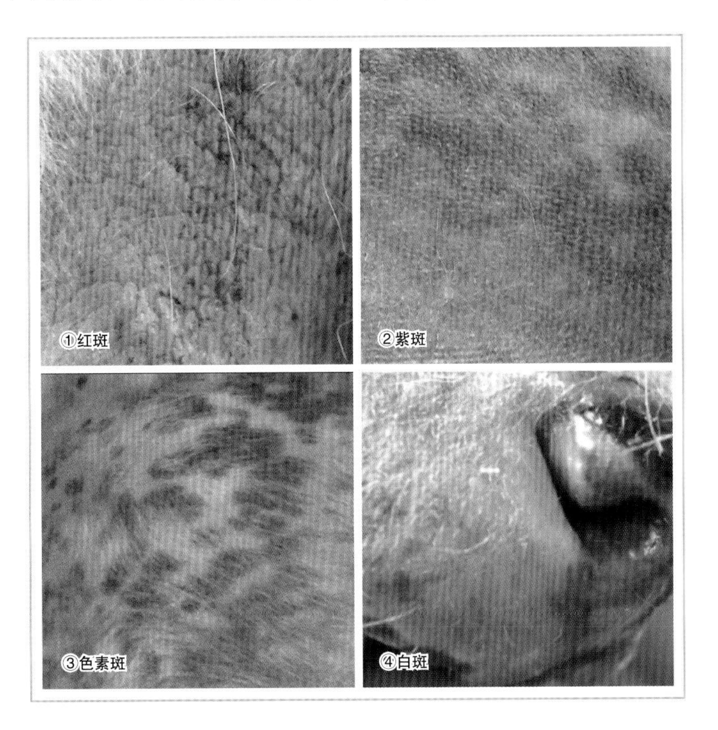
①红斑 ②紫斑 ③色素斑 ④白斑

2. 隆起性皮疹

（1）丘疹（图①）：直径不到 1cm，局限性隆起的皮疹称为丘疹。对丘疹的检查，应该确认其是否与毛孔的位置一致。与毛孔一致的丘疹见于毛囊受到细菌的感染而引起的毛囊炎，皮肤真菌感染，蠕形螨等。

（2）局面（图②）：所谓的“局面”指的是许多的丘疹集合到一起，互相融合性的病变，结果产生扁平的隆起皮疹。皮肤钙沉积，盘状红斑狼疮，上皮性淋巴瘤等可见局面性病变。

（3）结节 / 肿瘤（图③）：结节指的是直径 1~3cm 的局限性隆起性病变。肿瘤是指 3cm 以上的局限性隆起性病变，常见于深部细菌感染、真菌感染、脂肪组织炎症、异物、肿瘤等。

（4）水疱 / 脓疱（图④）：由于表皮内细胞结合受到破坏，表皮，真皮间结合受到破坏，水液，脓液蓄积于表皮内或皮下而产生的隆起。水疱产生于表皮的上层，其被覆于表面的膜很薄，张力很低，又称为迟缓性水疱。而水疱形成于表皮之下时，被膜厚，水疱膨胀形成紧满性水疱。迟缓性水疱 / 脓疱见于天疱疮，脓痂疹，紧满性水疱见于类天疱疮，后天性表皮水泡症等情况。

（5）囊肿：真皮，皮下组织部产生的有包膜的闭锁性隆起性病变。毛囊囊肿，顶浆分泌汗腺囊肿等可见。

（6）膨疹：皮肤上出现的局灶性浮肿病变。膨疹一般会在短时间内消失，常伴有瘙痒症状。以膨疹为特征的皮肤病变常见于荨麻疹。

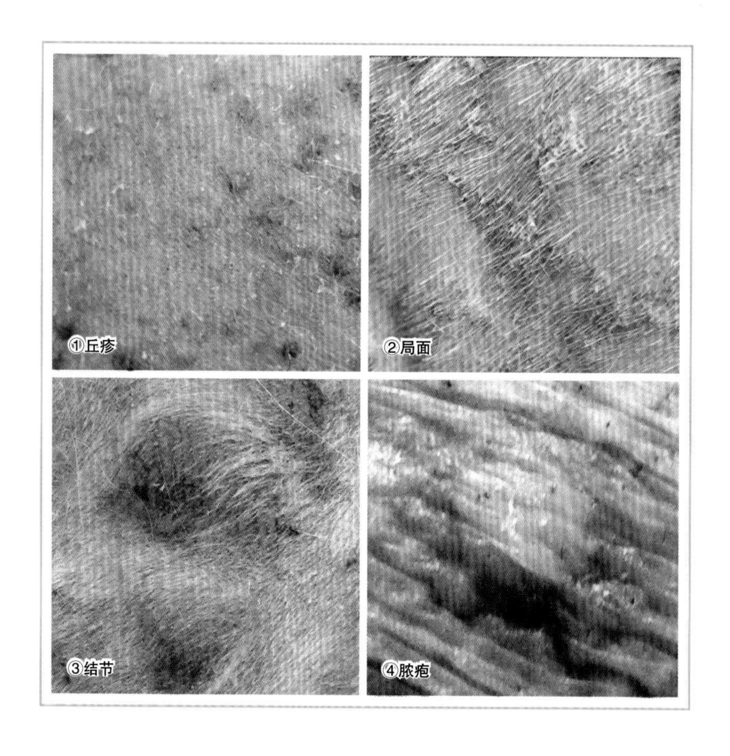
①丘疹 ②局面 ③结节 ④脓疱

3. 发疹的变化

（1）糜烂 / 溃疡（图①）：皮肤组织的缺损没有超过上皮基底层叫糜烂。达到真皮层，皮下组织的叫溃疡。糜烂是水疱或脓疱破裂，是由搔挠等产生，愈合时会留下瘢痕。而溃疡是由于缺血，深部感染，肿胀等引起，愈合过程是肉芽组织增生，产生瘢痕。

（2）痂皮（图②）：是由血液，脓汁，渗出液，角质等凝集后附着在皮肤表面而成的皮疹。常附着在糜烂，溃疡等病变的表面。

（3）鳞屑（图③）：角质过多，蓄积在皮肤表面而成。鳞屑从皮肤表面脱落的现象叫落屑。鳞屑可见于各种皮肤疾患，是非特异性的皮疹。确认鳞屑的大小，颜色，分布（与毛孔的位置一致否）等对于诊断疾病很重要。

（4）苔藓化（图④）：常见于慢性皮肤疾患，皮肤变厚，变硬。以产生于皮肤沟，皮丘为特征。

（5）瘢痕：常发生于溃疡愈合后，是皮肤组织缺损被结缔组织性肉芽组织所置换的皮疹。通常，正常皮肤的附属器官在瘢痕部不会再生。

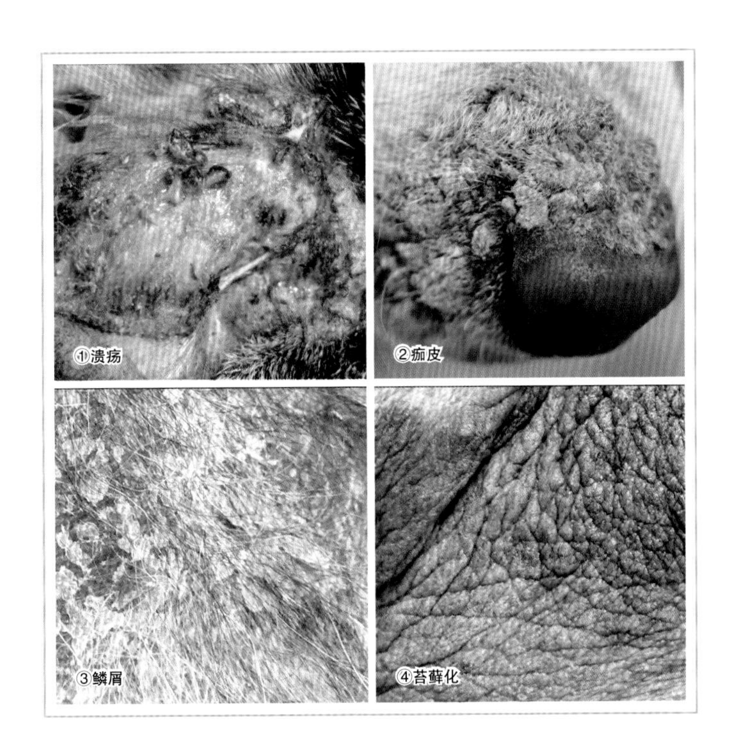
①溃疡
②痂皮
③鳞屑
④苔藓化

各　论

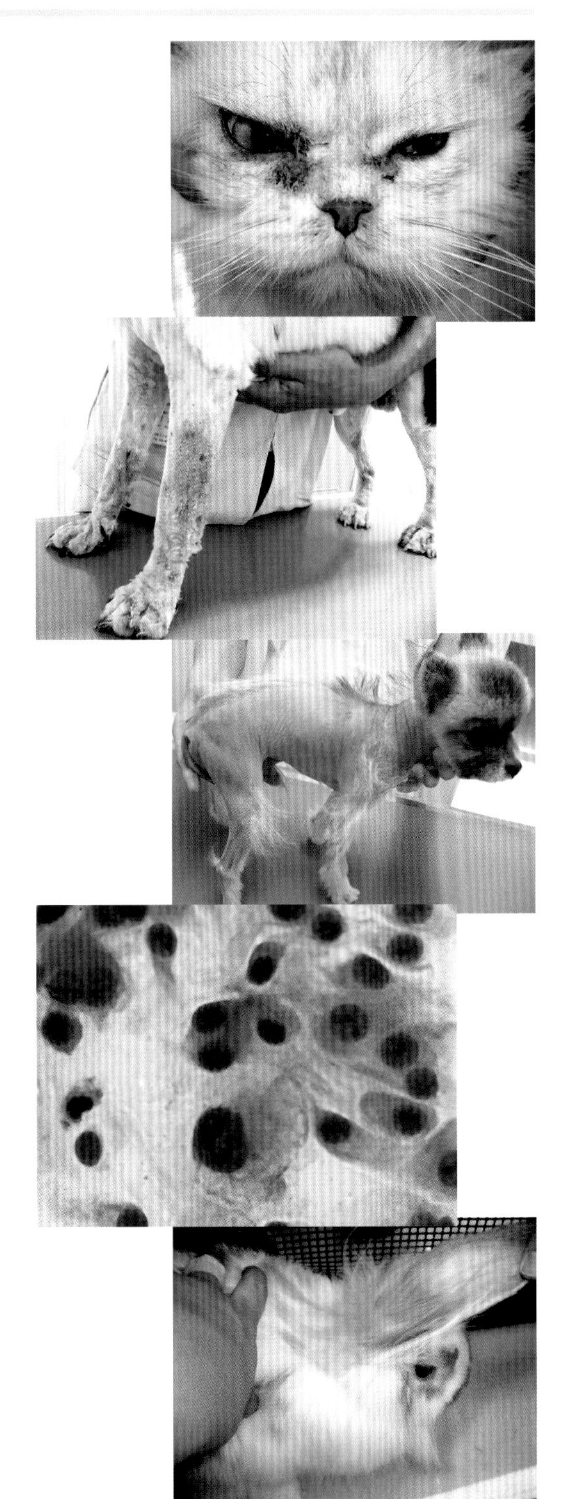

跳蚤梳检查

跳蚤梳检查用于跳蚤、虱、扁虱，蜱、螨虫等体形较大的外寄生虫的虫体和粪便检查。这种简便易行的检查方法是皮肤科诊疗中获取全身性样本（病原）最常用的方法。此外，在外寄生虫的检查中，用透明胶带来采集样本直接镜检亦是很好的方法。

刮取物直接镜检

浅层刮取

刮取较大范围的表面物质（图①）

深层刮取

深入刮取目标部位（直至出血，图②）

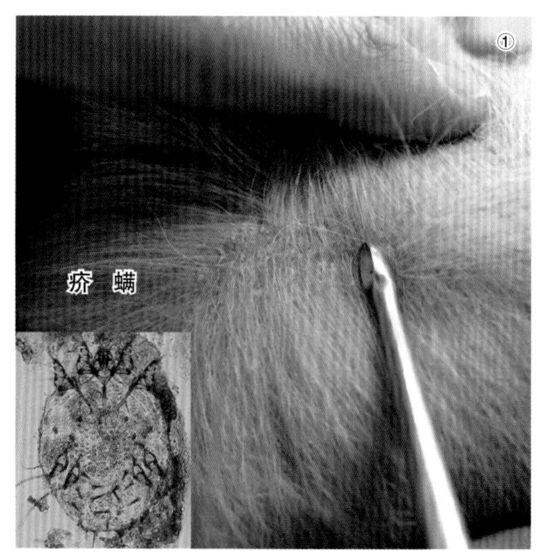

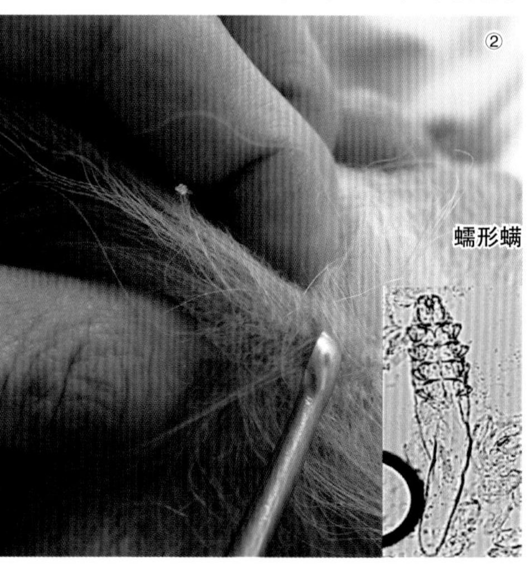

刮取皮屑镜检主要用于疥螨、扁虱等外寄生虫和真菌（丝状菌）的孢子、菌丝的检查。由于疥螨（虫）寄生于皮肤浅层，只需广泛刮取病变部位的浅层皮肤。刮取部位一般在耳廓边缘、肘部、脚跟部的鳞屑，腹部皮肤上的瘙痒处红色丘疹的中心硬块处。由于蠕形螨（虫）寄生于皮肤的深层（毛囊或皮脂腺），必须在病变部位用力刮取至出血。刮取部位一般选择沿毛孔排列的丘疹、脓疱和鳞屑等处皮肤上。

病例 1　犬，绝育雌犬，口唇部草莓状肿瘤

症 状

拉布拉多猎犬，4 岁，绝育，雌性，体重 22kg，因口唇上长有 1 个直径约 1cm 的皮肤肿瘤而来院诊治。可见肿瘤有一定可动性，表面脱毛，呈界线分明的草莓样（图 1–1）。

问题

（a）从肉眼见到的情况（症状）考虑哪几种疾病的鉴别诊断。

（b）通过组织穿刺的细胞诊断（图 1–2），可怀疑哪些疾病?

（c）应采取哪些治疗措施?

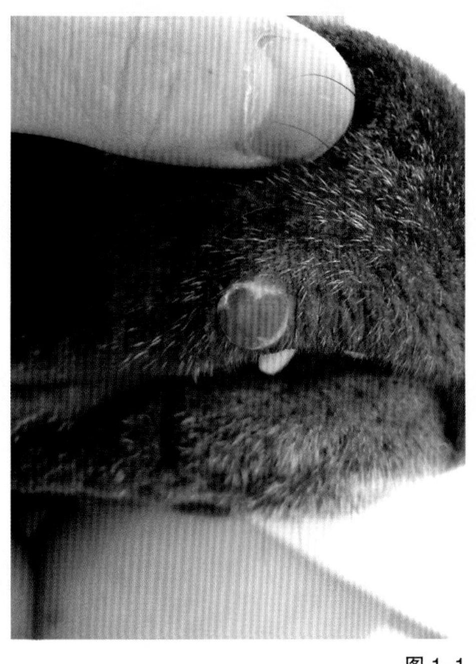

图 1–1

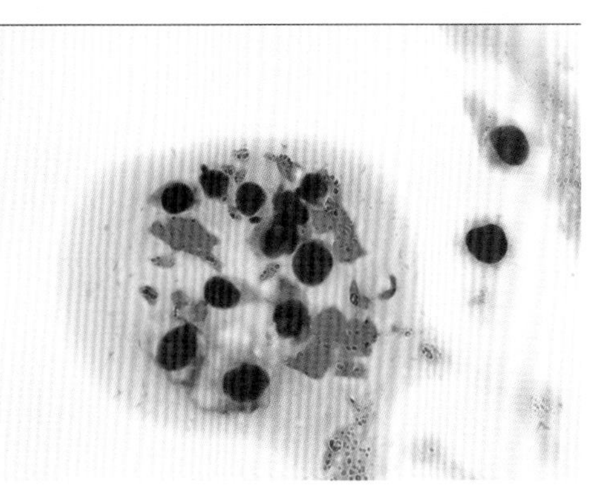

图 1–2

解答

（a）组织细胞性瘤，肥大细胞瘤、肉芽肿（细菌性、真菌性、异物性）及其他皮肤肿物。

（b）如果看到细胞中的细胞核偏向一侧，细胞质中等量，则认为是组织细胞。从发病年龄、病变及单发性情况来考虑，推测为皮肤组织细胞瘤。

（c）经过观察，通常在 2~4 个月能自然消退（萎缩）。首先观察其外观变化，多数情况下一旦出现萎缩，几天后便会消失。如果不萎缩应进行外科手术切除，并做组织病理学检查。

●要点

- 多见于 3 岁以下的幼龄犬。
- 多发于头部、颜脸及四肢皮肤。
- 一般无瘙痒等症状。

●医嘱

- 通常是良性肿瘤，必须观察。请预先告知主人如不萎缩应外科切除。

病例 2 猫，去势雄性，颜脸部瘙痒性皮炎

症 状

波斯猫，20 月龄，雄性已绝育。从 1 岁左右开始持续性颜脸部瘙痒和皮炎而来院就诊（图 2–1，图 2–2）。该皮炎以脱毛、皮肤发红、皮脂溢为特征，主要分布于眼睛及口唇周围和颌下。在其他医院曾采用肾上腺皮质激素、抗菌素和抗真菌药为主的治疗。

治疗情况是病情在改善与恶化间反复，因总不能痊愈而决定转院。平时不与其他动物接触，但家里还有 1 条雪貂。每年都接种多价疫苗，每月都给予预防跳蚤的药物。并且已不断变化给予低过敏原食物，排除了异嗜性继发症。血清 IgE 检查确认尘螨、花粉、食物等多个项目呈阳性反应。

问题

(a) 列表举出应鉴别诊断的主要疾病。

(b) 最可疑的疾病是什么?

(c) 怎样诊断?

(d) 列出鉴别诊断应增加（追加）的检查。

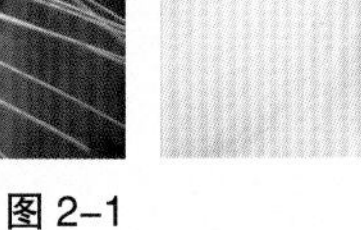

图 2–1

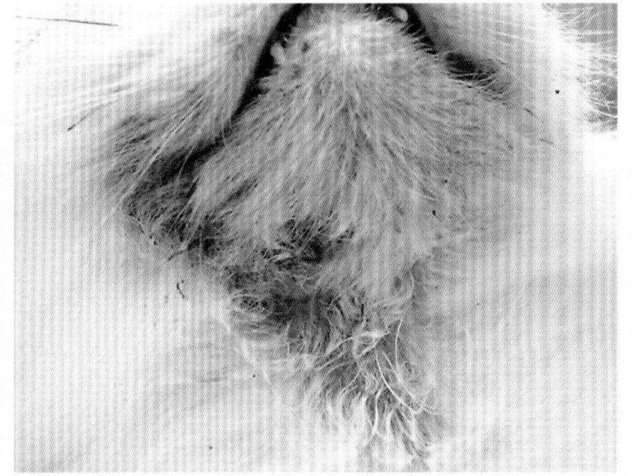

图 2–2

解答

（a）波斯猫颜脸皮炎、过敏性皮炎、食物过敏、落叶天疱疮、红斑性天疱疮、圆形红斑狼疮（皮肤红斑狼疮）、疥癣（螨）、马拉色菌皮炎、浅表性脓皮症，皮肤真菌，蠕形螨等。鉴别诊断时依据皮炎是否限于颜脸部和瘙痒情况为重点。

（b）波斯猫颜脸皮炎与过敏性皮炎的鉴别是最困难的。但是，如果是过敏性皮炎除十分严重的病例外，一般情况下多数对肾上腺皮质激素反应良好。再说即使用现代血清学检测 IgE，对猫的过敏性皮炎的诊断也是无用的。

（c）波斯猫颜脸皮炎原则上是通过排除其他疾病的方法来诊断。除了要考虑品种性原因外，还应结合病史、临床症状、组织病理学检查结果、对各种治疗的反应等特征综合研讨(分析)。

主要是与过敏性皮炎进行鉴别，两者的鉴别有时很难。

（d）刮取皮屑检查、被毛检查、细胞组织学检查（透明胶带黏附物检查、组织压片检查）、食物排除试验、皮肤组织活检。

对于上述（a）列举出的鉴别诊断（病症）表中病症的确证或排除，可选择相应的检查。此外，检查结果异常时，采取抗菌素、抗真菌药、肾上腺皮质激素的试验性治疗效果观察，亦是诊断的方法之一。

●要点

- 波斯猫颜脸皮炎是只发生于波斯猫和喜马拉雅猫脸部的皮肤疾病，其病因还不清楚。
- 常伴有不同程度的炎症和瘙痒，在眼睛和/或口唇周围可看到黑褐色脂性分泌物，有时继发细菌感染或马拉色菌感染。
- 对于继发感染的治疗，给予肾上腺皮质激素或环孢霉素等很少有良好的反应。预后要特别注意。

●医嘱

- 治疗很困难。针对继发感染常用对症疗法，只能使暂时改善症状，但复发的可能性很大，现在还没有治愈的方法，且对症疗法在重症病例上没有反应。由于本病因与遗传背景相关性较大，最好不要再(让它)繁殖。

病例 3　幼犬，雄性，有耳垢，耳瘙痒

症　状

玩具贵妇犬，3 月龄，雄性，体重 1.0kg。从宠物店购回后就见耳朵发痒，并有许多黑褐色的耳垢，因此，来院诊治（图 3–1）。

问题

（a）耳垢的显微镜检查（图 3–2）看到了什么虫体？

（b）怎样治疗？

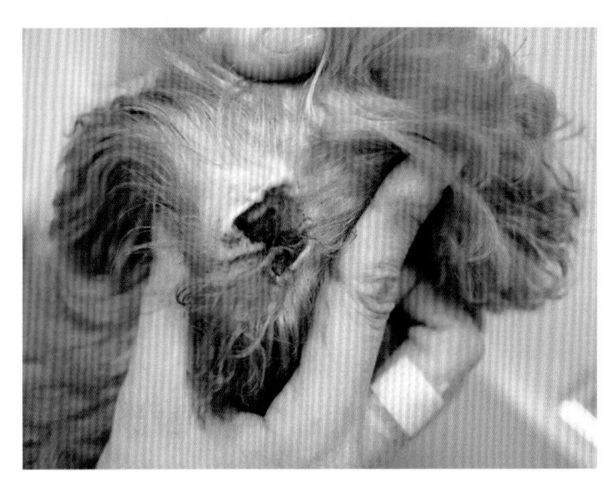

图 3–1

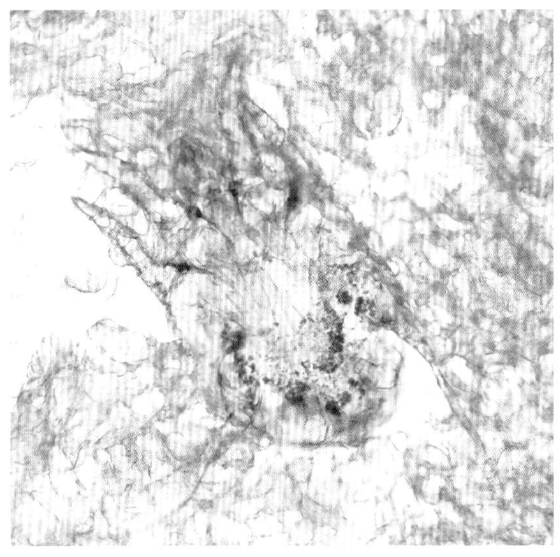

图 3–2

解答

（a）耳螨（图 3–3）。

（b）尽可能除尽耳垢，其次做驱虫，给予司拉克丁（抗寄生虫药）滴剂，6~12mg/kg，一个月最少 2 次；口服伊维菌素 1 周，0.3mg/kg，4 次 / 周。如外耳道有感染性并发症，则给予相应的抗菌素。

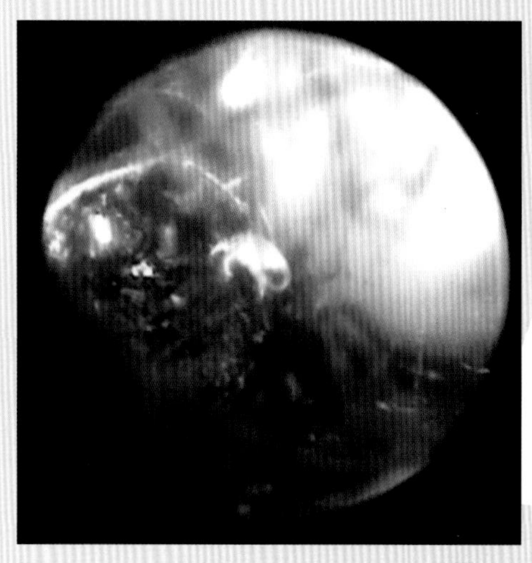

图 3–3

●要点

- 驱虫药只给 1 次对虫卵是没有效果的。由于其生长周期为 2 周，应依据螨虫的生长史，结合虫卵的孵化时间，因此，治疗要持续 1 个月以上。
- 为了防止在医院内再次感染，治疗后必须对医院内进行彻底的清理。
- 治疗得当时预后良好。

●医嘱

- 为了防止在家庭内再次感染，必须对其生活环境进行清理。
- 如有养在一起的动物，都要进行相同的驱虫。
- 应告知主人猫在室外活动场所再次感染的可能性很高。

病例 4 猫，去势雄性，耳道肿物

症 状

苏格兰折耳猫，6 岁，去势，雄性，因耳廓内侧长有多个肿物而来院就诊（图 4-1）。其外耳道因肿瘤而几乎被堵塞，且并发马拉色菌性外耳炎。肿物组织的穿刺镜检，主要是组织细胞以及淋巴细胞和嗜中性白细胞。没有发现肿瘤细胞。

问题

（a）是什么病?

（b）如何治疗?

图 4-1

解答

（a）猫耳垢腺囊肿。猫耳垢腺囊肿是不明原因性非肿瘤性病变。平均发病年龄为8~9.5岁，但也有1岁左右发病的。阿比西尼亚猫和波斯猫多发。

（b）积极的治疗是外科疗法。根据肿物大小，比较合适的治疗方法是采取外耳道切开术或垂直耳道切除术或全耳道切除术之一。如果是仅限于耳廓内的病症，可以采用CO_2激光气化术治疗，亦可能获得长期的症状改善。

●要点

- 病变是主要集中在外耳道或耳廓内侧的直径在2mm以下的点状结节或水疱。呈暗红色、褐色至黑色，临床有时将其误认为是黑色素瘤和血管瘤。

●医嘱

- 虽不是恶性肿瘤，但肿瘤患耳不进行外科切除是不能根治的。
- 如果只有细小的结节，可采用CO_2激光气化术试治。
- 如出现耳道闭塞，常继发外耳炎。

病例 5 幼犬，糜烂，脱毛，鳞屑

症 状

3 月龄的法国斗牛犬。刚从宠物商店购回，来院做健康体检。发现头部有糜烂性脱毛斑（图 5–1），耳廓上有鳞屑性红斑（图 5–2）。由于是刚购回，不清楚是否瘙痒等症状。

问题

(a) 幼犬这样的病变，应与哪些疾病作鉴别诊断？

(b) 为了鉴别诊断，首先应做哪些检查？

(c) 预后如何？

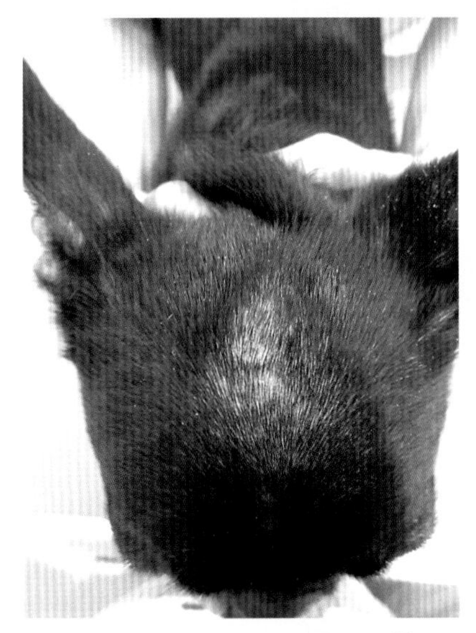

图 5–1

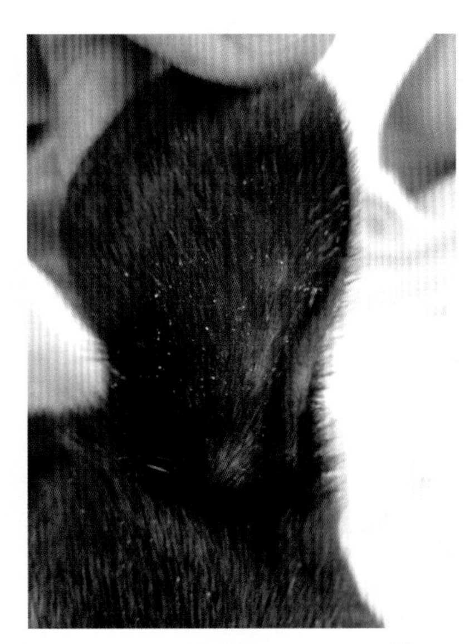

图 5–2

解答

（a）应鉴别的疾病有蠕形螨、真菌性皮炎、外伤以及极少数的皮肌炎。

（b）做分泌物涂片检查、刮取皮屑检查，病变部位检到蠕形螨。

（c）幼犬发生局部性蠕形螨病几乎在 12~18 月龄时能自愈。少数病例发生全身扩散。

●要点

- 蠕形螨病是非感染性寄生虫病。
- 传播是幼犬通过接触感染母犬腹部皮肤而直接感染，在出生后几天内出现症状。一般情况只有极少数蠕形螨寄生在颜脸部特别是鼻梁部。
- 幼龄动物的蠕形螨病几乎都是局部病变（6 个以内）。极少数延及全身。
- 幼龄病患的蠕形螨病变特征是斑状或边缘清晰的脱毛、局限性结节、红斑及鳞屑，瘙痒感不明，多发于头部和四肢。

●医嘱

- 听说是“扁虱”，几乎所有畜主都会担心传给人和其他一起生活的动物。首先必须告知不会发生(这种情况)。其次怀疑是宠物商店或繁殖场带来的(感染的)。为了避免不必要的麻烦，应告知是母子直接传播。
- 对于局灶性的病变几乎没必要治疗，对“观察不治疗”的处理方式，必须十分耐心全面地解释清楚，并征得主人理解，否则主人会转院治疗。

病例 6　犬，绝育雌性，鼻镜色素脱失

症　状

纪州犬混血，7 岁，绝育雌性，21kg。从 2 年前开始，鼻镜及鼻表面等皮肤颜色由黑色渐渐变成粉红色，故来院诊治。据畜主讲鼻表面时常有出血，该犬其余一切正常。

来院时，除鼻边缘外整个鼻子都呈粉红色，有些部位可见附着痂皮的糜烂（图 6–1，图 6–2）。除鼻部外，耳廓、脚垫皮肤、黏膜部分均没有发现异常。

问题

（a）应该考虑与哪些疾病鉴别？

（b）要诊断该病，应做哪些检查？

图 6–1

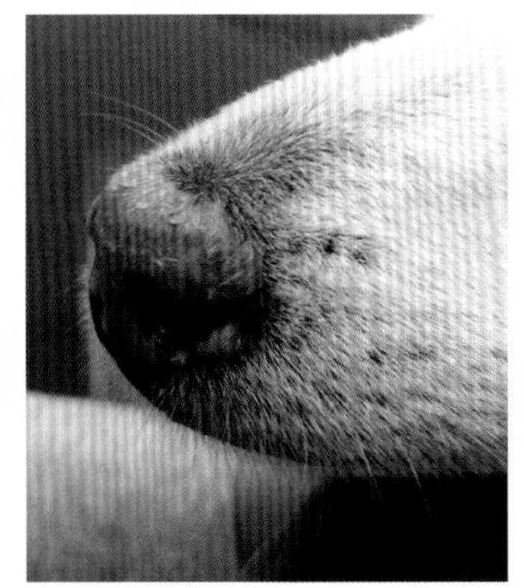

图 6–2

解答

（a）依据病变部位和临床症状可以怀疑为盘状红斑狼疮（=DLE，盘状红斑狼疮，皮肤红斑狼疮）、全身性红斑狼疮、落叶性天疱疮、红斑性天疱疮、葡萄膜—皮肤症候群自身免疫性疾病、鼻日光性皮炎、白斑（病）、脓皮病、真菌性皮炎和外伤等。

（b）盘状红斑狼疮和全身性红斑狼疮的鉴别，应进行血常规、血生化、尿液及抗原抗体检查。通常如果是盘状红斑狼疮则这些检查结果均无异常。至于与其他疾病的鉴别诊断，组织病理学检查便可，故应做皮肤组织活检。本病例被诊断为盘状红斑狼疮。

●要点

- 盘状红斑狼疮在犬上是较常见的，可能是由于跳蚤而引起的自体免疫性良性皮肤疾病。组织病理学检查不能与全身性红斑狼疮相鉴别。
- 因紫外线能引起症状恶化，日照时间较长的夏季，其症状常常容易恶化。
- 症状较轻的病例，应避免日光照射，并给予适当的对症性药物如外用肾上腺皮质激素药、维生素 E（400~800IU/d）、必需的脂肪酸（氨基酸）、四环素和尼古丁酸酰胺（各药剂量按体重 <10kg，250mg，q8h(每 8h 的 1 次给药量，后同)，体重 >10kg，500mg，q8h)，症状严重的病例可给予内服肾上腺皮质激素（2.2mg/kg，q24h）。治疗过程要根据患犬的年龄、症状，注意治疗性副作用而选择相应药物。

●医嘱

- 盘状红斑狼疮病变主要发生在鼻、口唇、眼周围等脸部。鼻镜面敷石样结构消失，而以色素脱失、出现红斑、脱毛、鳞屑、痂皮、糜烂、溃疡、瘢痕化等为特征。有的出现一过性出血、程度不同的瘙痒或疼痛，除这些皮肤症状外，其他状态正常。
- 有报道认为柯利犬、喜乐蒂牧羊犬、德国牧羊犬、西伯利亚雪橇犬有易发倾向，与年龄、性别没有关系。
- 通常预后良好，有的病例须给予终生对症治疗及护理。

病例 7　猫，绝育雄性，下颌皮炎

症　状

杂种猫，12 岁，去势公猫，体重 6kg，室内饲养。主人在 3 周前察觉其下颌皮肤发炎，按处方给予抗生素治疗，但至今症状没有改善，故来院诊治。

临诊发现下颌处一部分皮肤发红并有丘疹（图 7–1，图 7–2），按压病变处排出脓血。其他部位则未见病变。

问题

（a）什么病？

（b）这种疾病的好发部位在哪儿？

（c）怎样治疗？

（d）能否治愈？

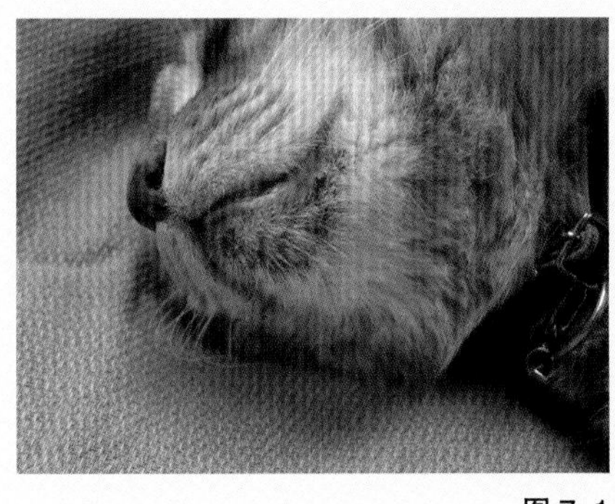

图 7–1

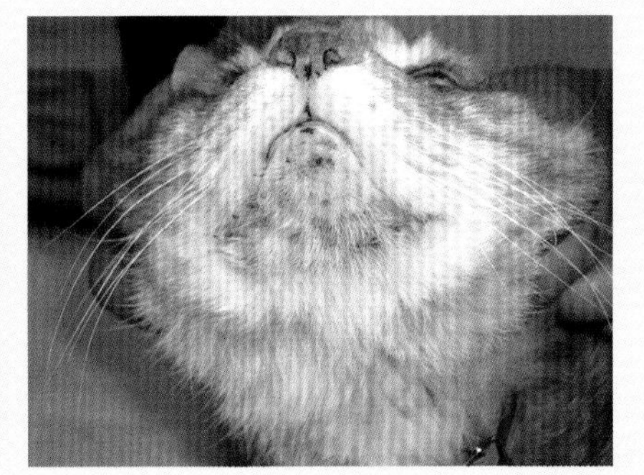

图 7–2

解答

（a）猫痤疮，是猫比较常见的皮肤病，根据特征性发病部位和临床症状，一般通过病史调查，结合临床症状便可排除其他病症。

（b）主要见于下颌接近口唇处皮肤。有特征性痂皮、粉刺、被毛上黏附黑色角质化，以及丘疹和脓疱。如果慢性感染可波及皮肤深部形成瘘管或脓疡。

（c）根据不同症状采取相应治疗。剃去病变部周围被毛，用含过氧苯甲酰和磺胺水杨酸等抗脂溢性香波，每天 1 次或每周几次的清洗。

外用（外涂）含派罗欣和克林霉素、罗红霉素等抗生素的软膏或油膏。

如有继发感染，则采用阿莫西林·克拉维酸制剂或氟喹诺酮类、头孢氨苄青霉素等抗菌素进行治疗。

（d）虽然预后良好，但必须经常给予对症治疗。且症状程度亦多种多样。

●要点

- 猫痤疮的原因目前认为与毛囊角质化不全、皮脂不足或脂溢性素等有关，但确切的原因还不清楚。
- 早期病变常常看不到什么症状，严重或慢性病变部位，有时出现疼痛性肿胀、毛囊炎、严重肿胀和蜂窝织炎等病变，且有可能从中分离到多杀性巴氏杆菌、葡萄球菌、β－溶血性链球菌等各种细菌。

●医嘱

- 猫痤疮是猫较常见的皮肤病。由于没有传染性，因此，不用担心传染给一起生活的人和其他动物。
- 各个品种的猫都会发生。
- 症状较轻只是存在美观方面的问题。有的病例要给予终生性的对症治疗及管理。

病例 8　犬，雌性，鼻梁痂皮，腹部脓疱疹

症　状

德国牧羊犬，7 岁，雌性。自 2 个月前开始头部持续出现痂皮病变而来就诊。初步检查发现耳廓、两侧眼睑、鼻梁部黏附着厚厚的痂皮，此外，腹部散布着许多小脓疱性红斑。除这些皮肤病变外其他未见异常，精神，食欲良好。

问题

（a）列举出需鉴别诊断的主要疾病?

（b）若进一步诊断，必须做哪些检查?

（c）如果进行皮肤活检，在图 8-1 和图 8-2 中指出最合适的采样位置是哪个?

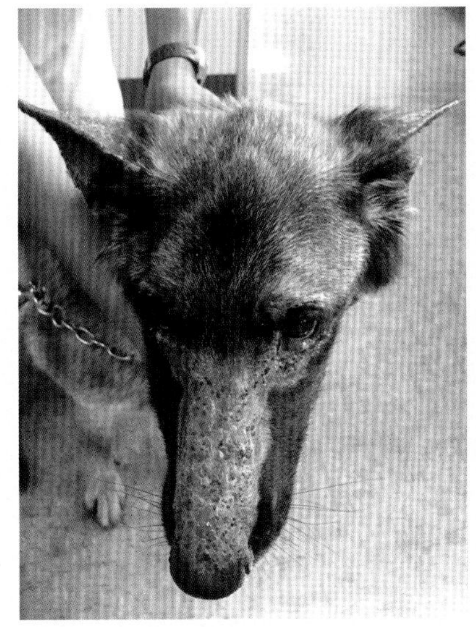

图 8-1

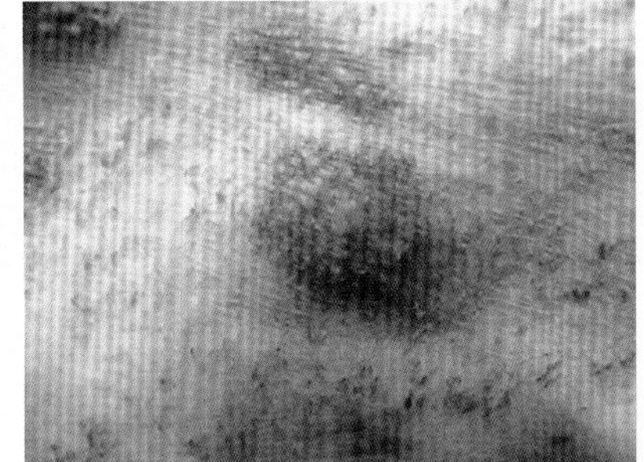

图 8-2

解答

（a）应鉴别诊断的疾病有落叶天疱疮，红斑性天疱疮、蠕形螨、真菌皮炎、细菌性毛囊炎、药疹和皮肤红斑狼疮。

（b）1. 被毛镜检和刮取皮屑镜查，可以同时鉴定或排除蠕形螨和真菌性皮炎。

2. 取痂皮下组织和脓疱内容物进行细胞检查，观察有无细胞浸润和坏死液化细胞 (化脓性细胞)。

3. 进行真菌培养、鉴定和脓疱内容物的细菌培养、鉴定，可鉴定或排除有否细菌、真菌感染及感染菌种类。

4. 血常规、血清抗核抗体测定、尿液检查：用以鉴别或排除皮肤红斑狼疮相关指标。

5. 皮肤组织活检：通过组织病理学诊断和免疫荧光抗体检查，可以确认是否有自身抗体沉着在病变部。

（c）见图 8–2。新鲜的脓疱原发疹易获得典型的组织病理学诊断结果。

●要点

- 落叶状天疱疮是因自身抗体造成皮肤细胞间连接障碍，进而嗜中性白细胞浸润、坏死溶解生成脓疱，结果表现为皮肤脓疱、糜烂、痂皮。红斑性天疱疮是落叶状天疱疮的一种亚型，主要以颜脸为中心出现红斑、白斑和脓疱。
- 犬皮肤脓疱应鉴别的疾病有细菌性毛囊炎、蠕形螨、真菌性皮炎及药疹等。

●医嘱

- 落叶状天疱疮多数是要终生连续采用免疫抑制疗法的疾病，对确诊及预测治疗效果的重要性以及风险等应向主人说明。

病例 9 猫，雄性，瘙痒，脱毛，痂皮

症 状

收养的杂种猫，大约 2 月龄，雄性，体重 850g。因虚弱、消瘦、皮炎来院诊治。临床症状是瘙痒，仔猫的头部、耳廓、眼周围及肘部出现发红且附着白色鳞屑及厚痂皮的脱毛斑（图 9-1，图 9-2）。同窝的仔猫也有同样的皮肤症状。

问题

（a）应考虑哪些疾病的鉴别诊断?

（b）确诊应做怎样的检查?

（c）怀疑是怎样的感染途径?

（d）怎样治疗?

图 9-1

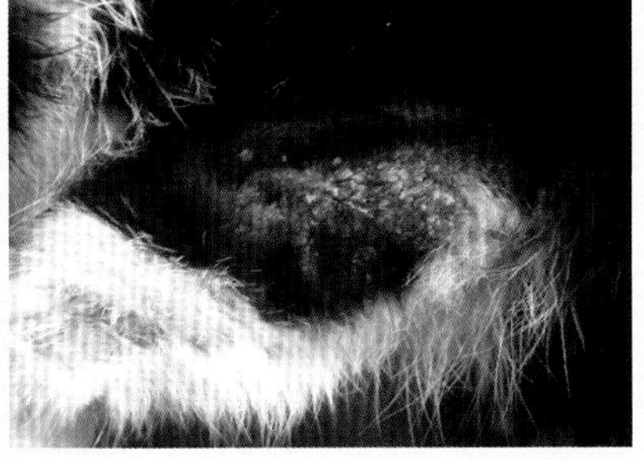

图 9-2

解答

（a）幼猫瘙痒性和感染性炎症皮肤疾病有疥癣、耳螨病、真菌性皮炎等病症。

（b）刮取皮屑检查、被毛和鳞屑的显微镜检查、伍德氏灯检查。用病变部皮肤的浅层刮取物检查是否有成螨、若螨、幼螨和虫卵。猫的疥癣比较容易检查出来。如果用伍德氏灯既没有检出螨虫和虫卵又没有真菌感染，则应取深部的毛和鳞屑做镜检确认。

（c）本病例中检出了疥癣的虫体（螨虫）和虫卵。猫的疥癣是传染性非常强的，只要与患病猫直接接触便能感染。

（d）治疗应至症状消失，且皮屑检查为阴性。一般治疗需 6~8 周。
用 2%~3% 的碳酸磺胺药液连续清洗 1 周。
皮下注射伊维菌素或多拉菌素，200~300μg/kg，每 2 周（在猫上使用还没有注册，而且仔猫使用有引起中毒的可能性）。

●要点

- 猫的疥螨病是由耳螨科猫背肛螨的小形螨虫寄生在表皮中引起的病症。
- 螨虫在表皮的角质层挖掘的遂道中生活和产卵，在环境中只能存活几天。脱毛、红斑、鳞屑和多屋黄色至灰色痂皮的病变，早期主要在耳廓和颜脸部，不久向四肢、会阴扩散。瘙痒程度轻重不一。

●医嘱

- 猫耳螨病是人兽共患病，通过直接接触可传染给犬和兔，人被感染一般为一过性瘙痒疹块，去医院诊治也是必要的(应告知主人)。
- 虚弱的幼猫易感性很高。这种螨有很强的传染性，只要与患猫接触过的猫都要治疗。必须用杀螨剂环境消毒（净化杀虫）来预防再次感染。

病例 10 犬，绝育雄性，鼻部肿瘤

症 状

吉娃娃，4 岁，绝育雄性犬。2 个月前在吻部长出呈红斑界线分明的圆形肿物，虽然没有发现其他症状，但渐渐长大，故来院诊治（图 10–1）。细胞检查发现多数为大型的组织细胞和小型的淋巴细胞。内服头孢氨苄青霉素，22mg/kg，2 次 / 日，连用 3 周。来院复诊，肿物全部消失（图 10–2）。

问题

（a）可能性最大的是什么病?

（b）应与其他哪些疾病鉴别诊断?

（c）必须采取哪些管理和治疗措施?

图 10–1

图 10–2

解答

（a）皮肤组织细胞瘤。

（b）应鉴别诊断的疾病：组织细胞肉瘤、反应性组织细胞症、皮肤肥大细胞瘤、浆细胞瘤、非趋上皮性淋巴瘤、荨麻疹、感染性毛囊炎、异物性肉芽肿、朗格乐尔汉斯氏细胞症等。

（c）皮肤组织细胞瘤会自然萎缩不必给予特殊治疗，一般在高发的年龄段应定期性观察其变化过程；如有自发性坏死而带来较强的自觉性症状时，为防止继发化脓性皮肤病，则内服抗生素、外涂含抗菌药的软膏、消毒等。如长期不能自然萎缩的持久病变，可以进行外科切除术。

●要点

- 犬的皮肤组织细胞瘤是分布在皮肤组织内的抗原提示细胞——朗格尔汉斯氏细胞的增生性疾病。在细胞诊断或组织病理学检查中可以见到增殖的细胞呈多型性。
- 本病为青年犬（一般 3 岁以下）多发的良性肿瘤，但各年龄都可能发病。
- 大部分病例的病变能自然萎缩。后期肿瘤组织内有大量的 T 淋巴细胞浸润，并认为与萎缩有关。
- 临床上界线分明呈圆形的红斑肿瘤，通常直径在 3cm 以下，单发较多，但亦有多个发生。身体的各部位都可能生长，但以耳廓、头部和四肢多发。

●医嘱

- 犬皮肤组织细胞瘤通常是良性肿瘤，大部分在 3 个月内自然萎缩，预后良好。
- 犬皮肤组织细胞瘤的高发年龄为 3 岁以下，而中高年龄的犬发病时，应注意病变经过。
- 对多发且不能萎缩的持续性病变，外科切除的同时必须进行组织病理学检查，来鉴别其他肿瘤或疾病。

病例 11　幼犬，雌性，颜脸痂皮，淋巴结肿胀

症　状

罗福㹴，2 月龄，雌犬。最初在下眼睑出现小丘疹，2 天后眼睑周围肿胀（图 11–1）。进而发展成脱毛、痂皮并扩大至吻部及耳廓侧（图 11–2，图 11–3）。

随着皮肤病变的发生，出现左前肢疼痛、跛行，全身倦怠、发热（39.2℃）、下颌淋巴结和颈浅淋巴结肿胀。而同窝的其他犬则无任何症状。

问题

（a）列举应鉴别诊断的疾病?

（b）怎样诊断?

（c）本病应怎样治疗?

图 11–1

图 11–2

图 11–3

解答

（a）出现红肿首先应考虑炎症性疾病。若龄（青年）犬易发的炎症性疾病有蠕形螨、真菌性皮炎、深层脓皮症等感染性病症，以及非感染炎症性疾病如荨麻疹、幼年性蜂窝织炎（幼年性淋巴结炎）。

（b）通过问诊了解病史，给予的药物、疫苗接种及食物等情况，来研讨荨麻疹的可能性。再通过刮取皮屑的伍德氏灯检查、细胞诊断来排除尤其蠕形螨和真菌性皮炎等感染性疾病。

上述疾病被排除后就只剩下深层性脓皮症和幼年性蜂窝织炎的鉴别。幼年性蜂窝织炎一般是无菌性，但常有细菌的继发感染，在细胞诊断中发现细菌时，应用抗菌素全身给药的试验性治疗来观察症状是否有改善。

全身给予抗菌素后没有反应时，或细胞诊断没有检出细菌时，疑似幼年蜂窝织炎的可能性较大。

（c）在病变好转前，强的松龙，2mg/（kg·日），口服（1~4周），以后改为1mg/（kg·日），连服2~3周，最后渐渐停用。要注意强的松龙停药过早有复发的可能。

如果有细菌或酵母菌的继发感染，则用抗菌素或抗真菌药，1次/日，治疗。

●要点

- 本病在3周龄到8月龄的幼犬中最常见到，病因、病机不明。初期的症状是颜脸部特别是眼睑、口唇、吻突部出现急肿胀、水疱、脓疱，其次出现浆液性到化脓性渗出液、痂皮，蜂窝组织炎及脱毛，下颌淋巴结等局部或全身淋巴结肿胀。
- 有时同窝仔犬中出现数只同时发病。
- 重症病例出现精神沉郁、食欲不振、发热，有时还能见到跛行和肉芽肿。

●医嘱

- 经几天治疗有反应的预后良好。此外，由于不治疗有时导致死亡，所以必须在早期（病初）采取积极的治疗措施。
- 后遗症是有的病例会留下终身性疤痕。

病例 12　猫，绝育雄性，上唇肿胀，溃疡

症 状

短毛杂种猫，6 岁，绝育雄性猫，体重 4.2kg，室内饲养，接种过疫苗，用过预防跳蚤药。左侧上唇出现严重的组织肿胀及溃疡，病变在过去的 3 年反复发生，且愈来愈严重（图 12–1）。

问题

（a）这种症状叫什么疾病?

（b）原发病是什么?

（c）列举治疗的方法（种类）。

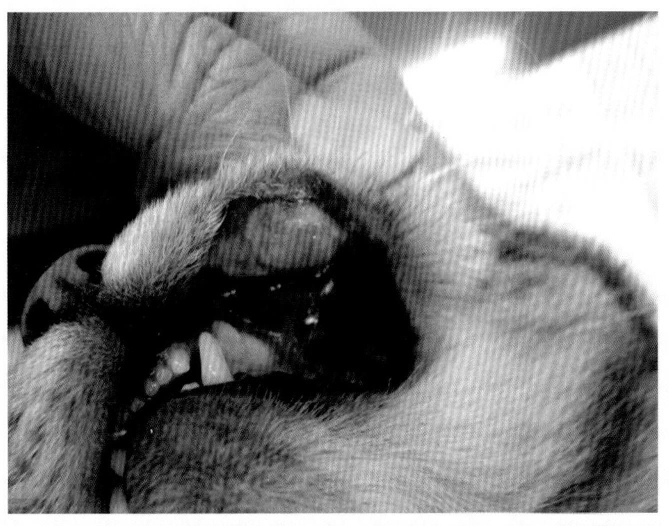

图 12–1

解答

（a）嗜酸细胞性肉芽肿之一，又叫嗜酸细胞性溃疡或无痛性溃疡。

（b）原发病是过敏性皮炎、跳蚤过敏性皮炎、食物过敏等过敏性疾病。

（c）病变特别轻的有时能够自愈。大型的一侧性病变或两侧性病变，随着病变的扩大而伴有出血时必须治疗。用肾上腺皮质激素药物治疗是有效的，但会复发；长期给药有副作用的危险而不建议使用。当难治疗时，必须控制原发疾病的过敏原。

●要点

- 虽然根据猫的反应模式可以叫作嗜酸细胞性溃疡或无痛性溃疡等，但这不是病名而是症状名。
- 两侧或一侧性都有发生。
- 出现这种病变的猫，有时会并发（出现）嗜酸细胞性局部症状（图 12–2，图 12–3）。
- 本病初次治疗后有时会再发，且再发的病因多数是并发过敏性疾病（跳蚤过敏性皮炎、食物过敏、过敏性皮炎），应做相应的检查、治疗。
- 有报道称外科切除或激光治疗有效，但作为病因的过敏性疾病得不到控制，则仍有复发的可能性。

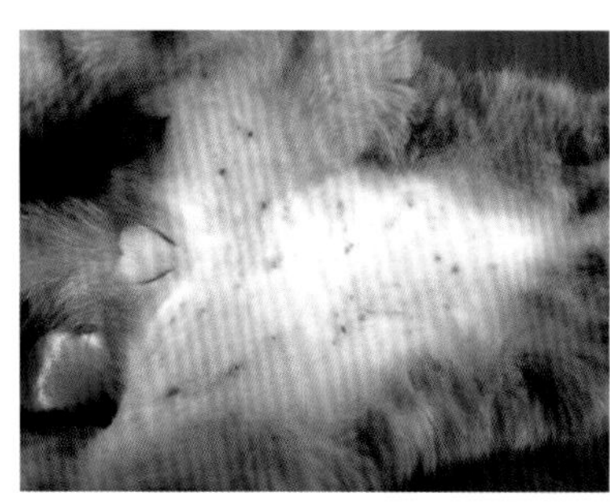

图 12–2

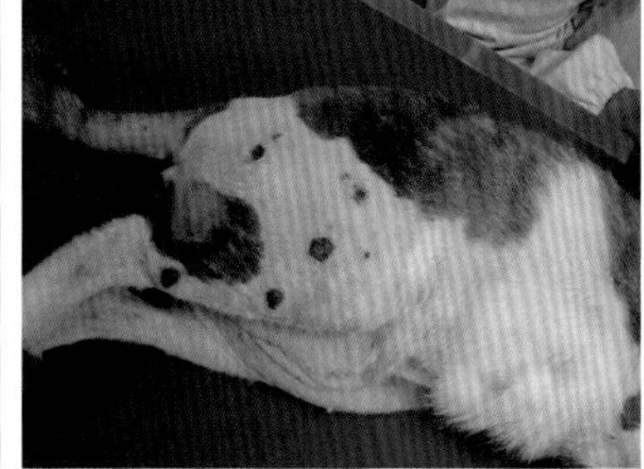

图 12–3

●医嘱

- 多数原发病（基础病）与过敏性皮炎有关。
- 难治的病例多数是必须终身控制的过敏性疾病，因此，必须告诉主人反复复发的可能性。

病例 13 犬，雌性，鼻镜和鼻梁部痂皮

症 状

西伯利亚雪橇犬混血，10 岁，雌犬。1 个月前鼻镜到鼻梁部皮肤干燥，去其他医院治疗无效而来本院诊治。主要症状是鼻镜和鼻梁部出现鳞屑，痂皮和色素脱失，以及鼻梁脱毛（图 13–1，图 13–2），其他状态良好。

问题

（a）列举有哪些鉴别疾病?

（b）最疑似诊断病名?

（c）列出好发本病的犬种?

（d）病变好发部位是哪些?

（e）病变特征是什么?

（f）治疗方法及对症疗法。预防方法有哪些?

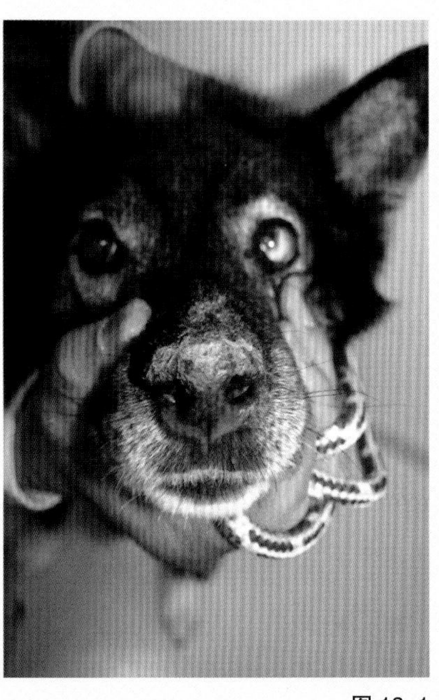

图 13–1

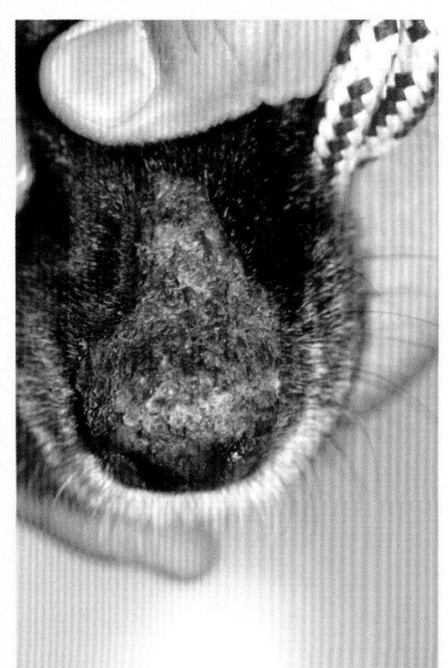

图 13–2

解答

（a）要鉴别的病症有：鼻部脓皮症、蠕形螨病、真菌性皮炎、鼻的日光性皮炎、全身性红斑狼疮、皮肤红斑狼疮、红斑性天疱疮或落叶天疱疮、葡萄膜皮肤症候群、药疹、皮肤型淋巴肿等。

（b）皮肤红斑狼疮（盘状红斑狼疮）。

（c）西伯利亚雪橇犬、喜乐蒂牧羊犬、粗毛柯利犬等品种易发本病，此外与雄性相比雌犬多发。

（d）鼻镜和鼻梁部位好发，有时也能发生在口唇、眼睛周围和耳廓。

（e）特征是鼻子色素脱失、变红、有鳞屑、瘙痒、溃疡及形成痂皮。

（f）治疗方面：

①避日光，外出时涂防晒霜；

②外用肾上腺皮质激素。作用强的（倍他米松和氟喹诺酮类）每天涂 2 次。症状减轻时改用作用较弱的药物；

③轻度到中度症状时给予大剂量维生素 E（每天 400~800IU）和四环素、烟酰胺，体重 <10kg 时，口服 250mg，q8h; 体重 >10kg 时，口服，500mg，q8h(每 8h)；

④中度到重度病症时，给予强的松龙，1~2mg/kg，q24~q12h，根据症状减轻而减少用量。

●要点

- 盘状红斑狼疮（是皮肤红斑狼疮的 1 种）不侵害其他器官，是少数因紫外线加重病情的免疫介导性皮肤病。
- 本病的原因还不清楚，但认为有遗传倾向。
- 当紫外线照射时上皮和真皮成分受损，从而引起局部的免疫介导性炎症反应，出现皮肤发红，落屑、形成痂皮、色素脱失等症状。

●医嘱

- 本病无全身症状，只有局部病变。但紫外线有引起病变恶化的倾向，因此，外出时可采用防晒霜等措施防紫外线。
- 免疫介导性皮肤疾病，预后良好。但有的需要终身治疗，并有可能留下终身性疤痕和色素脱失。

病例 14　猫，绝育雌性，耳廓肿瘤

症　状

杂种猫，5 岁，已绝育，体重 2.8kg，室内饲养，接种过疫苗，用过防跳蚤药。几年前发现右耳廓外侧长有直径约 2mm 的一个肿瘤（图 14–1，图 14–2），去其他医院因没有特别的问题而建议进一步观察。不痒且健康状况良好，来我院免疫接种时，被指有检查的必要性时，进行了穿刺活检，经苯甲胺蓝染色发现如图 14–3 所示的细胞。

问题

（a）如何诊断?

（b）怎样治疗?

（c）预后怎样?

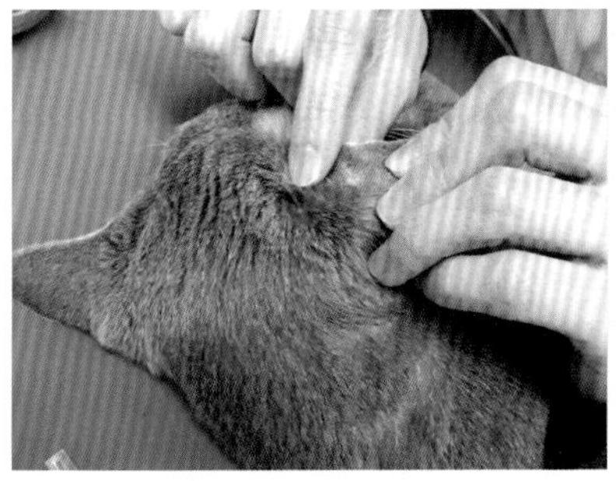

图 14–1

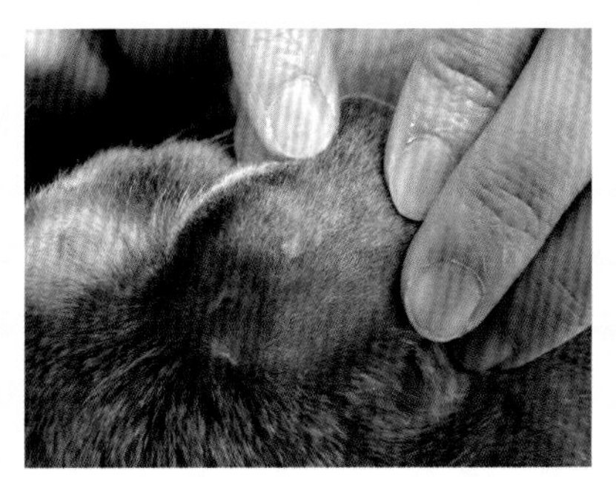

图 14–2

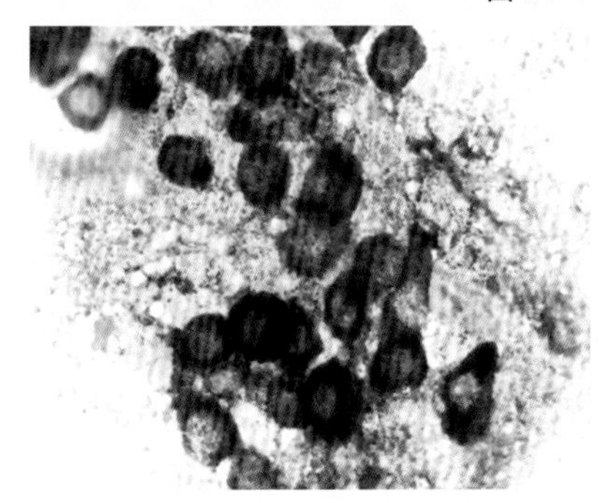

图 14–3

解答

（a）从镜检发现许多圆形核、胞质内有异染颗粒的圆形细胞，疑似肥大细胞瘤。

（b）做较大范围的外科切除，希望其边界不能小于3cm。采用高灵敏的医疗设备——CO_2激光刀进行摘除和清创。

（c）肥大细胞肿瘤是由真皮组织的肥大细胞发展成的恶性肿瘤，猫的肥大细胞瘤几乎都单独性发生在头部和颈部皮肤上。大多数是高分化的，预后良好。猫头部发生病变摘除时，多数情况下难以保证切除足够的健康组织，但使用CO_2激光刀来摘除肿瘤很少有复发的。

●要点

- 肥大细胞瘤在犬猫发病率较高，是犬皮肤肿瘤中最多的1种，其次是猫。
- 单发性肿瘤到致死来看，全身分布的多发性肿瘤比单发性肿瘤恶性程度高，转移到其他脏器的可能性更高。
- 皮肤肥大细胞肿瘤也有可能是从内脏型转移过来的，这种情况预后更坏。

●医嘱

- 即使采取了外科切除术治疗，还应监视复发或产生新的病变，需要定期来院复检。
- 当发现体表有新生的肿瘤病变时，从外观上判定即使怀疑是肥大细胞瘤以外的皮肤病，也必须进行穿刺活检或组织病理学检查。

病例 15　犬，雌性，脱毛，瘙痒

症　状

喜乐蒂牧羊犬，9 月龄，雌性。从 4 个月前开始颜脸及四肢末端脱毛、瘙痒而来院就诊。初诊发现上述部位脱毛、红斑，毛孔处有鳞屑蓄积及脓疱（图 15-1）。

问题

（a）最可疑是什么病?

（b）本病的确诊应做什么检查?

（c）本病采取什么样的治疗?

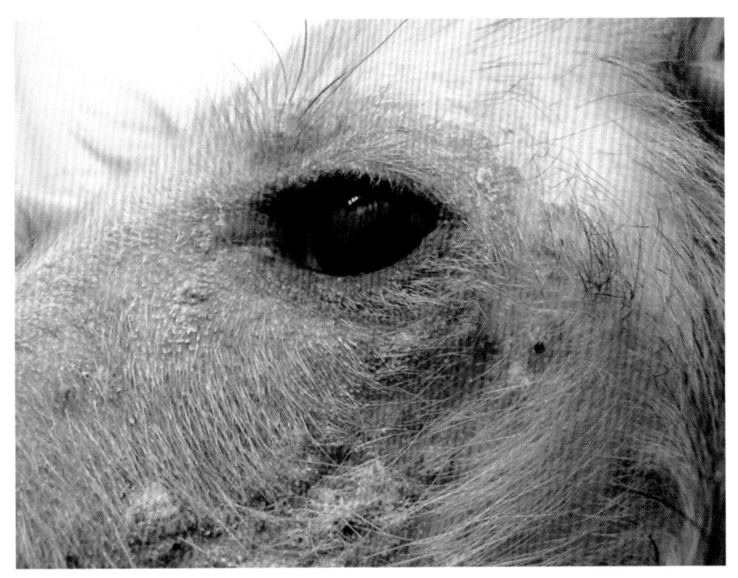

图 15-1

解答

（a）犬蠕形螨病。

（b）根据特征性临床症状，结合被毛检查和刮取皮屑检查发现许多蠕形螨，可以诊断本病。皮肤组织病理学检查对诊断也有效。

（c）伊维菌素，300~600μg/kg，每天内服。还可以用多拉菌素，600μg/kg，皮下注射，1次/周。双甲脒药浴、内服莫西菌素或头孢菌素或米尔贝霉素，对病的治疗也有效。

●要点

- 犬蠕形螨病多数可以看到毛孔处有均一的红色小丘疹、蓄积的鳞屑或围绕毛孔色素沉着。有的在颜脸可见弥漫性红斑。有的并发细菌性毛囊炎而出现较大的红色丘疹和脓疱。
- 本病通过被毛检查在毛根周围可见虫体和虫卵，虫体主要存在于毛囊的漏斗部。由于在真皮乳头层的毛细血管深层，因此在进行皮肤刮取物检查时，必须在有疹的病变部位刮至出血的深度。
- 牧羊犬 、喜乐蒂牧羊犬等因存在 MDR1 遗传（编码 P 糖蛋白的）变异，当给予阿维菌素时，必须通过 PCR 方法来先确认该遗传因子有无变异。
- 幼犬发生本病有时会自愈。

●医嘱

- 本病不会传给其他动物和人。
- 虽然在局限性皮疹病例和幼犬病例中有时会自愈，但不能指望成年发病犬也能自愈。
- 为了确认是否存在本病之基础性疾病——内科病，有必要进行相应检查。

病例 16 兔，雌性，鼻部皮炎

症 状

6 月龄雌兔，因鼻四周皮炎来院诊治。近 1 个月采用喹诺酮类抗菌药治疗，刚开始治疗时症状多少有点改善，之后病变不断扩大、恶化，现在病变已从鼻孔处扩大到上唇和下唇。食欲等其他全身体征无异常，也看不到有瘙痒或疼痛表现。病变呈溃疡性，其上堆积有分泌物（图 16–1）。

问题

(a) 可能性最大的是什么病?

(b) 确诊应做什么检查?

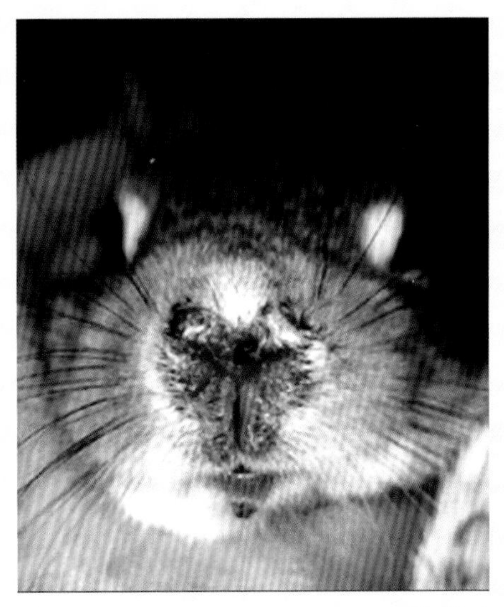

图 16–1

解答

（a）密螺旋体病（兔梅毒）。根据皮肤症状和病史怀疑密螺旋病，其强有力理由是：①特征性病变；②喹诺酮类抗菌药无效；③青壮年兔无全身症状等3方面。

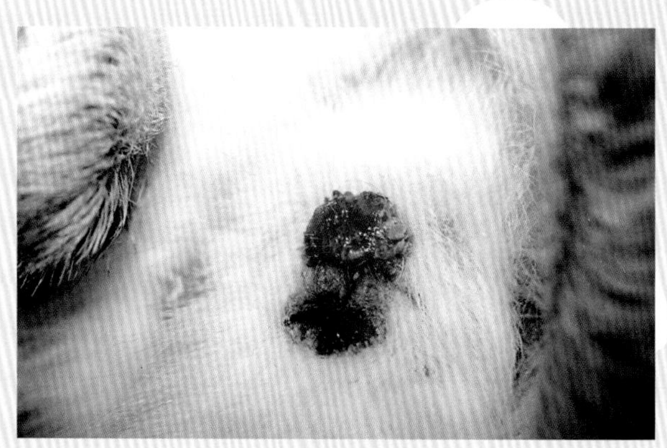

图 16–2

（b）①阴部周围的详细视诊检查，看阴唇周围和肛门周围是否有类似的病变，如阴部也有病变，则是密螺旋体病的可能性非常大。本病例在阴唇和肛门处也发现了病变（图 16–2）。

②密螺旋体抗体试验（=Rapid Plasma Reagin Test）检测抗体。

③观察内服青霉素注射的治疗效果。

●要点

- 兔梅毒病是由密螺旋体的一种叫家兔密螺旋体引起的性病。家兔中与生殖道感染相比在鼻口腔周围感染的主要发生于青年兔，有的在阴部、肛门、眼睑，雄性的包皮处发现病变。鼻孔周围的病变会伤害鼻黏膜而出现打喷嚏。
- 密螺旋体抗体试验是用试剂盒，虽然是人用的检测方法，也能测试兔的血清抗体，但家兔阳性率较高，有 30% 以上的阳性不能确诊。
- 青霉素最近脱销，给药密螺旋体病症 1 周内可得到改善。但给药应持续到症状完全消失后 2 周，否则复发率较高。

●医嘱

- 因为与人的梅毒的病原体不同，不会传染给人。
- 治愈不久不要交配。雄性有可能会传给雌性，雌性也可能传给雄性。
- 虽然有母子传染（垂直传染）（尤其在无交配记录的个体中），无症状的带毒个体较多，所以向供应商索赔是不成立的。
- 需长期给药。中途停药易复发，且多次复发的可能性很高，因此，按剂量按疗程确切的给药十分重要。

病例 17　犬，耳道内红斑，脱毛

症　状

1 岁柴犬。因频频抓耳来院诊治。视诊发现外耳道内有红斑、丘疹，耳根部周围皮肤脱毛（图 17–1）。另外，用棉签从耳道内取得了多量的黑色耳垢。将耳垢置于显微镜下观察发现在如图 17–2 中的寄生虫。

问题

（a）这是什么寄生虫病？

（b）怎样治疗？

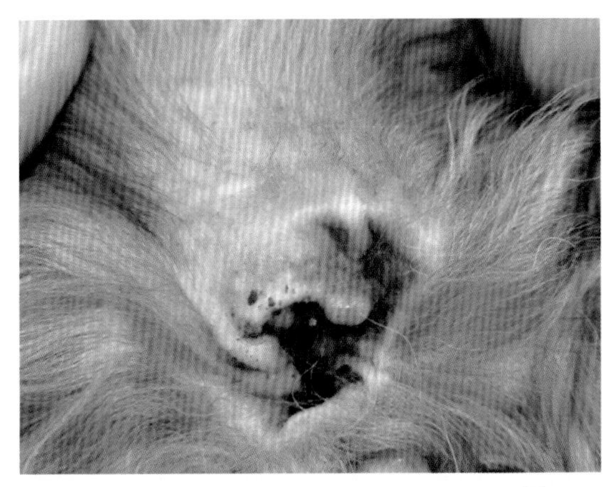

图 17–1

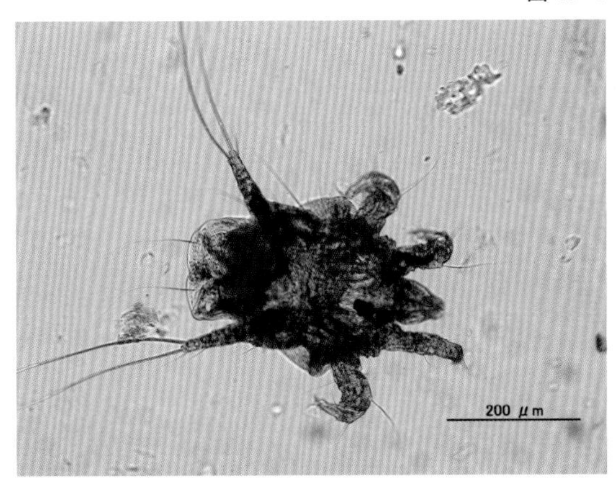

图 17–2

(a)耳螨。

(b)受感染的动物以及与之接触过的犬、猫都应治疗。将耳道内清拭干净，在皮肤上滴擦适当的驱螨虫药。例如，涂擦司拉克丁油乳剂，1次/2周，连涂3次。口服或皮下注射伊维菌素（0.2mg/kg），1次/2周，连用3次，进行驱虫。而且驱虫药的给予应直至查不到螨虫后再继续一段时间。

●要点

- 耳螨病是痒螨科的犬耳痒螨寄生在皮肤表面和耳道而引起的感染性疾病。
- 通常在耳道内发现暗褐色至黑色的耳垢，是因分泌物继发细菌性外耳炎、化脓而形成的。
- 通常因耳内剧烈瘙痒引起耳部及头部次生性脱毛和擦伤。另外，有时会出现因剧烈摇头而造成耳廓血肿。

●医嘱

- 耳螨病具有很强的传染性，接触过的动物都应检查、治疗。
- 耳道内清洗时，不用棉签，也可以用适当的耳道清洁剂。

病例 18 犬，鼻镜痂皮（结痂）

症 状

5 岁的美国可卡犬，大约从 1 年前开始，在其鼻镜形成多量的痂皮，故而来院诊治（图 18–1）。不痒不疼，鼻梁部没有痂皮，真菌培养检查阴性，剥取痂皮组织进行细胞诊断，可以看到坏死（液化）细胞。此外，黏膜和血液检查均无异常。

问题

（a）如何鉴别诊断?

（b）本病还能见于哪些部位?

（c）如何治疗?

图 18–1

解答

（a）需要鉴别诊断的疾病有：落叶状天疱疮、全身性或盘状红斑狼疮、脂溢性皮炎、浅表性脓皮症、锌反应性皮炎、上皮性淋巴肿、鼻部角质化不全症等。确诊需进行组织病理学检查，本病例从主人那里几乎了解不到相关内容，只能依靠临床症状推测。发病已有 1 年多，病变始终局限于鼻镜痂皮，提示鼻部角质化不全病的可能性较大。

（b）本病还可以发生在肉垫处（爪底）。

（c）本病仅造成犬看上去不可爱外，不必治疗。症状较轻或无症状病例，不需要治疗而注意观察病变进程便可。但是，如果主人特别在意外观，要求治疗时，可物理去除增生的角质层，再局部涂擦凡士林、含水杨酸、乳酸、尿素的软膏和肾上腺皮质激素与抗生素的混合软膏。部分病例可能因甲状腺机能低下病引起，对于这样的病例给予甲状腺激素制剂能改善症状。

●要点

- 通常角质增生会同时发生在鼻镜和肉垫上。
- 患病犬无其他健康问题，也无皮肤症状。
- 能引起鼻部角质化亢进的疾病有：锌反应性皮炎、脂溢性皮炎、落叶状天疱疮、全身性红斑狼疮或盘状红斑狼疮、肝病性皮肤综合征、犬瘟热等，应注意鉴别。

●医嘱

- 通常，犬对鼻部涂布药物有抵抗。
- 本病不能完全治愈，适当控制症状是有可能的。
- 若要抑制症状，必须进行长期的连续性治疗。

病例 19 未绝育雄性猫，下颌和下唇部皮炎

症 状

杂种猫，3 岁，雄性，体重 5kg，室外饲养，预防跳蚤、免疫史不明。因下颌和下唇部脱毛、红斑，痂皮而来就诊。是否瘙痒不明，刮取皮屑伍德灯检查阴性（图 19–1，图 19–2）。

问题

（a）该病常用名是什么?

（b）病因?

（c）怎样治疗?

（d）该病组织学检查所见有哪些?

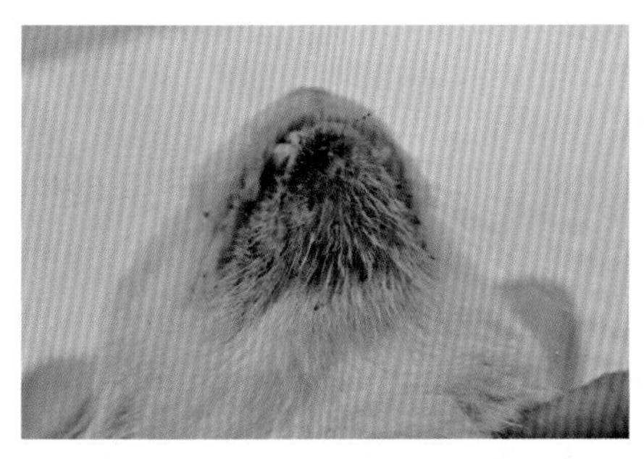

图 19–1

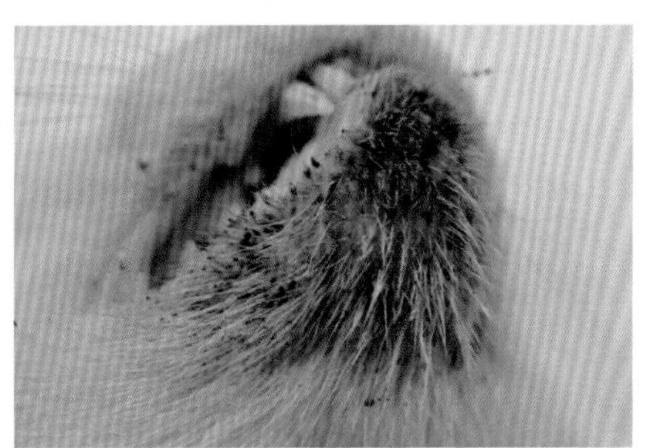

图 19–2

（a）下颌痤疮。

（b）病因有特发性或局灶性毛囊角质化异常、皮脂腺分泌过盛、皮脂或角蛋白碎屑性毛囊膨胀、典型性黑头粉刺。有时见于角蛋白和皮脂腺破裂，在真皮层释放而引起带有炎性的异物反应性毛囊炎、疖肿、蜂窝组织炎等的病程中。犬有时也会有与人同样性的伴随生长发育而出现阶段性激素失调引起的痤疮，而猫则出现与季节性发情、应激反应、病毒感染、免疫抑制等相关的终身激素失调性痤疮。

（c）病症较轻的猫如没有不适现象则不必治疗。中等到重度的病症，可根据病症程度采取下列单项或多项组合治疗。

①用磺胺水杨酸香波等有洗净毛囊效果的香波将局部洗净，再用酒精或洗必泰消毒。

②抗生素外用。炎症较严重的采用肾上腺皮质激素与抗生素合剂治疗，有报道认为维生素 A 配合软膏治疗也有效。

③内服抗生素（阿莫西林、氨苄西林、头孢氨苄、氧氟沙星、多西环素等连用 3~4 周）。

（d）组织学检查可见毛囊扩张，内有角质化物质（毛囊性角化物），有时伴有皮脂腺扩张隆起。重症病例伴有毛囊炎、毛囊周围炎、化脓性肉芽肿性皮炎。

●要点

- 含焦油的香波对猫有刺激性和引起中毒的危险，应避免使用。
- 由于症状典型，一般根据临床症状可以诊断，但挤压分泌物涂片检查和刮取皮屑检查，可帮助排除感染性疾病和肿瘤性疾病。
- 如伴有瘙痒，则可能并发有食物过敏或过敏性皮炎等瘙痒症。

●医嘱

- 症状轻的病例要多清洗消毒，但不能用刺激性较强的（清洗剂），否则会损伤表皮。
- 如无炎症和化脓等病变，仅仅是影响美观，也可不必治疗。

病例 20　犬，雄性，两耳尖端痂皮

症　状

小型杜宾犬，10 月龄，雄性，大约从 10 月下旬开始，两耳廓尖端发现有痂皮，并不断摇头，用后肢抓痒。痂皮剥落后出血，再形成新的痂皮，如此反复有 1 月（图 20–1，图 20–2，图 20–3）。除耳廓外其他部位未发现瘙痒和皮疹。其他状况良好。

问题

（a）应与哪些疾病鉴别？

（b）鉴别本病应进行哪些检查？

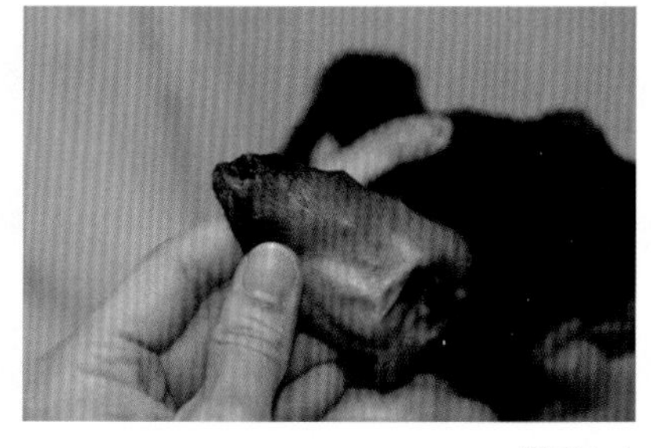

图 20–1

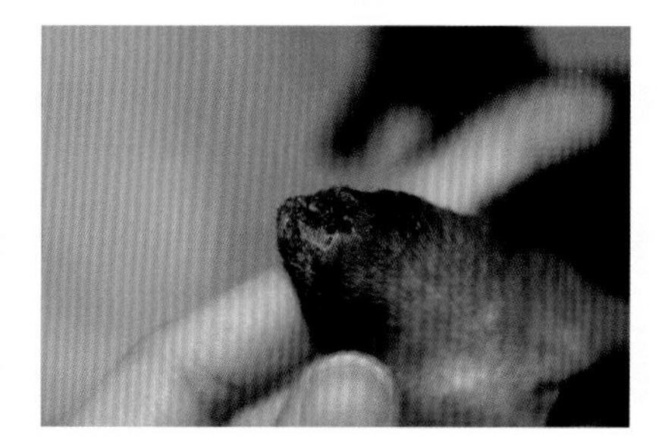

图 20–2

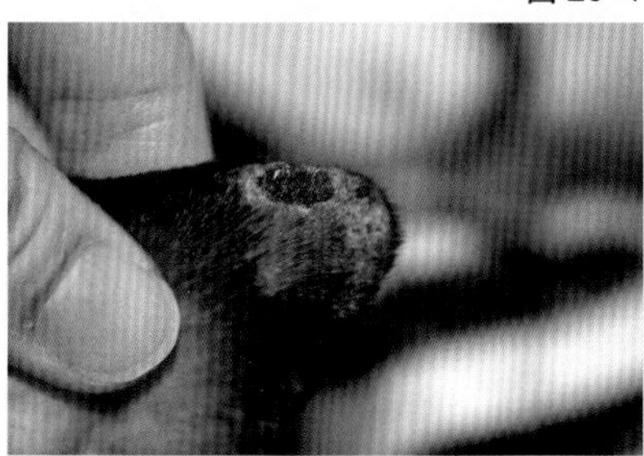

图 20–3

解答

（a）摇头，后肢挠耳是外耳炎的常见症状，应注意与细菌、马拉色菌、耳螨、异物等引起的外耳炎相鉴别。此外，耳廓尖端出现脱毛、痂皮、瘙痒等情况的疾病还有疥螨、血管炎、冷凝集素病（冷凝血素病）、全身性红斑狼疮、冻伤、耳廓边缘皮肤症等。

（b）怀疑外耳炎或疥螨时，首先应对它们进行治疗，如经治疗症状没有变化时，可怀疑是血管炎、冷凝集素病、全身性红斑狼疮、冻伤、耳廓边缘皮肤症等其他疾病，则进行冷凝集素反应、抗原抗体检查和皮肤组织活检。

本病例是外耳道轻度的马拉色菌性外耳炎，治疗后瘙痒症状没有改变。此外，疥螨检查阴性，冷凝集素反应阴性，抗原抗体检查（红斑狼疮）阴性。本病例以耳廓尖端形成痂皮和溃疡为主要症状，因此，不符合因角质化异常引起脂性角蛋白蓄积的耳廓边缘皮肤症。同时，除耳廓尖端外，未发现皮肤及全身症状，也不符合全身红斑狼疮。

对于本病必须征得主人同意方可进行皮肤组织活检来诊断，同时外出散步时不能让耳朵受凉，采用己酮可可碱和维生素 E 治疗，其症状可得到改善。

●要点

- 本病除耳廓边缘其他皮肤正常的症状与耳廓边缘皮肤症是符合的，但只有痂皮和溃疡为主要症状，这与角质化障碍引起的耳廓边缘皮肤症的临床症状又是不同的。
- 要想了解、确诊是否与血管炎有关，必须进行皮肤组织活检。

●医嘱

- 当怀疑与寒冷引起血液运行障碍有关时，下一年度以后散步等当外出时，必须防止耳朵受冻。
- 本病不经皮肤组织活检而采取试验性治疗，如治疗无效（没有反应）、还应进行皮肤组织活检来确诊。

病例 21 猫，绝育雌性，耳廓·鼻梁·肉垫部病变

症 状

杂种猫，3 岁，已绝育，室内饲养，早晚在庭院内活动。从夏天开始两耳廓出现丘疹和痂皮（图 21–1），鼻梁部亦有丘疹（图 21–2），四肢肉垫过度角质化（图 21–3），并瘙痒。其他部位皮肤未发现症状。刮取皮屑检查、被毛检查、皮脂（毛囊）挤压物涂片检查，均无查出病原体。食物为市售干粮，定期预防跳蚤（外用芬普尼），同屋的猫无皮肤症状。精神、食欲正常。虽然要求室内彻底隔离，但由于猫持续性的鸣叫，难得到配合。采取洗必泰消毒，内服抗组胺药（富马酸氯马斯汀，0.1mg/kg，q12h），外用肾上腺皮质激素软膏组合疗法，其症状也没有大的变化。但是从初发开始 3 个半月后的 11 月下旬，其皮肤症状迅速消失。

问题

（a）是什么疾病的可能性最大?

（b）如何与其他疾病鉴别?

（c）必须做哪些检查?

（d）应采取怎样的管理和治疗?

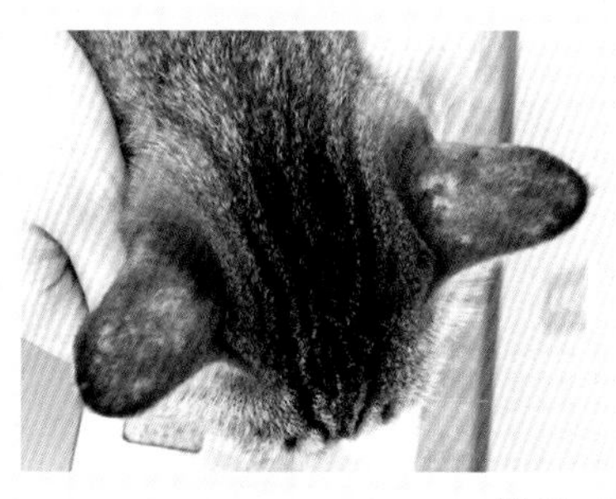

图 21–1

图 21–2

图 21–3

解答

（a）蚊子叮咬性过敏症。

（b）应与食物过敏性皮炎、过敏性皮炎、疥螨、真菌性皮炎、疱疹病毒感染、多形红斑、落叶状天疱疮、药疹、鳞状上皮癌等鉴别。

（c）必须进行刮取皮屑检查、皮脂（毛囊）挤压涂片检查，通过这些检查没有发现病原体，又表现出很强的瘙痒症状的病例，则推荐进行试验性驱除跳蚤，疥螨（如外用司拉克丁）。再加上从发病部位、季节性特点等临床情况来分析，蚊子叮咬性过敏症有较大的怀疑，希望完全隔离在室内便能获得最基本的评估。

（d）对于蚊子叮咬性过敏症希望完全隔离在室内。如果隔离困难，那么每年的这一时期都会发生同样的症状，出现症状时则给予肾上腺皮质激素类药物（如泼尼松，0.5mg/kg，q24~48h）。从本病例的情况看，明年夏天会发生同样的症状，仍然不能完全隔离在室内，只能给予泼尼松内服，0.5mg/kg，2 次 / 周，从夏天到初冬为止，则能维持良好状态。

●要点

- 蚊子叮咬性过敏症的发病时间与该地区蚊子的出没时间一致，频繁室外活动的动物多发。
- 皮肤症状主要发生在被毛稀少的耳廓和鼻梁处，有时肉垫也能发生。
- 蚊子叮咬性过敏症可以通过减少蚊子的叮咬而改善。
- 如不能防止蚊子的叮咬，出现症状期间只有通过持续性给予肾上腺皮质激素来减轻症状。

●医嘱

- 对于蚊子叮咬性过敏，将宠物隔离在室内避免与蚊子接触可以预防本病的发生。
- 如不能完全避免与蚊子的接触，在蚊子的繁殖期，通过给予肾上腺皮质激素等药物的措施是可以的。

病例 22　幼龄犬（未绝育雌性），颜脸部肿胀化脓

症　状

吉娃娃，2 月龄，未绝育雌犬。因颜脸部肿胀化脓而就诊。眼睑显著浮肿，有糜烂，溃疡和浓性分泌物（图 22–1）。鼻周围和口唇周围严重浮肿、痂皮。耳廓浮肿不大但有红斑和脓疱。精神稍沉郁，体温 39.8℃，两侧下颌淋巴结肿大。

问题

（a）首先要进行什么检查？应从什么部位采集病料？

（b）刮取皮屑检查阴性，脓性物涂片检查非变性中性白细胞和巨噬细胞比为 6：4，无细菌，以及少量散在的空胞化巨噬细胞、类上皮细胞和巨细胞。根据这些检查结果初步诊断是什么？采取什么治疗？

图 22–1

解答

（a）应考虑鉴别诊断的疾病有：化脓性肉芽肿性皮炎、幼犬淋巴结炎（蜂窝组织炎）、蠕形螨，深层性脓皮症和真菌性疾病，必须进行挤压物（分泌物）涂片检查和皮屑检查。检查用病料不能采已破溃的陈旧病变区，而是要采新发病变区为好。陈旧病变已继发感染的可能性较大，而不能正确地反映真正的病情。

（b）根据临床症状和挤压物涂片检查结果，初步诊断为化脓性肉芽肿性皮炎或幼犬性淋巴结炎。治疗采用泼尼松，1~2mg/kg，q24h，连续 1 周，之后一边观察病程进程一边逐渐减少剂量，平均要 4 个疗程。在给予泼尼松治疗前应先排除感染。另外，观察治疗反应的效应最好是在给药后的第 3 天。此外，为了预防继发感染，可同时给予头孢氨苄等抗生素。

●要点

- 化脓性肉芽肿性皮炎和幼犬性淋巴结炎（又叫幼犬性蜂窝组织炎）是以左右对称性颜面部浮肿为特征的皮肤疾病（图 22-2，同一疾病的其他病例图）。以出生后 3 月龄以内的幼犬多发，但成年犬亦有发病。
- 本病的特点是在眼睑、口唇、鼻周围及耳廓出现急性浮肿，几小时到几天内形成脓肿和痂皮，同时出现发热、淋巴结肿大等全身症状。
- 确诊必须进行组织活检，一般根据临床症状诊断亦是较好的方法。在组织活检结果出来前，可以用泼尼松来防止恶化，但有时很麻烦。通常在治疗数日内症状开始有所改善，就像图 22-3 那样最后是眼部症状的改善。

图 22-2

图 22-3

●医嘱

- 由于根据临床症状必须使用大剂量的泼尼松，这是有风险的，必须充分说明，并征得同意。
- 预后良好，有时会留下疤痕和脱色斑。
- 治疗必须长期（约 4 周）给予泼尼松。

病例 23 猫，绝育公猫，上口唇溃疡

症 状

杂种猫，1 岁已绝育，4~5kg，室内饲养。主人发现 3 个月前开始口唇逐渐变红。猫的精神、健康状态良好，因没有其他明显症状而没有治疗。

来院时可见左右上口唇出现界线分明红色有光泽的火山口样溃疡病变，中心部呈白色，上口唇略微前突（图 23–1，图 23–2）。

问题

（a）这种口唇变化类型叫什么？

（b）应与哪些疾病鉴别？

（c）这种症状的前期疾病或病因是什么？

图 23–1

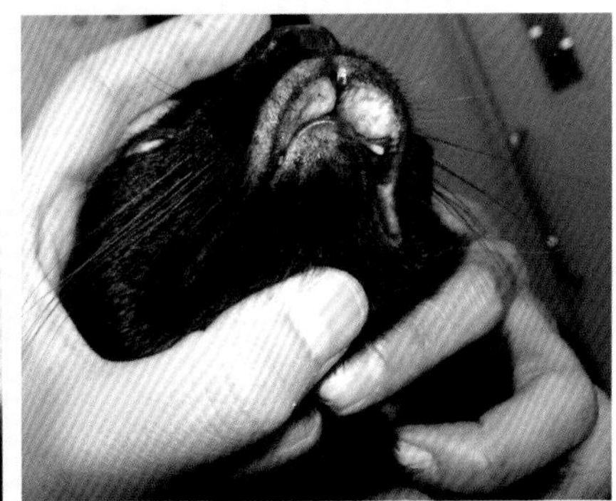

图 23–2

（a）猫的无痛性溃疡（猫的嗜酸性溃疡、侵蚀溃疡）。猫的无痛性溃疡是嗜酸性肉芽肿中的一种表现型。嗜酸性肉芽肿群呈边界分明、脱毛、隆起性溃疡为特征的嗜酸性溃疡面（局面），其明显的边界呈黄褐色到粉红色的线状或结节状特征，被称作嗜酸性肉芽肿（线状肉芽瘤）的表现型。

（b）应与扁平上皮癌、肥大细胞瘤、淋巴瘤之类的肿瘤性疾病、细菌或真菌感染病症相鉴别。为了与这些疾病鉴别的正确性，应进行组织病理学检查和培养检查，但通常情况下，猫的无痛性溃疡根据临床症状和病史是可以诊断的。

（c）有时会怀疑跳蚤过敏性皮炎、过敏性皮炎、食物过敏等过敏性病症，还有报道认为与细菌感染或遗传因素有关。

●要点

- 猫的无痛性溃疡通常是在上口唇处出现边界清淅、突起的呈红茶色火山口样单侧性溃疡病变，有时亦有两侧性的。通常呈不痛不痒的无症候特点，但病变如发生在硬腭上可见到出血，并伴有局部淋巴结肿胀等症状。
- 在治疗时，确认有原发病存在必须进行相应的治疗和管理是很重要的。
- 通常口服强的松龙或强的松反应良好，近年有报道给予环孢菌素（5~10mg/kg，q24h 或 4.4mg/kg，q24h）连续给药最少 1~2 个月，便能治愈或明显改善临床症状。对于难治的病变，有时给予抗生素亦有效。

●医嘱

- 猫的无痛性溃疡是猫的常见病，发病没有品种、年龄的差异。
- 因为是非传染病，不用担心传染给人和同屋的动物。
- 通常没有其他症候，但随着症状的发展会影响其外观形象。
- 如原发病能确诊、治疗，管理得当，则预后良好。但原发病确定困难时，有的病例会反复，需长期进行对症疗法。

病例 24 犬，未绝育雌犬，颜脸部脱毛和红斑

症 状

喜乐蒂牧羊犬，17 岁，未绝育雌犬。颜脸部和颈部瘙痒、脱毛而就诊（图 24–1）。1 年前开始，以颜脸为中心出现瘙痒、脱毛、红斑，病变部渐渐扩大。

问题

（a）与哪些疾病鉴别诊断，检查方法有哪些?

（b）刮取皮屑检查结果的图 24–2 发现了什么样的外寄生虫，是什么虫? 说出图 24–2 中 1~4 显示的该寄生虫生活史中的 4 种形态的名称。

（c）有哪些治疗方法和管理方法。

图 24–1

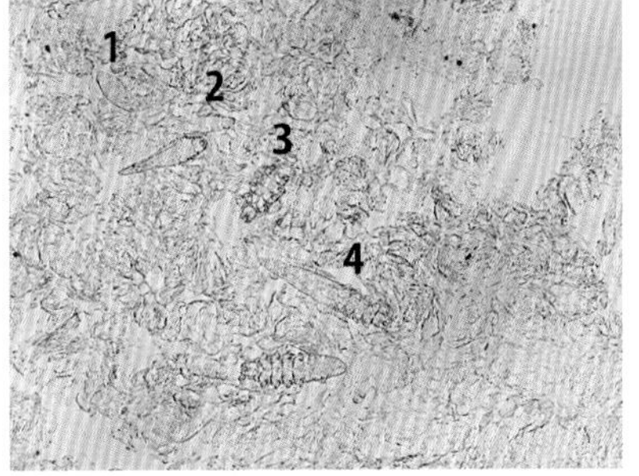

图 24–2

解答

（a）要鉴别的疾病有：过敏性皮炎、浅表性脓皮症、马拉色菌性皮炎、皮肌炎、蠕形螨、皮肤型淋巴瘤、多形性红斑等。从发病的年龄分析皮肌炎的可能性很小，通过常规的皮肤检查，如挤压渗出物涂片检查、刮取皮屑检查，可排除感染性病症和外寄生虫病。本病例经刮取皮屑检查查出了蠕形螨。

（b）蠕形螨（*Demodex canis*）。1. 虫卵；2. 幼虫；3. 若虫；4. 成虫。

（c）由于是高龄犬发病，应进行血液检查等来了解是否存在原发性疾病。治疗可以用伊维菌素，第 1 天给予 100μg/kg，第 2 天 200μg/kg，第 3 天以后 300μg/kg，内服则增加剂量。如出现步态蹒跚等副作用时立即停止给药。当发现伊维菌素的副作用时，可考虑用米尔贝霉素替代治疗。本病例由于给予哪个药物都出现副作用，只能用双甲脒药浴治疗。如有继发感染应给予适宜的抗菌药，喜乐蒂牧羊犬应用伊维菌素等大环内酯类常常有副作用，因此给药时应慎重，尽量考虑用替代疗法。

●要点

- 蠕形螨是由于犬蠕形螨（*D.canis*）或犬蠕形螨变异种（*D.injai*）寄生在毛囊中而引起的增生性皮炎病症。
- 1 岁以下青年犬发病的症型和 1 岁以上成年犬发病的症型是有区别的，前者不需要治疗便可以自愈，而后者多数是以内分泌疾病或肿瘤等原发病为诱因。
- 病变可发生在身体的任何部位，常有瘙痒性的红斑、丘疹及脱毛。如并发继发感染则出现脓疮、糜烂、痂皮。如病变发生在肢端，则会出现肿胀性红斑或瘘管，多数会伴有疼痛症状。

●医嘱

- 由于本病例给予任何一种经口药物都表现出副作用，只能以药浴为主进行治疗。由于犬龄较高，因此，治疗不应以治愈为目的，而应以提高生活质量为目标。
- 用伊维菌素时常常会出现蹒跚样副作用，应从最小剂量开始给药，渐渐增量。应告诉主人有引起副作用的可能性，当引起（出现）蹒跚样症状时立即停止给药。牧羊犬出现副作用的概率很高，应控制伊维菌素的使用。此外，通过检查 MDR1 遗传密码子（基因）的变异，也可预测是否出现副作用。

病例 25 犬，绝育雄性，皮肤与黏膜交界部的红斑和糜烂

症 状

马尔济斯犬，10 岁，绝育雄性，主诉因颜脸红斑来就医。大约 2 年前开始在左眼睛和口腔周围变红，继而糜烂，全身检查可见眼睛周围红斑、痂皮并常有眼屎（图 25–1）。鼻、口腔周围亦同样带着痂皮的红斑，鼻面和鼻周围色素脱失，鼻面和鼻周围色素脱失。此外，肛门周围亦有红斑（图 25–2）。

问题

（a）应与哪些疾病作鉴别？采用什么检查方法？

（b）有哪些可供选择的治疗方法？

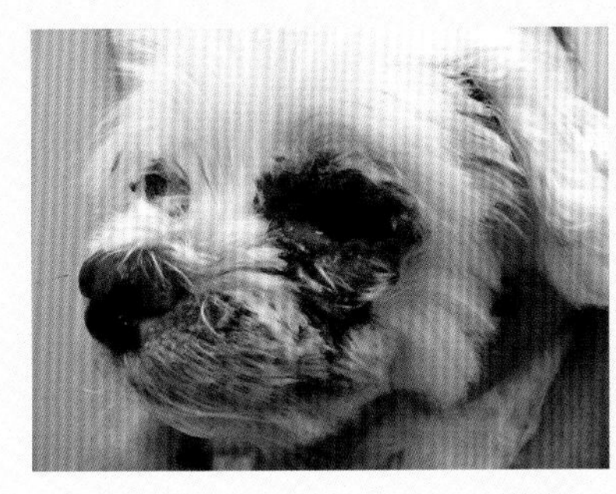

图 25–1

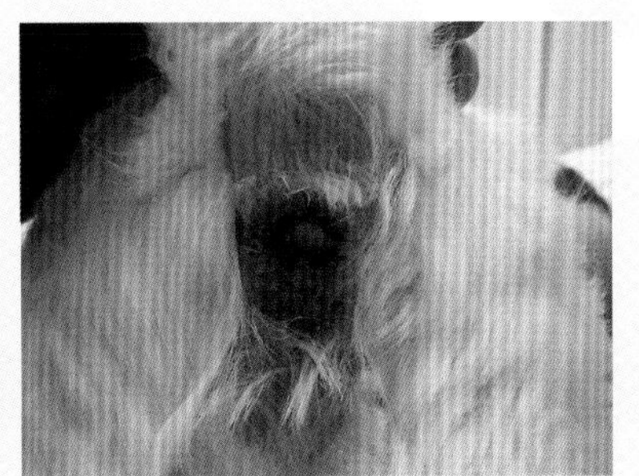

图 25–2

解答

（a）应鉴别的疾病有：脓皮症、蠕形螨、全身性红斑狼疮、天疱疮、多形红斑、血管炎、药疹等。首先为了排除感染性疾病，进行挤压分泌物涂片检查和刮取皮屑检查。为了排除感染性病症和外寄生虫病的可能，还应皮肤组织活检。本病例组织病理学检查发现是带有部分角质化细胞坏死的边界部皮炎，而怀疑是多形红斑病（图 25–3，图 25–4）。多形红斑病的病因被怀疑是感染，但全身给予抗菌药其症状没有改善，且本病例也没有用药史等病因。

（b）以免疫抑制剂治疗为主。口服强的松龙，2mg/kg，1 次 / 日，直到症状改善后渐渐减少剂量。也可以给予环孢霉素 5mg/kg，q24h，来减少强的松龙的用量。对这些药物都没有治疗反应的病例可考虑用人免疫球蛋白，虽然兽医领域没有使用人免疫球蛋白制剂治疗的协议被通过，但通常的方法是在数小时内按 0.5~1g/kg，静脉缓慢注射。为了防止人免疫球蛋白异物反应所引起的过敏性休克，应给予强的松龙预防。如有继发感染则全身给予抗生素药。

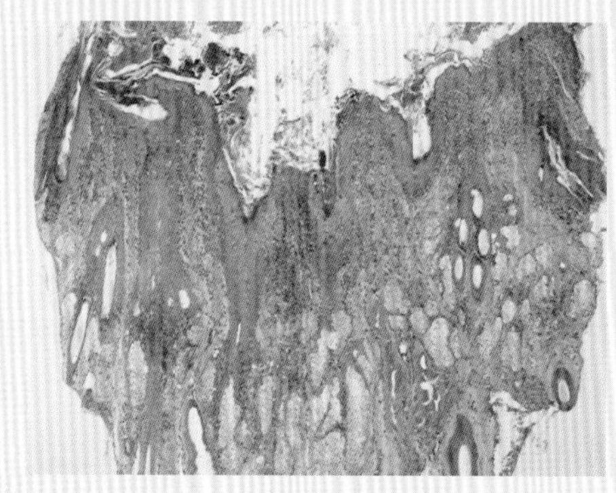

图 25–3

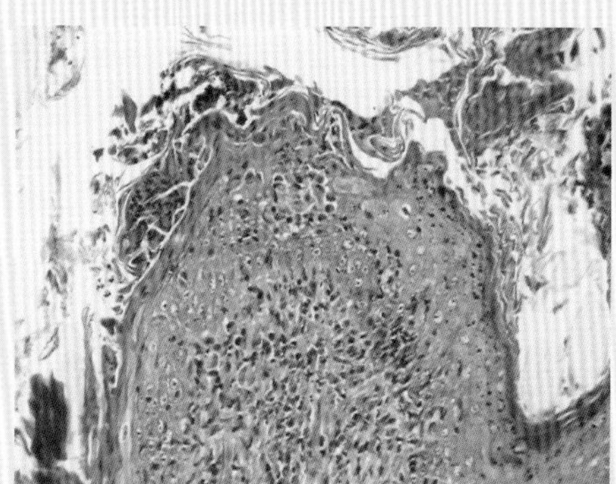

图 25–4

●要点

- 多形红斑是以部分表皮角质化细胞坏死为特征的皮炎，在腹部和躯干出现红斑糜烂，有时在口、眼的黏膜与皮肤交界部也会发生。其病因是药物和感染等，但通常不易发现。
- 治疗通常以免疫抑制剂为主的基本药物疗法，先用高剂量的肾上腺皮质激素，然后渐渐减少用量。如果肾上腺皮质激素减少用量后病情复发，则同时给予环孢霉素。
- 继发感染较多，平时要注意观察有无浅表性脓皮炎、外耳炎，并给予适当的治疗。

●医嘱

- 反复发作的病例，必须终身应用免疫抑制剂治疗，常常因用药剂量与副作用间的平衡管理而苦恼。应向主人详细说明免疫抑制治疗及副作用风险。

病例 26 兔，流泪，颜面部皮肤炎

症 状

8 岁零 2 个月龄的垂耳兔因长期流泪和颜脸部皮肤炎来院就诊（图 26–1）。不怕光（羞明），结膜正常，但眼睑结膜充血。

问题

（a）本病的原发病是什么？

（b）进一步诊断应进行什么检查？

图 26–1

解答

（a）本病是因流泪造成的颜面部湿性皮炎，原发病可能是鼻泪管狭窄或闭塞。本病例因长期眼睑炎引起鼻泪管闭塞，泪囊炎症与眼睑炎同时发生，造成泪液分泌过剩而诱发疾病。

（b）经荧光素通过试验证实本病例完全不能通过(即鼻泪管完全闭塞)。

（c）当确认荧光素（色素）不能通过鼻泪管时，可用生理盐水通（洗）鼻泪管，进一步检查鼻泪管的状态。省略荧光素通过试验，直接进行鼻泪管清洗试验也可以。本病例的鼻泪管的通畅性很差，清洗时有大量的白色固体物逆流出来，最后与鼻孔疏通后，生理盐水和白色固体物一起从鼻孔流出。

●要点

- 兔皮肤潮湿易引起脓皮症（湿性皮炎）。
- 垂耳兔品种（荷兰垂球、美国大耳兔等）易发生鼻泪管狭窄、闭塞。由于这些品种的头短，眼与鼻孔距离缩短，造成鼻泪管弯曲度大而成病因。
- 鼻泪管狭窄、闭塞的原因很多，有时与上颌切齿或臼齿的牙根炎有关，有的病例则牙根过深，且牙根炎的控制也很困难。如不是牙龈肿胀或明显的唾液过剩，则应定期（3天至2周1次）清洗鼻泪管。
- 本病例是典型的流泪性湿性皮炎，从皮炎和牙根炎两方面来考虑。可给予抗生素内服和低剂量的肾上腺皮质激素。

●医嘱

- 鼻泪管狭窄与牙根疾病的关联度较大，许多病例即使自始至终都采取了鼻泪管清洗但仍然反复而不能治愈，因此必须向主人说明可能要经过长时间的治疗。
- 牙根炎等的牙根异常往往是不吃干草只吃兔粮的饲养方式引起的，需重新调整饲养方式。高龄兔吃硬的兔粮（与之对应的叫柔软型兔粮）时，为了减轻牙根负担，必要时给予用水泡涨过的食物。

病例 27 犬，雄性，鼻部肿胀，溃疡

症 状

美国可卡犬，11 岁零 4 个月，雄性。约在 1 个月前发现鼻前端肿胀、溃疡，并逐渐长大（图 27-1）而来就诊。自鼻面向下的皮肤上长着触之有硬弹性，表面有溃疡界线分明的肿瘤，鼻镜部有厚厚的痂皮。

问题

（a）应与哪些疾病鉴别?

（b）图 27-2 是本病例肿瘤穿刺物镜检细胞的图像，可看到哪些细胞，怀疑是什么?

（c）怎样治疗?

图 27-1

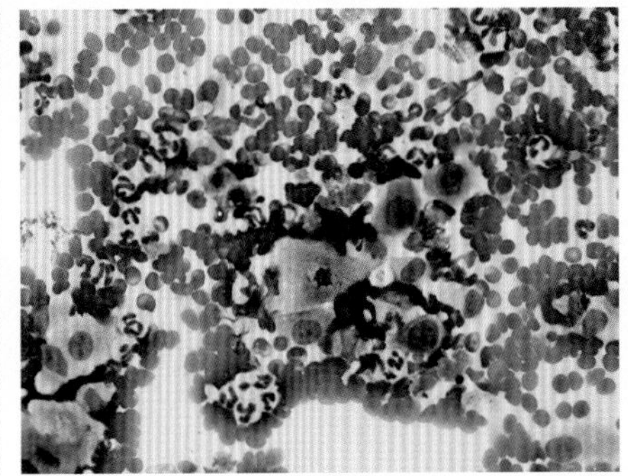

图 27-2

解答

（a）应鉴别的疾病有肿瘤、外伤、深层性真菌病、深层脓皮症等。

（b）穿刺组织的细胞诊断中有嗜碱性（被染成碱性透明质颗粒）细胞，且细胞核大小不一致，N/C 比不均，核小体数量增多等异常情况。最大的怀疑是扁平上皮癌，本病例经组织病理学检查，诊断为扁平上皮癌。

（c）进行彻底的外科切除。如不能切除或只能不完全切除时，采用放射线照射治疗，有报道称给予非甾体抗炎药吡罗昔康（0.3mg/kg，q24h，内服）、顺氯胺铂（顺铂）、卡铂也有效。

●要点

- 扁平上皮癌是由扁平上皮细胞癌变的肿瘤，犬，猫较多见。高龄动物易发，其中白色猫发病率更高（头部，尤其是耳廓部）。
- 常暴露在紫外线下能增加这种肿瘤的发生率。
- 病犬的预后因细胞分化程度和发病部位而异。足趾部病变有易转移倾向，几乎所有的局部浸润病灶都能较迅速地向远端转移。
- 猫的高分化型肿瘤，预后比较良好。

●医嘱

- 经细胞活检等怀疑是扁平上皮癌的可能性较大时，建议做 CT 精确检查。然后根据检查结果再选择鼻镜切除术、放射线疗法、化疗等治疗。

病例 28 猫，绝育雄性，鼻和耳廓的炎症

症 状

长毛杂种猫，2 岁，绝育雄性，体重 4.5kg，室内外饲养，接种过疫苗和采取措施预防过跳蚤。夏季发现鼻部和耳廓外侧出现了急性强烈瘙痒。病变部位常有丘疹、痂皮、抓痕和糜烂等炎症性脱毛（图 28–1 至图 28–3）。健康状态良好，皮肤刮屑检查阴性。鼻部患处挤压分泌物涂片检查发现炎症性渗出物。含有嗜酸性白细胞、中性细胞和淋巴细胞。

问题

（a) 列举本病例的鉴别诊断。根据病史和临床症状可能性最大疾病是什么？

（b) 治疗方法有哪些？

图 28–1

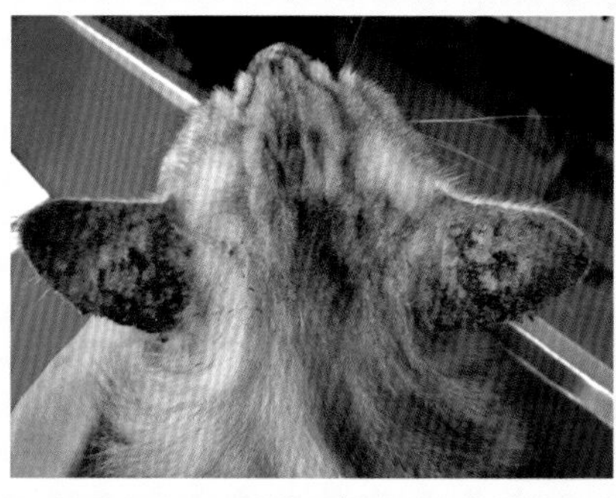

图 28–2

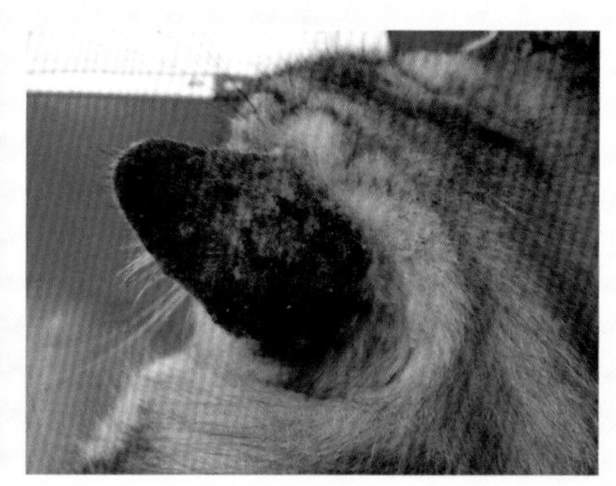

图 28–3

解答

（a）以鼻、耳为中心的颜脸部丘疹、痂皮可怀疑的疾病有：落叶状天疱疮、带有强烈瘙痒感的颜脸过敏性皮炎、食物过敏性皮炎、昆虫叮咬性过敏症等。从临床症状和病史（夏季在屋外活动后表现出急性瘙痒性皮疹，压涂片中有嗜酸性白细胞）最大的怀疑是蚊虫叮咬性过敏症。

（b）有蚊虫的季节中只要将动物饲养在室内，多数便能自愈。如出现强烈瘙痒、严重抓破等季节性症状时，短期内使用肾上腺皮质激素有效，强的松龙，2~4mg/kg，q24h，之后渐渐减少用量，通常经 1~3 周症状改善。在发病早期只要全身性给药 1 次便很快改善，但是，有难治性病例在整个有蚊虫的季节都要采用最小剂量药物进行隔日给药 1 次的维持疗法。

●要点

- 其他的昆虫叮咬（黑蝇、蠓）也能引起同样的病变，但蚊虫叮咬性过敏症是季节性的，只在有蚊虫的季节发病。蚊虫集聚在深色或黑色被毛处，色深被毛稀少的鼻、耳廓部位容易被叮咬，且过敏反应常常波及整个鼻部和两侧耳廓。

●医嘱

- 几乎有的病猫在关进室内 5~7 天后病变部就会改善，有时给予些药物也是必要的。
- 即使是在室内饲养，注意露台或阳台处也会有蚊子。
- 本病是过敏性反应，蚊子的数量与症状没有关系。因此，在室内饲养的动物哪怕是被少数几个蚊子叮咬，也会出现与室外饲养动物同样程度的症状。

病例 29 犬，绝育雌犬，皮肤黏膜交界处色素脱失和糜烂

症　状

杂种犬，15 岁，绝育雌犬。从 2 个月前开始，在鼻镜、眼睑、口唇和肛门周围出现色素脱失、红斑而来院就诊。初步检查发现除上述症状外，鼻镜的皮肤变平坦（图 29-1）。

问题

（a）最可能的疾病？

（b）列举应鉴别的主要疾病。

（c）本病是预后良好的疾病吗？

图 29-1

解答

（a）犬嗜上皮性淋巴瘤（蕈样真菌病）。

（b）应与全身性红斑狼疮、眼黏膜炎症候群、药疹、葡萄膜皮肤症候群等疾病鉴别。

（c）预后不良。虽然环己亚硝脲（抗肿瘤药）和强的松龙在短时间内有效，但几乎仍有的病例在发病后 2 年内死亡。

●要点

- 犬嗜上皮性淋巴瘤是癌变淋巴细胞浸润皮肤毛囊、表皮、黏膜上皮等的一种预后不良性疾病。
- 本病在发病早期常表现为弥漫性红斑、脱毛、鳞屑，很难与皮炎鉴别，有的在皮肤黏膜交界处出现白斑、糜烂至溃疡，恶化病例则出现多发性局灶、结节和肿瘤。
- 在高龄犬中发现上述症状（特别是发病初期）时，希望采取皮肤活检来鉴别类似病症。

●医嘱

- 必须告诉主人本病是预后不良性疾病，即使采取化学药物治疗，预测仍有很大风险，应详细说明，在得到主人同意后再开始治疗。

病例 30 犬，绝育雄性，鼻镜部色素脱失，鳞屑

症 状

伯恩山犬，10 岁，绝育雄性，室内饲养，从 2 年前发现鼻部皮肤出现病变，在其他动物医院接受过抗菌素（头孢类）和抗真菌药（酮康唑）的治疗，症状没有改善，相反病变进一步扩大而来院诊治。临床症状：鼻镜背侧色素脱失，附着厚厚鳞屑，稍刺激易出血（图 30-1）。鼻梁部有红斑和鳞屑（图 32-2）。

除皮肤病变外，全身检查未发现有特殊意义的症状。血细胞及血液生化检查结果也没有发现应特别说明的内容。

问题

（a）需考虑的鉴别诊断?

（b）应做的检查?

（c）取病变的什么部位组织做活检最合适?

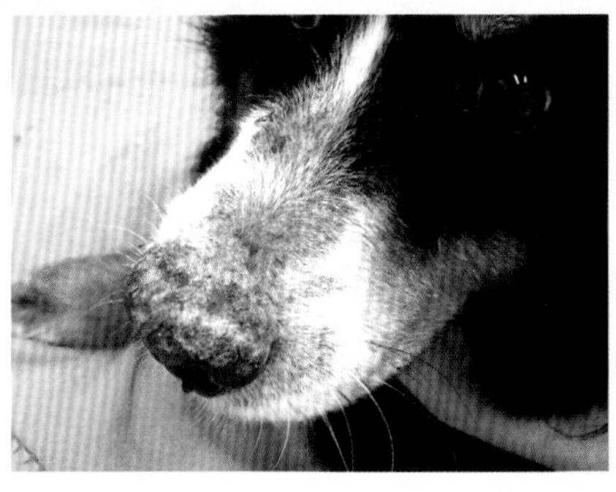

图 30-1

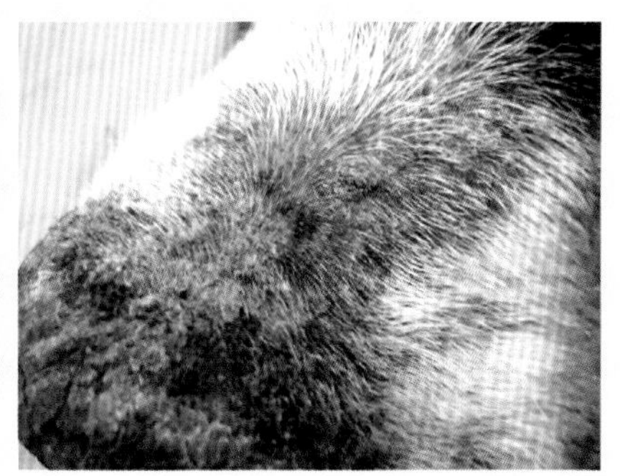

图 30-2

解答

（a）应鉴别的病症有：全身性红斑狼疮、黏膜皮肤脓皮症、真菌性皮炎、落叶状天疱疮、红斑性天疱疮、白斑病（白癜风）、伏一小柳二氏综合征。

（b）为了与全身性红斑狼疮相鉴别诊断，必须进行抗抗体（ANA）检查、尿液检查等。

（c）新发生色素脱失部皮肤是活检的最合适组织，应避开有损伤的病变、带有严重痂皮溃疡及疤痕的部位。由于鼻平面和耳廓难以止血和结疤，因此，应避免在这些部位采组织活检。

●要点

- 自身免疫性皮肤疾病。
- 易发于牧羊犬、喜乐蒂牧羊犬、德国牧羊犬和西伯利亚雪橇犬。
- 病变多数局限于颜脸部。早期多数以色素脱失、红斑及鳞屑为特征病变，局限于鼻平面处呈两侧对称，慢性的疤痕、萎缩性病变且质地脆弱而有一过性出血。有时病变亦会发生在鼻部背侧、口唇及眼睛周围。
- 虽然光线不是本病的诱因，但有时会成为恶化的主要因素，且夏季恶化倾向明显。
- 采用免疫抑制剂量的肾上腺皮质激素 1~3mg/kg 来缓解症状，或者环孢菌素 A，5mg/kg，q24h。也可以用药有较强作用的肾上腺皮质激素或他克莫司。

●医嘱

- 避免在烈日下散步，病变处需搽（涂）防晒霜。

病例 31 猫，绝育雄性，鼻和耳廓的结节及痂皮

症 状

杂种绝育雄性，4 岁，体重 4.2kg。室外饲养。鼻和耳廓瘙痒来就诊。每年夏天总是有同样的皮炎。给予了定期驱除跳蚤的药物。两侧耳廓外侧根部可见小圆形脱毛丘疹、结节，部分带有痂皮。鼻镜部到鼻梁亦有带痂皮粟粒大小的丘疹（图 31–1，31–2）。

问题

(a) 疑似什么疾病?

(b) 怎样治疗?

图 31–1

图 31–2

解答

（a）应与过敏性皮炎、食物过敏、耳螨病、蠕形螨及落叶状天疱疮等免疫介导性皮肤疾病相鉴别。首先通过耳垢检查和被毛检查来排除耳螨及蠕形螨。本病例在室外饲养，且季节性出现症状，病变主要是耳廓及鼻梁等特定部位的皮疹，怀疑是蚊虫叮咬过敏症。如剥取痂皮作细胞诊断可见嗜酸性细胞。

猫的蚊虫叮咬过敏症一般发生在夏季，秋季后自行消退，如在同环境中饲养到相同的季节会反复发生。主要在耳廓、鼻梁等特征部位出现带有痂皮的结节及丘疹，有时还会有糜烂；剥取糜烂部或痂皮下的组织进行细胞诊断，可见较多嗜酸性细胞。由于毛浓厚的地方蚊子不易叮咬(较少见到相应症状)。如果该症状没有季节性，且症状较严重时，应考虑落叶状天疱疮、猫的疱疹病毒溃疡性皮炎及扁平上皮瘤等，应进行皮肤病理学检查来确诊具体病症。

（b）蚊虫叮咬性过敏症只要转入室内饲养便能自愈。如饲养环境改变有困难，那么出现季节性瘙痒时给予强的松龙2mg/kg，q24h，至症状平息再渐渐减少用量。

●要点

- 季节性过敏性皮炎用肾上腺皮质激素类药物对症治疗，但过了发生病症时期就不要再继续治疗。
- 全年性症状应进行确诊，采取必要的针对性组织病理学检查。全年性过敏性皮炎时，为了避免肾上腺皮质激素的副作用，应特别注意给药剂量，如果可能应选用其他免疫抑制剂类药物，尽可能减少用量为好。

●医嘱

- 本病的原因疑似蚊虫叮咬，应转移到室内饲养。
- 肾上腺皮质激素治疗，不是根治疗法，而是对症疗法。
- 采用肾上腺皮质激素治疗季节性皮肤疾病时，必须遵守兽医手册的用药原则。
- 应用肾上腺皮质激素和免疫抑制时，在室外饲养的情况应十分注意感染性疾病，有否疱疹病毒的发生等。并定期进行全身检查。

病例 32 猫，雄性，下颌的黑色附着物

症 状

杂种猫，1 岁，雄性。2 个月前开始在下颌上出现许多黑色细小附着物。1 个月前又出现了许多丘疹，并渐渐变大而来就诊(图 32–1)。几乎没有自觉症状。用湿润的棉花擦拭患处可采集到黑胡椒样的附着物（图 32–2）。

问题

(a) 最大可能性是什么病?

(b) 应与哪些疾病鉴别诊断?

(c) 必须做哪些检查和调研?

(d) 怎样护理和治疗?

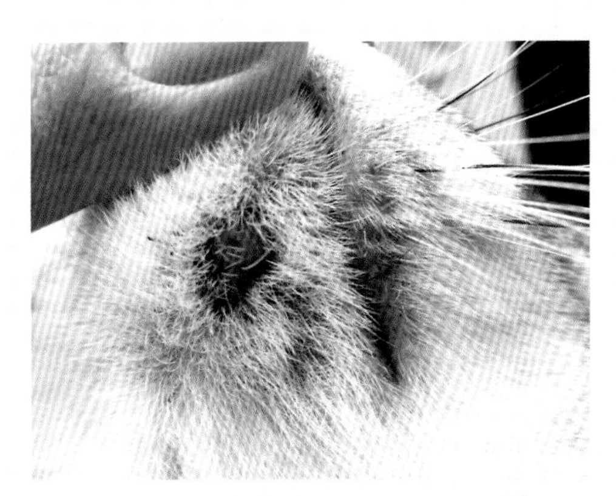

图 32–1

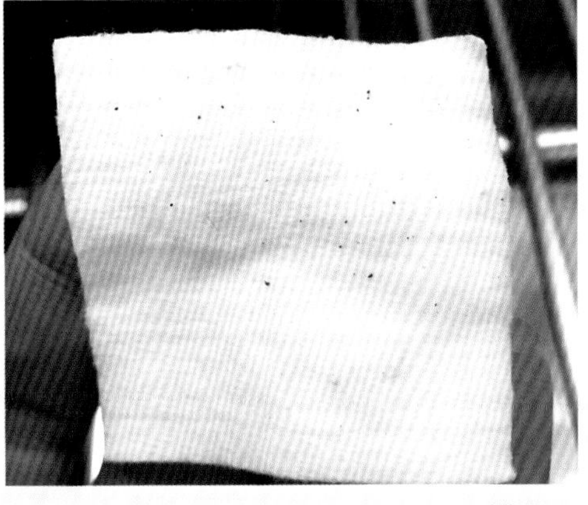

图 32–2

（a）猫痤疮。

（b）应与真菌性疾病、蠕形螨病、马拉色菌皮炎、疥癣、过敏性皮炎、牙根脓肿引起的皮肤溃疡相鉴别。

（c）必须进行皮肤刮屑检查、被毛检查、挤压分泌物涂片检查、口腔视诊。即使没有检查出病原体，亦要用抗菌素治疗来检验感染性状态。如治疗无反应，除下颌外还有自觉症状的病变时，应进行过敏性疾病调查，如停食试验、驱跳蚤试验及过敏检查等。

（d）怀疑是猫痤疮（粉刺）时，采取患部的清洗、消毒，控制继发感染等基本治疗。如被毛过长时，应剪去患部被毛，用角质层分离性香波（过氧苯甲酰、硫黄、水杨酸、乳酸乙基等配制的洗涤剂）每周 1~2 次洗净患部，再用洗必泰消毒，外涂含抗菌药的软膏（如庆大霉素软膏、莫匹罗星软膏）。在挤压分泌物涂片检查中发现细菌，或有大型丘疹时，可考虑全身性给予抗菌药（例如，阿莫西林 · 克拉维酸，10~20mg/kg，q12h；蒽诺沙星，5mg/kg，q24h~q12h；奥比沙星，5mg/kg，q24h；环丙沙星，8mg/kg，皮下注射连续几周）。

●要点

- 猫的痤疮多发生于 1 岁以下的猫，易发于分布大型皮脂腺较多的下颌部的一种无症候性难治疾病。
- 猫痤疮病因不明确，但有美容习惯的多发，从下颌毛囊挤压出来的角质（细胞）和皮脂能够提示痤疮。发病时间久长后易继发细菌（特别是葡萄球菌）和马拉色菌感染，引起严重的毛囊破裂，在临床上表现为大型丘疹样痤疮。
- 猫的痤疮几乎全部局限于下颌，如下颌以外也有病变时，必须进行感染性疾病、过敏性疾病等更大范围的鉴别诊断。

●医嘱

- 通常情况下猫的痤疮会复发，很难治愈，可能要长期护理和治疗（有的是终生性的）。
- 治疗的基本方法是患部洗净、消毒、控制继发性感染，通过几周到 1 个月的集中治疗，会有一定的效果。
- 症状改善后，必须进行日常性美容或定期使用药用香波（清洗）。

病例 33　犬，绝育雌性，鳞屑和鼻镜色素脱失

症　状

西施犬，7 岁，绝育雌性，体重 5.6kg。因始于约半年前的瘙痒症状来院就诊。幼时无皮肤病史。以躯干背部为中心多处发现鳞屑（图 33–1）。同时发现鼻镜色素脱失（图 33–2）。

问题

（a）鉴别诊断是什么?

（b）诊断方案?

（c）若鉴别疾病中包括肿瘤性疾病，应如何治疗?

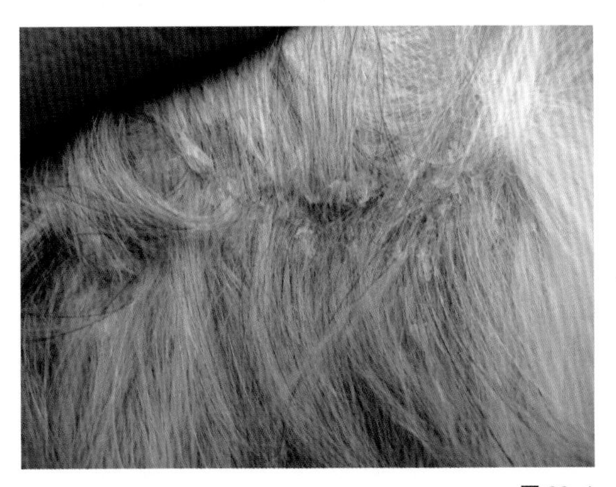

图 33–1

图 33–2

解答

（a）怀疑犬疥癣，犬毛囊虫病，浅表性脓皮症，过敏性皮肤炎（atopia 皮肤炎，食物过敏），皮肤真菌病等，但考虑初发年龄和鼻镜的症状，把皮肤型淋巴瘤也纳入到鉴别诊断。

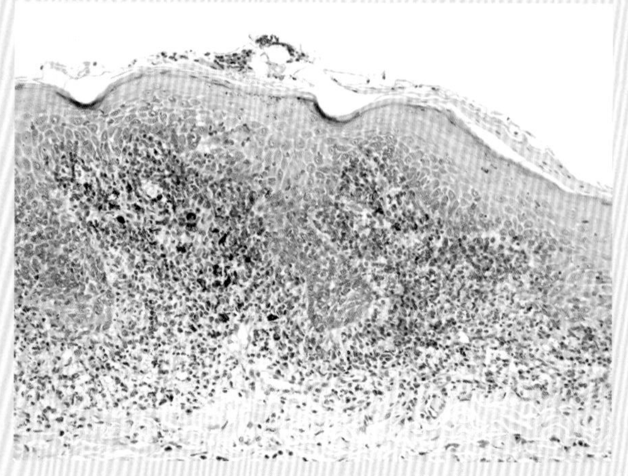

图 33-3

（b）①根据刮皮检查、被毛检查结果，排除犬蠕形螨病和皮肤真菌病。

②犬疥螨和跳蚤过敏性皮肤炎通过诊断性治疗诊断和排除。

③浅表性脓皮症，可根据细菌培养试验结果与抗生素投药反应，诊断和排除。

④怀疑上皮样淋巴瘤时，应实施皮肤活检及病理组织学检查。本病例通过病理组织学检查，确诊为上皮样淋巴瘤（图 33-3）。

（c）上皮样淋巴瘤多为 T 细胞型，一般很难控制。近年来报道洛莫司汀有效，但存在强烈的骨髓抑制，需要注意。也有对少数上皮样淋巴瘤采用多中心型淋巴瘤的治疗中应用的 COAP 法和 γ 干扰素疗法后见效的研究报告。

●要点

- 仅凭肉眼观察结果，鉴别上皮样淋巴瘤与过敏性疾病、浅表性脓皮症较难，需慎重。
- 高龄初发的瘙痒症，如果排除了感染性皮肤病的可能，必须进行鉴别诊断。

●医嘱

- 要跟主人说清犬猫上皮样淋巴瘤较难控制，预后不良的事实，并和主人商谈治疗方法。

病例 34 犬，未绝育雌性，背部侧面脱毛和色素沉着

症 状

西施犬，3 岁，未绝育雌性，前年 11 月发现瘙痒症状，背中部的脱毛范围不断扩大等原因 3 月来院就诊。来院之前就近接受了抗生素和肾上腺皮质激素治疗，瘙痒症状得到了改善，但脱毛现象越来越严重，因此，被介绍到我院。临床表现为腰背部可观察边缘明显的对称性脱毛、脱毛部位有色素沉着、皮肤干燥（图 34–1，图 34–2）。皮肤细胞诊断和刮皮检查结果为阴性。

问题

（a）考虑到的鉴别疾病有哪些?

（b）列出确诊所需的检查项目。

（c）从脱毛形状考虑，可能性最大的病名是什么?

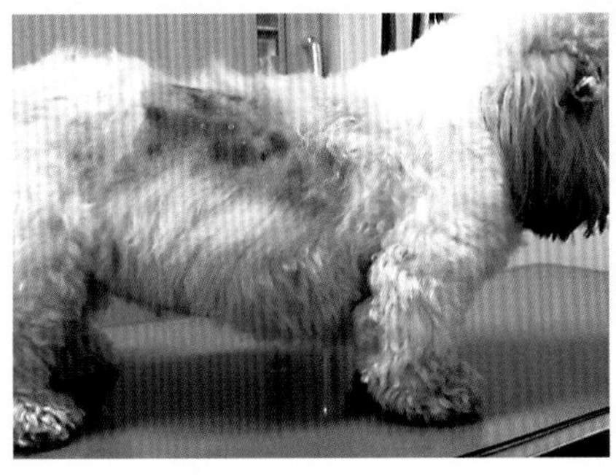

图 34–1

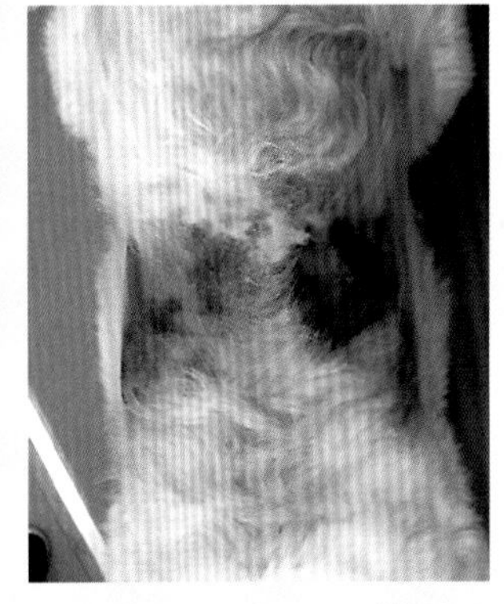

图 34–2

解答

（a）作为非炎症性脱毛症的鉴别诊断，可列出属于内分泌型疾病的甲状腺功能低下症，肾上腺皮质功能亢进症、雌激素过剩症；还有遗传性疾病，如脱毛症 X、复发性膁部脱毛。

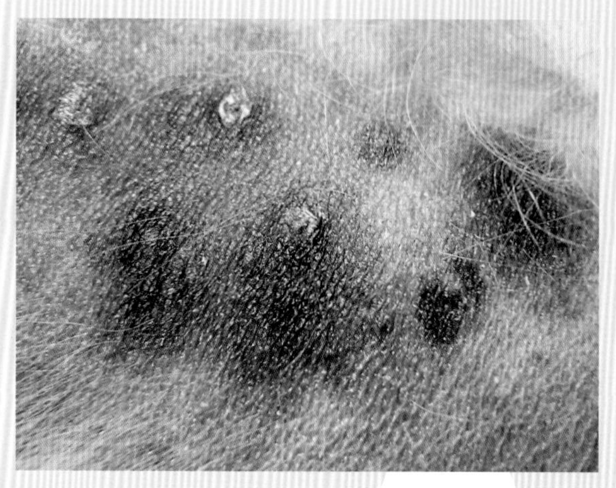

图 34–3

（b）进行被毛检查，甲状腺素、肾上腺激素评价和病理组织学检查。被毛检查发现，几乎所有的毛根都处于休止期。若甲状腺及肾上腺功能无异常，再进行病理组织学检查。

（c）复发性膁部脱毛症。可观察左右腹部两侧非炎症性脱毛，脱毛部位边缘明确和色素沉积（图 34–3）。

●要点

- 复发性膁部脱毛症发生在任何犬种，拳师犬，英国斗牛犬，法国斗牛犬，小型雪纳瑞，爱尔兰㹴是易发品种。光周期和气候的变化对发病有强烈影响。脱毛通常从晚秋到早春开始，春末时可恢复部分或全部的被毛，为此又称季节性膁部脱毛（seasonal flank alopecia）。
- 治疗方法：单次皮下注射缓释型褪黑素 12mg 埋植剂 / 只，或给予褪黑素 3~12 mg/ 只，间隔 6~24h 投药，3~4 个月 PO 等，可以防止复发和缩短脱毛期。本病例间隔 24h 注射褪黑素 3mg，两周后观察到毛发的生长。

●医嘱

- 脱毛的范围较大时，应避免脱毛部位暴露在紫外线或干燥的环境下。注意外出时给犬着装，干燥时涂抹保湿剂等护肤剂。
- 犬的其他脏器未发现异常，无须担心它的健康。

病例 35 犬，雌性，皮肤变薄、脱毛及鳞屑

症 状

玩具贵妇犬，4 岁，雌性，体重 4.0kg。初期躯干左侧观察到瘙痒症状及伴随红斑和轻度脱毛的直径约为 2cm 的皮肤炎，根据他院的处方，用曲安西龙、抗菌剂和抗真菌剂的混合外用剂治疗，瘙痒症状立刻消失，但脱毛现象一直得不到改善。为此，做每日 2 次的药物涂抹，其结果反而脱毛扩大和鳞屑增加。无奈扩大用药范围直到半年之久，脱毛仍扩大，鳞屑更严重，因此来院就诊（图 35–1）。来院时确认无瘙痒，躯干左侧脱毛，鳞屑和落屑过多，发现皮肤大范围变薄，最初引起皮肤炎的部位有色素沉积。其他部位无皮肤症状。

问题

（a）怀疑的病名是什么?

（b）如何治疗?

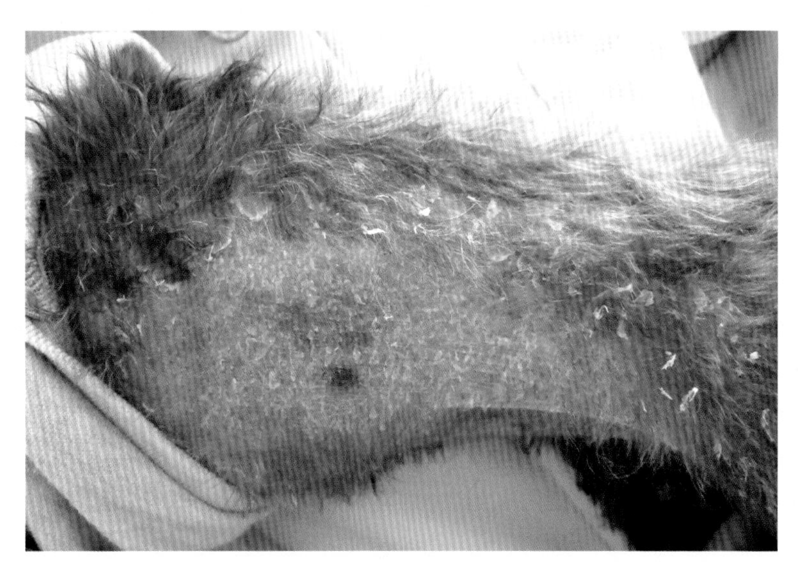

图 35–1

解答

（a）皮肤真菌病。最早可排除蠕形螨等感染性皮肤疾病。根据使用含有肾上腺皮质激素的外用混剂的情况，从无痒、皮肤萎缩等症状分析，可怀疑类固醇激素性皮肤病。必要时通过病理组织学检查来确诊。

使用含肾上腺皮质激素剂外用药引发的类固醇激素性皮肤病，通常限于局部。但是，长期使用、涂抹范围广、使用了效价高的肾上腺皮质激素制剂等情况下，可能引起肾上腺的抑制，这一点要引起注意。

（b）停止用药，观察经过。

●要点

- 类固醇激素性皮肤病一般没有瘙痒等降低动物生活质量（QOL）的症状，不用治疗。严重干燥时考虑保湿剂的使用。
- 上述症状外，也可能观察到粉刺。
- 进行病理组织学检查来进一步确诊。

●医嘱

- 转院的病例，对他院使用外用药的意图不明情况较多，不能再滥用外用药，先停药观察。
- 一般在 2~3 个月可以改善皮肤症状。

病例 36 犬，雄性，老年性脱毛

症 状

柴犬，12 岁，雄性，5~6 年前出现了瘙痒症状，2 年前背部一些部位发生脱毛一直不好（图 36–1）。在他院的皮肤检查中未发现细菌或寄生虫，诊断为过敏性皮肤炎。当瘙痒严重时，给予“止痒注射”，主人诉说“最近几乎没有活动，只有睡觉”，怀疑背部有疼痛，又定期注射 NSAID。体检发现右背侧脱毛（图 36–2），脱毛部位有脂漏和毛囊性丘疹。腹股沟因慢性瘙痒而苔藓化。常规血液检查、血液生化学检查中未发现异常。

问题

（a）从问诊和视诊中考虑到的鉴别诊断是什么？

（b）观察到毛囊性丘疹后的鉴别诊断是什么?

（c）要进行何种检查和治疗?

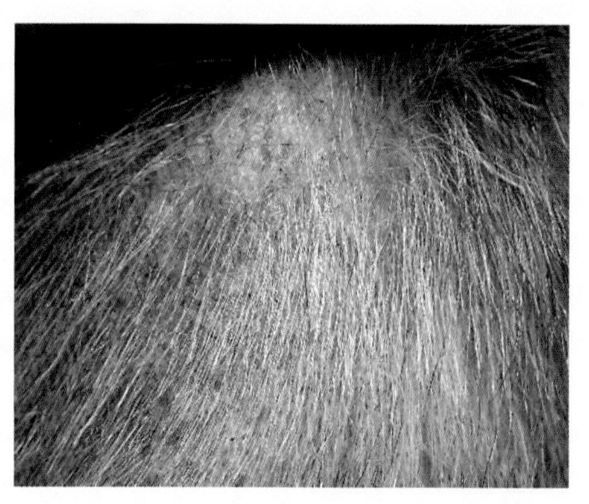

图 36–1

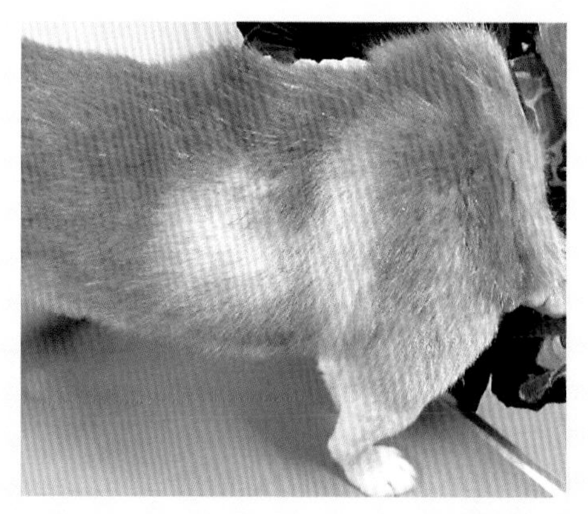

图 36–2

解答

（a）瘙痒初发年龄在 7~8 岁，因而过敏性皮肤炎的可能性较低，可怀疑伴随瘙痒的脓皮症、疥螨、蠕形螨病等感染病。“无活动”的诉说也有重要的参考价值。本病例还发现，鼻梁的脱毛和色素的沉积（图 36-3）。从这些症状看，怀疑甲状腺功能低下症。

图 36-3

（b）可将（细菌感染引发）毛囊炎和蠕形螨病列入鉴别诊断中。

（c）其次，通过捺印涂抹检查，检查细菌感染的有无；通过跳蚤梳检查、刮皮检查，检查蠕形螨等感染的有无，进而阐明瘙痒发生的原因。本病例，检出了球菌和蠕形螨，注射头孢氨苄（25~30 mg/kg，间隔 12h 用药）等抗生素和伊维菌素 300 μg/kg，间隔 24h 用药。为了控制脂漏，用洗发液彻底清洗毛发。约 1 个月后，脂漏和瘙痒症状得到改善，但脱毛现象未得到改善。怀疑甲状腺功能低下症，检测基础 T4 值，其值为 0.8 μg/dL（参考值：1.1~3.6），偏低。补充甲状腺素后，观察到脱毛部位的长毛现象和活动性增强。以此，确诊为甲状腺功能低下症引起的脓皮症和蠕形螨病。

●要点

- 大部分的过敏性皮炎病例在 6 月龄到 3 岁发病，易发部位在面部、四肢的足趾间、弯曲部、腋窝及腹股沟等。本病例发痒的初始年龄为 6 岁，症状出现较晚，瘙痒严重的部位又是背部，与过敏性皮肤炎的临床症状不一致。
- 观察到毛囊性丘疹时，重点怀疑细菌性毛囊炎和蠕形螨病。为提高蠕形螨的检测率，搔爬检查时轻轻捏起皮肤，把虫体从毛囊挤出。
- 甲状腺功能低下症病例的 80% 有出现皮肤异常症状的报告。其中，脱皮过多引起的毛发干燥及脂漏为常见。
- 有很多甲状腺功能低下症犬的主人认为自家犬的无力是源于老化，不是病。另外，不一定在所有病例中同时出现对称性脱毛和鼠尾症，运动持久性差，肥胖，贫血，缓脉等症状。

●医嘱

- 甲状腺功能低下症一般在中高龄的大型犬中多见，但任何其他犬种的不同年龄段也都可以发生。治疗时必须采用激素补充疗法。
- 通常用药 1~2 周后，活动性增加，体重渐渐减少，但被毛的恢复需要 2~3 个月的时间。

病例 37 兔，脱毛，皮屑

症 状

5 年 10 个月龄兔，因胸背部的脱毛和严重的皮屑症状来院就诊（图 37–1）。全身状况良好，无瘙痒症史。摊开被毛，在脱毛部位的最外侧确认明显的鳞屑，被毛易拔出。脱毛中央部位长出短毛，病变部位形状如钱癣状。

问题

（a）最可能的诊断名是什么？

（b）为了确诊应该怎么做？

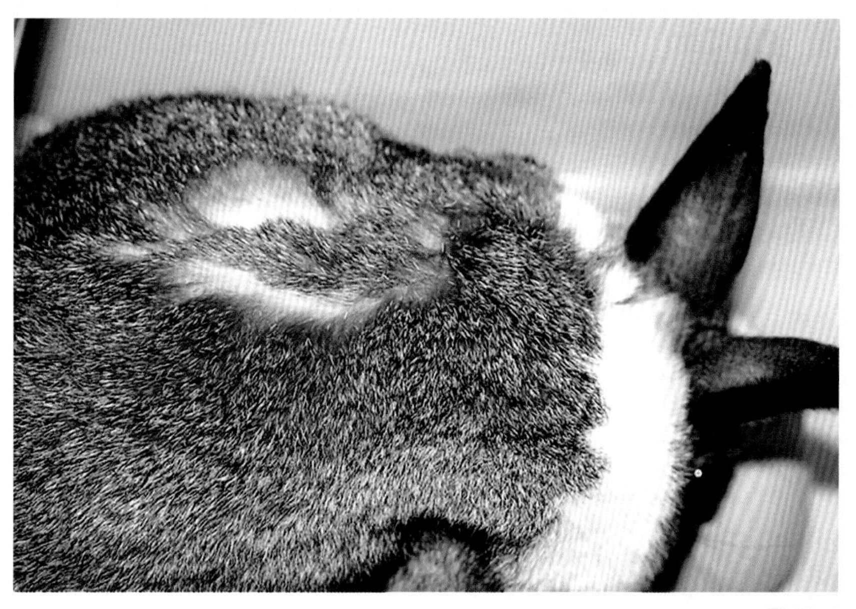

图 37–1

解答

（a）从症状和病变来看，最有可能的是皮肤真菌病。还有扁虱症也表现为相同部位形成脱毛病变，并伴有大量鳞屑，必须包括在鉴别诊断中。

（b）①利用胶带法确认扁虱的有无，本病例中扁虱阴性。
②使用 KOH 法检查真菌的有无，本病例中真菌阳性。
③也可以利用真菌培养方法。但兔皮肤真菌病即使存在真菌，其结果多为阴性。

●要点

- 引起兔皮肤真菌病病原菌的多数是须毛癣菌（ *Trichophyton mentagrophyte* ），但极少数也有被犬小孢子菌（Microsporum）引发的情况。
- 兔皮肤真菌病表现为钱癣样脱毛和落屑、鳞屑，伴有瘙痒症状的很少。
- 兔皮肤真菌病可伴随应急性免疫低下或其他皮肤疾病，通常感染后无法发现症状，某种诱因可使症状出现。治疗并发症时，真菌病也自行治愈。
- 虽然口服伊曲康唑（5~10mg/kg，间隔 24h 投药）等方法对兔皮肤真菌病有效，但治疗时间长，屡屡复发，要使症状完全消失需要耐心。

●医嘱

- 兔皮肤真菌病是人畜共患病，也有家人中发生皮肤病变的可能。通常治愈后，人的症状也消失。如家人症状严重，可到人医院就诊，必须提醒医生家中有兔皮肤真菌病的事实。
- 必须向畜主说清兔皮肤真菌病的治疗多数情况下变为长期化的事实。
- 溶解角质的洗发水是有效的，但不推荐用于不习惯洗发水的兔子上。
- 复发率很高，为了预防复发要消除应急、高湿、体力下降等诱因。

病例 38 犬，雄性，躯干脱毛

症 状

博美犬，4 岁，雄性，体重 1.6kg。1 岁开始躯干部的毛渐渐脱落（图 38–1）。食欲、饮水量、活动量和全身肌肉量等无异常。观察到脱毛部位的轻度色素沉积，但无瘙痒、鳞屑及皮肤变薄等异常。在颈部、四肢端可观察肉眼上正常的被毛。刮皮检查无异常，但被毛检查发现，脱毛部位的被毛处于休止期。

问题

（a）怀疑的病名是什么？

（b）怎么治疗?

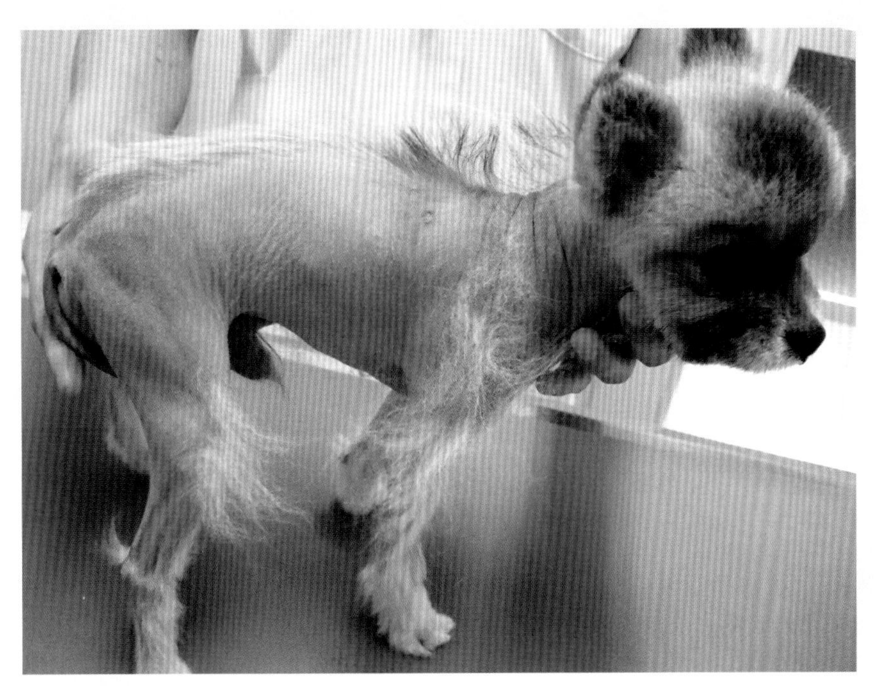

图 38–1

解答

（a）鉴别诊断有，脱毛症 X，甲状腺功能低下症和肾上腺皮质功能亢进症等内分泌疾病。同时要考虑毛囊形成异常、脂腺炎等。从病发年龄、脱毛经过，全身状态的变化和博美犬种等信息来看，本病例诊断为脱毛症 X。

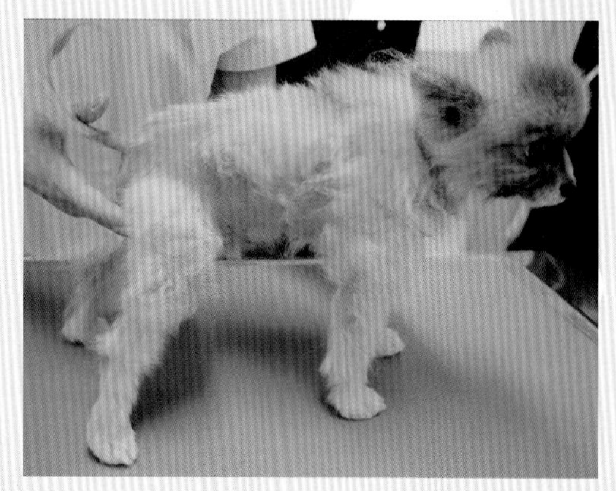

图 38–2

（b）脱毛症 X 对外观有影响，但对健康无碍，可以考虑不治疗。

选择治疗的情况下，一般常用以下顺序治疗。也有个别对所有治疗都没有反应的个体。

①去势手术：未去势的雄性，进行去势手术可以长出毛发。

②褪黑素：有报告指出，经口服褪黑素 3~6mg/kg，间隔 8~12h 投药 3 个月，对 30%~40% 的病例有效。

③曲洛司坦，准确的剂量不明。有报告显示，注射 10.85mg/ kg，间隔 12~24h 投药，对 85% 的病例有效。考虑副作用，起始投药量为 1~3mg/kg 较安全。对肾上腺功能低下症个体需要慎重。

④其他治疗：虽然有米托坦，醋酸奥沙特隆等也对此症有效的报告，但缺乏证据，用药量也不详，应注意副作用的发生。

本病例实施了去势手术，3 个月后发现被毛长出，色素沉积也得到了改善（图 38–2）。

●要点

- 在日本，该病的绝大多数在博美犬种中发病。
- 年轻时期发病，脱毛进行缓慢。
- 除了毛囊形成异常或脂腺炎等检查之外，有时也需要做皮肤病理组织学检查。

●医嘱

- 这种疾病仅仅对审美构成问题。此外，即便毛发再生，脱毛也常常复发。

病例 39 猫，绝育雌性，鼻和耳廓的痂皮

症 状

杂种猫，10 岁，绝育雌性，体重 4.7kg。2 个月之前脸部、耳廓和躯干部出现皮肤炎，在他院进行抗生素治疗未得到改善而转入我院。患部有严重的瘙痒症状。鼻梁覆盖厚的痂皮，耳廓发现丘疹和痂皮（图 39-1，图 39-2），颈部，躯干和四肢边缘发现糜烂和痂皮，爪的周围也有肿胀。之前无皮肤病史。

问题

（a）怀疑的病名是什么？

（b）必要的检查是什么?

（c）怎样治疗?

图 39-1

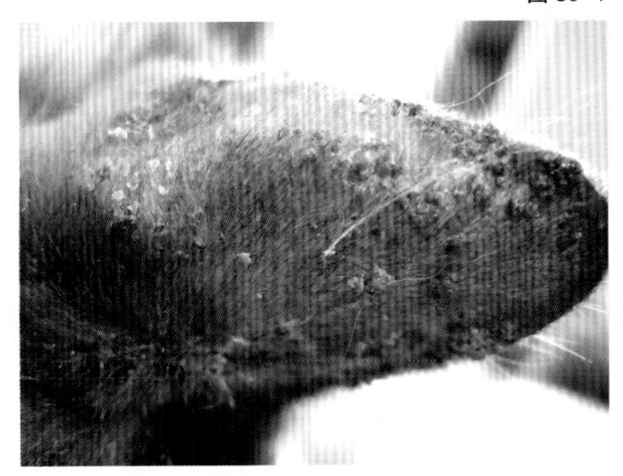

图 39-2

解答

（a）落叶天疱疮。考虑的鉴别诊断有细菌感染，过敏性皮肤炎，疥螨，猫疱疹性皮肤炎和扁平上皮癌等。

（b）从未破的脓疱或痂皮下糜烂部的细胞诊断结果，大致推测诊断名。如果是细菌感染，可以发现变性的白细胞或细菌等；如果是落叶天疱疮，可检测出大量的荆棘化细胞或未变性的白细胞。为了确诊，要进行皮肤病理组织学检查。本病例中，实施生检时发现脓疱，并在痂皮中发现未变性的白细胞和荆肌溶解细胞，可确诊为落叶天疱疮（图 39-3）。

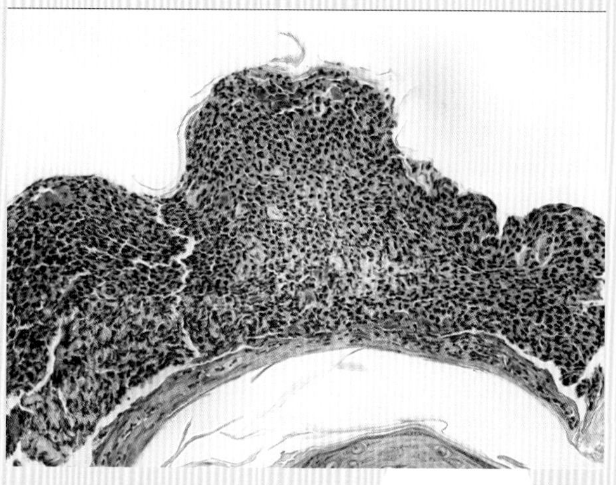

图 39-3

（c）注射免疫抑制剂量的波尼松龙 2~4mg/kg，间隔 24h 投药。

●要点

- 在犬猫上发病的落叶天疱疮属免疫性皮肤疾病，较多见。
- 高龄动物初发的瘙痒症，属过敏性以外的其他皮肤病的可能性高，诊断时要考虑这一点。
- 更准确的诊断方法是利用荧光抗体法证明表皮细胞间的抗体沉积。

●医嘱

- 免疫性疾病的治疗时间长，复发也多见。

病例 40　犬，雄性，真蜱感染

症　状

喜乐蒂牧羊犬，6 岁，雄性， 体重 10.2kg，室内饲养，疫苗接种齐全。每 2 个月一次到动物医院训练。主人在梳理犬时发现，右腋窝被真蜱感染，感染周围出现红斑（图 40–1，图 40–2）。

问题

（a）怎么治疗？

（b）真蜱能引起什么病害?

（c）主人有没有传染此病的可能性?

图 40–1

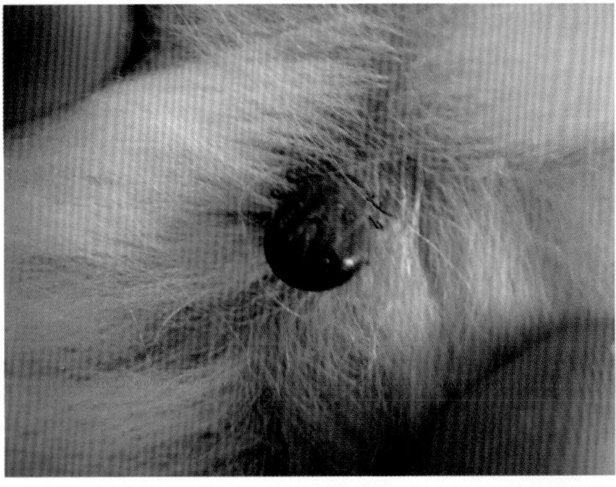

图 40–2

解答

（a）利用菲普罗尼，卡氯菊酯，赛拉菌素的喷雾或滴剂方法杀灭。可以利用真蜱金属去除器具和镊子去除，但若去除不完全，蜱的头部（口器）残留在皮肤内，有可能形成肉芽肿，也有可能感染真蜱传染性疾病或损伤犬的皮肤。因此，避免强行将虫体拔出。

（b）真蜱寄生部位可出现红斑。患处皮肤驱虫后可自行治愈，但它是很多重大人畜共患病的媒介。传染后引起洛矶山斑疹热，巴贝斯虫病，埃利希氏病，Q热，莱姆病，猫抓病等疾病。

（c）吸附到人的真蜱直接吸血，使我们直接暴露在传播疾病的环境。主人用手去除附在犬猫上的真蜱时，啤的血液、淋巴液可以粘到手上，可能传播病原体。

●要点

- 蜱是人畜共患病的媒介，具有危险性。驱虫时不仅主人本身，兽医师、工作人员也要小心，避免感染。
- 去除妥当后，若出现跛行、疼痛、发热症状，这时要慎重考虑以真蜱为媒体的传染病。可以检测怀疑个体的血清抗体效价，但仅凭一次抗体效价检测结果难以下结论，所以多用抗生素进行治疗。

●医嘱

- 真蜱是重大人畜共患病的媒介。饱食的真蜱有可能离开犬寄生在室内和庭院，可再寄生于犬的体表和同居犬的体表。建议全年持续预防。

病例 41　猫，绝育雄性，背部皮肤炎和疤痕

症　状

挪威森林猫，4 岁，绝育雄性，体重 9.7kg（BCS 4）。3 个月前主人发现其背部的皮肤炎，在附近就医后接受外用疗法得到改善。但是，之后在同一部位再次复发而来我院就诊。

猫在室内饲养，冬季多在热地毯上仰面朝天地睡。来院就诊时，可观察到沿着背部中心线大面积脱毛，结痂，部分发红和糜烂，色素沉积、形成疤痕（图 41–1，图 41–2）。

问题

（a）可想到的病名?

（b）可疑的病因是什么?

（c）怎么诊断?

（d）怎样治疗?

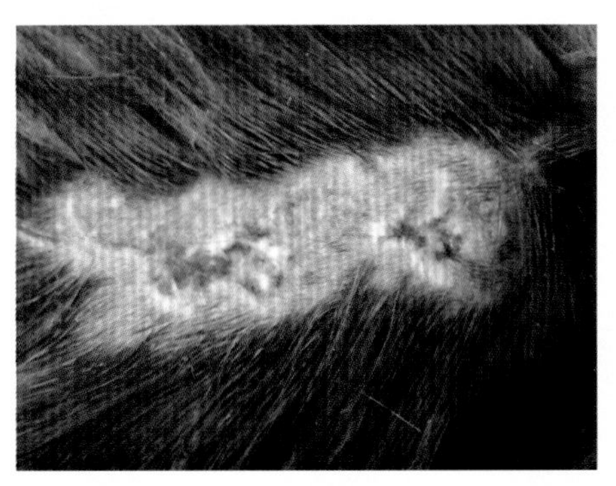

图 41–1

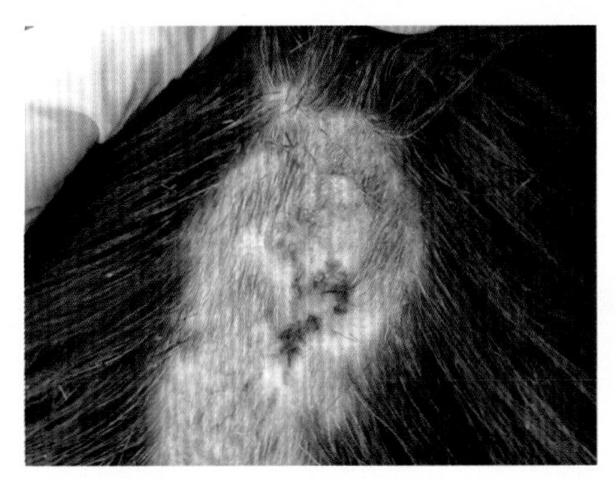

图 41–2

（a）烫伤。

（b）从猫的生活习惯和病变部位来看，电热毯可能是烫伤的原因。小动物遭遇烫伤的原因一般有火灾、电热毯、电温热垫、干燥器、发热的金属、沸腾的液体和化学物质等。但没经过现场考察对确定病因和诊断带来困难。

（c）问诊和病理组织学检查。生检没有溃疡的红斑部位。仅依据重度病变后随着时间的推移出现的溃疡，组织坏死，继发感染，形成疤痕的组织来确诊是有难度的。

（d）利用外科或化学方法去除脱落的皮肤、坏死组织，再用生理盐水洗净。为了防止细菌的继发感染而投药对症的抗生素，需注意细菌增殖引起的治愈延迟。大范围烫伤引起全身症状时，先稳定全身状态。烫伤原因是化学物质时，要尽可能冲洗干净，明确原因，为防止再次发生应改善其生活环境。

●要点

- 被电温热垫或干燥器等导致的烫伤有潜在的病变危险，动物皮肤因被毛覆盖，故疼痛可视化为止的数日间，主人不能及时发现病变。
- 烫伤的程度依赖于温度和接触时间。
- 烫伤达到体表面积的25%时，会出现败血症、休克、贫血、肾功能不全等全身性症状，会导致生命危险。容易引起组织坏死，皮肤免疫功能的损伤及继发细菌感染。
- 表皮和真皮的浅层受到伤害时，上皮再生处会出现轻微疤痕或痊愈，但烫伤达到深层时，因缺血性坏死出现皮肤脱落，脱毛及疤痕形成。

●医嘱

- 烫伤对犬猫来说是比较常见的伤害。
- 品种、年龄、性别间没有差异。
- 烫伤的治愈可长期化，可达数周到数个月。

病例 42　幼龄犬，雄性，脱毛，红肿

症　状

巴哥犬，6 月龄，雄性，2 个月大时从宠物店购买。约 1 个月前颈部发现脱毛斑，并渐渐扩大（图 42-1）。还有 2 处其他的小型脱毛斑，为此来到我院。还观察到脱毛斑毛孔中的角质栓，残留毛发的基部附着鳞屑（图 42-2）。患犬无自觉症状，食欲正常。在同居动物和主人身上也没发现皮肤异常。几乎室内饲养，1 日遛 2 次。定期进行虱子预防，饲料是市面上的干燥饲料。

问题

（a）鉴别诊断有哪些疾病？

（b）需要什么样的检查和调查?

（c）为了检查外部寄生虫而进行刮皮检查时，对脱毛斑的那些部位怎么搔扒?

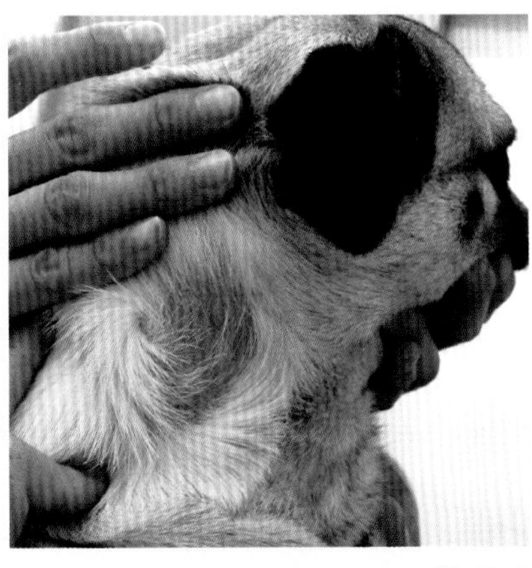

图 42-1

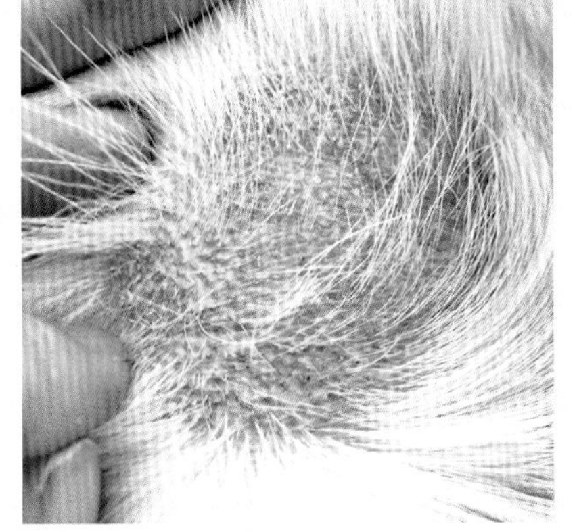

图 42-2

解答

（a）蠕形螨病，皮肤真菌症，浅表性脓皮症，疥螨，圆形脱毛症等。

（b）有必要进行仔细的刮皮检查，被毛检查，捺印涂抹检查。因为年幼，优先考虑一般性的皮肤感染，还应该详细了解发现症状时，瘙痒的程度，与其他患病动物和污染环境接触的可能性等。

（c）当以检测蠕形螨为目的时，刮皮检查以伴有角质栓（黑头）的粉刺为重点部位进行较为理想。这时，把目标粉刺作为顶点，向上挤皮肤，让毛孔扩张，把角质栓挤出后，用锐勺深层搔扒。当以检测蜱为目的时，向上拽附着鳞屑和痂皮的红斑性丘疹，使其成为顶点，最好蹭掉痂皮，尽可能在大范围皮肤上做搔扒检查。以检测疥螨为目的时，只做表面搔扒足够。本病例的刮皮检查中检测出蠕形螨，因而，确诊为蠕形螨病。

●要点

- 幼型蠕形螨病多表现为轻度的皮肤症状（红斑，鳞屑，脱毛为特征的，单次少于5处的局限性病变），一般不伴随自觉症状。
- 年轻型蠕形螨病在6个月之前容易发病，从1岁至1岁半时自然缓解得较多。
- 以检出外部寄生虫为目的进行的脱毛斑刮皮检查，重点应放在挤粉刺和痂皮上附着的丘疹，以此为顶点，向上拽皮肤后进行搔扒。

●医嘱

- 幼年型蠕形螨病是在幼龄犬上看到的良性皮肤感染，多在1岁至1岁半时自然缓解。
- 幼龄时发病的蠕形螨病有些时候也很难治，这说明，此种病例与遗传有关。
- 蠕形螨是在所有犬中可以见到的常在寄生虫，没有感染人和同居动物的可能性。

病例 43　犬，雌性，皮肤变薄

症　状

法国斗牛犬，3 岁、雌性。6 个月前开始腹部持续出现皮疹而来院就诊（图 43–1）。6 个月前同部位出现红色小丘疹和瘙痒症状，涂抹曲安奈德 1 日 2 次，症状一时消失。但持续涂抹 6 个月的结果，导致涂抹部位皮肤变薄，出现粉刺及红斑。

问题

（a）最可疑的诊断病名?

（b）鉴别疾病有哪些?

（c）治疗方案如何?

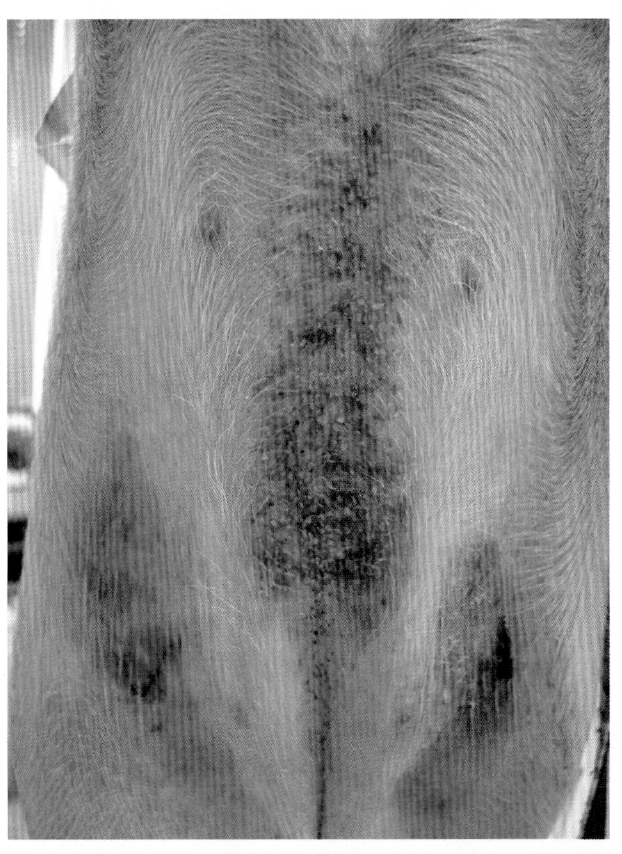

图 43–1

解答

（a）类固醇皮肤病。

（b）鉴别医源性库欣氏综合征和肾上腺皮质机能亢进症。

（c）停止涂抹肾上腺皮质激素剂后观察一段时间。本病一般停药 2~3 个月后症状消失。

●要点

- 类固醇皮肤病是长期连续涂抹高效价肾上腺皮质激素剂时发病。本病例，涂抹部位可观察到皮肤变薄、鳞屑、红斑、紫斑、溃疡等。
- 为防止本病发生，要禁止长期使用肾上腺皮质激素剂，若需长期连用时应换成效价低的。

●医嘱

- 处方开具高效价肾上腺皮质激素剂时，应说明长期连用时的副作用。

病例 44　犬，绝育雄性，溃疡，痂皮

症　状

西施犬，9 岁，绝育雄性。诊断为垂体性库欣氏综合征。从一个月前开始颈部，背部局部出现淡红色的变硬部位，继而发生溃疡并结痂（图 44–1）。

问题

（a）最可疑的诊断病名?

（b）说明溃疡的理由?

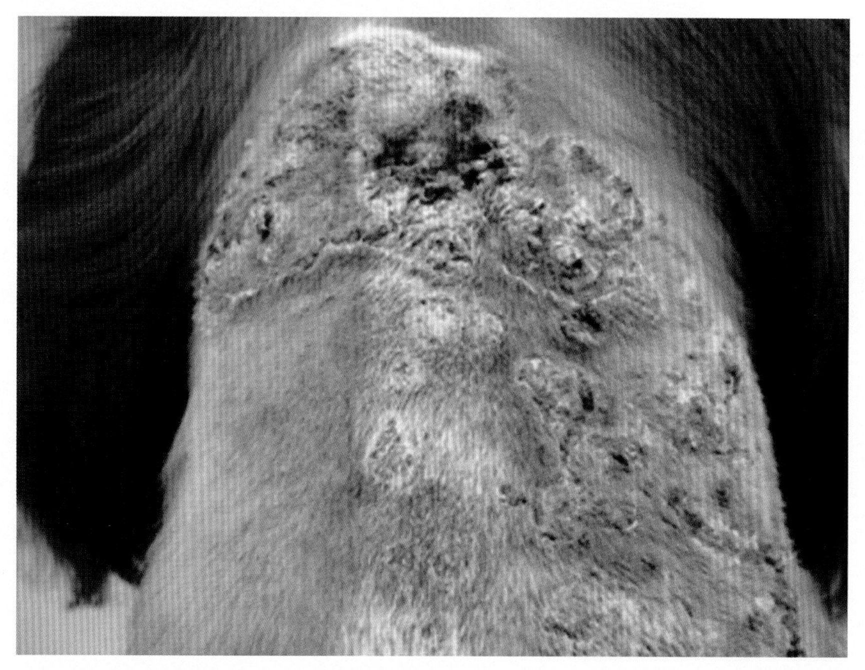

图 44–1

解答

（a）皮肤钙质沉积症。

（b）在真皮或皮肤附件里沉积的钙成分，随着表皮和毛囊上皮破裂而排出时形成溃疡。

●要点

- 皮肤钙质沉积症，在犬类伴随肾上腺皮质机能亢进症，医源性库欣氏综合征，慢性肾功能衰竭等疾病而发生。
- 本病发病初始局部显示边界明显的淡红色，伴随钙成分经皮肤排出，同样部位出现溃疡并结痂。

●医嘱

- 为了更好地应对本病，利用皮肤生检法确诊的同时，有必要进一步查询和诊断诱发本病的一些内科疾病。

病例 45　猫，鳞屑，寄生虫

症　状

4 个月龄小猫，以腰部为中心，出现粉样白色皮屑而来院就诊。主诉皮屑量逐日增多。采集皮屑和被毛样品在显微镜下观察时，可观察到淡黄色的寄生虫和附着在被毛的透明的虫卵（图 45-1，图 45-2）。

问题

（a）这是什么寄生虫?

（b）最佳治疗方案?

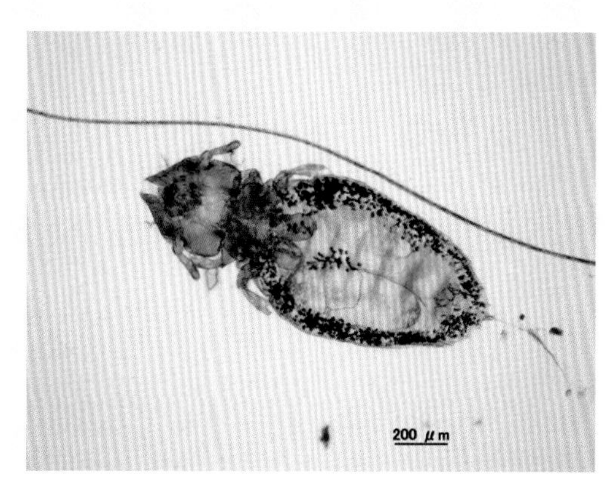

图 45-1

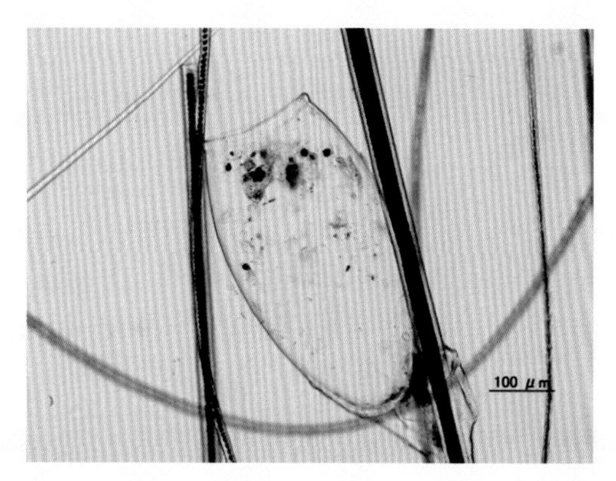

图 45-2

解答

（a）猫咬虱。体长 1.2mm 左右，头部呈五角形为淡黄色，前端具有小的弯曲部。腹部为白色，两侧具有深色的斑纹。

（b）感染的猫和接触的猫一起治疗。为了防止扩大感染，治疗结束为止对感染猫采取隔离措施。以 2 周间隔涂抹 2~3 次赛拉菌素滴剂制剂，或口服伊维菌素（0.2mg/ kg）或皮下注射，2 周间隔 2~3 次。

驱虫药对虫卵的效果低，必须等其孵化后反复涂抹 / 服用药物。另外，通过剃毛的物理方法消除附着被毛的虫卵和虫体，可以缩短治疗期。

●要点

- 咬虱卵是 1 周左右孵化成幼虫。幼虫经反复蜕皮而发育，2~3 周后成为成虫。雌性在宿主的被毛上产卵。一生进行寄生生活。幼虫，成虫都在被毛和皮肤之间活跃活动。
- 咬虱是类似虱子形态的昆虫，但不像虱子吸血（仅外伤部位有血液渗出时吸血），以宿主的角质和皮脂等为食物。

●医嘱

- 咬虱传染性较强，避免与其他猫接触。
- 宿主特异性较强，一般不感染人。
- 感染猫使用过的毛巾类等要充分清洗（如热水或氯消毒）或扔掉。

病例 46 兔，雌性，肿瘤

症 状

8 岁雌兔，2 个月前主人发现其前胸部有鹌鹑蛋大小的疙瘩，后来长成 3cm × 4cm 大小，因兔子舔它，引起主人注意，故来院就诊。肿瘤为实质性组织，不像固定在下部组织像长在皮肤上（图 46–1）。

问题

（a）兔子体表最多见的肿瘤是什么？

（b）为了诊断都应做哪些事情？

（c）高龄兔子做全身麻醉时应考虑什么？

图 46–1

解答

（a）基底细胞瘤。

编者注：犬和猫的基底细胞瘤（癌），据近些年免疫组织化学的研究结果，大部分分类到毛母细胞瘤。这一结果也适用于兔子。

（b）鉴别诊断时穿刺是有效方法。此方法可鉴别肿瘤和脓肿，对肿瘤可以分类。治疗只有摘除手术法。基底细胞瘤的可能性高时不做 FNA，摘除后进行病理检查即可。本病例，对摘除后组织的病理检查结果确认为基底细胞瘤。

（c）①评估健康状况很重要。做常规体检，血液检查和胸部 X 线检查。不少高龄个体肾功能及肝功能低下、心肥大，给全身麻醉带来风险。

②食欲下降时，有必要做精密检查看是否有其他合并症。

③高龄时应降低麻醉剂的用量，但也要充分麻醉。

●要点

- 兔子体表肿瘤中除了基底细胞瘤，在雌性，乳腺癌和乳腺肿瘤较多。其他还有脂肪瘤，扁平上皮癌，淋巴瘤，纤维瘤，黏液瘤，毛囊上皮肿瘤，皮脂腺癌等。
- 基底细胞瘤在中老年多见。
- 根据术前检查判断全身麻醉风险高和高龄的情况等可以进行局部麻醉而摘除。这时希望熟练的保定者进行保定。
- 基底细胞瘤在血管分布较少，比其他的皮肤肿瘤和皮下肿瘤出血少，但形成破溃则血管稍微偏多。

●医嘱

- 尽量具体说明全身麻醉时的风险。
- 详细说明姑息肿瘤的风险和全身麻醉的风险，帮助主人选择。
- 姑息基底细胞瘤时，不久发生自溃产生分泌物或疼痛而降低兔子的生活质量。无自溃肿瘤变巨大时，可能出现运动功能障碍。
- 家人无法决定手术时，自溃或巨大化等对兔子实质性的伤害可视化之后手术也可作为中策加以考虑。但告知主人肿瘤越大风险也越大的事实。

病例 47　犬，雄性，脱毛，瘙痒

症　状

吉娃娃，4 岁，雄性。从两个星期前开始，背部出现虫蛀状脱毛，抓挠患部等症状来院就诊。脱毛部位形成脓疱和表皮小环。脓疱内容物的细胞检查结果检测出大量的如图 47–1，图 47–2 所示细胞。

问题

（a）最有可能的诊断名?

（b）图 47–1 中线状成分意味着什么?

（c）和本疾病相关的最常见的细菌是什么?

（d）怎样治疗?

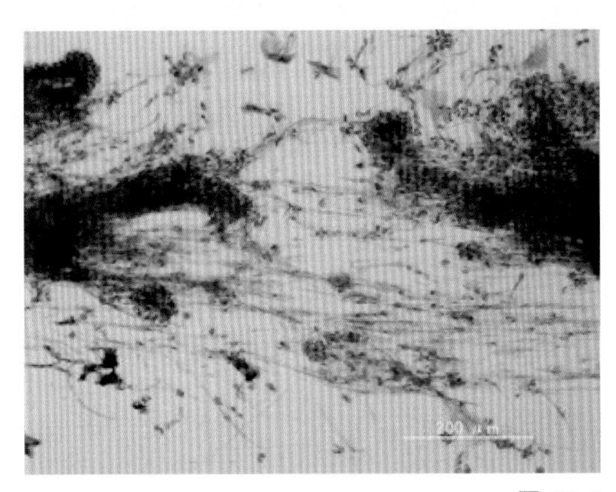

图 47–1

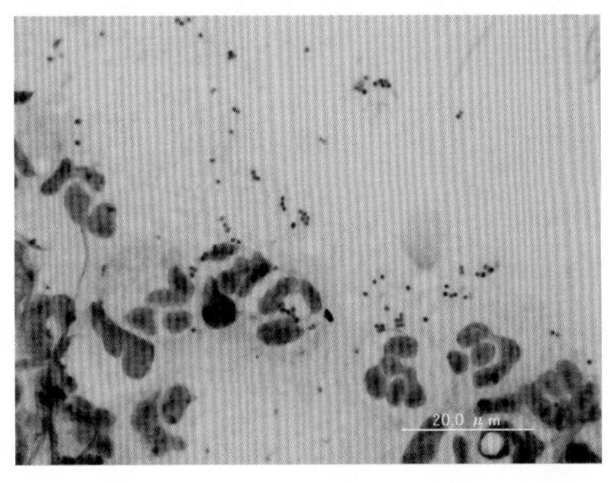

图 47–2

解答

（a）浅表性脓皮症。

（b）吞噬细菌的中性白细胞残骸。

（c）伪中间型葡萄球菌（*Staphylococcus pseudintermedius*）。以前曾被分类到中间型葡萄球菌，但已改变了其分类。

（d）脓皮症的治疗以投药已知菌株对症抗生素和用抗菌性洗发水清洗干净等方法为主。若有过敏和内分泌失调等疾病应同时治疗。如果控制不好这些疾病，有可能导致脓皮症复发。即使症状消失，建议继续使用抗菌性洗发水，定期清洗皮肤而预防复发。

●要点

- 脓皮症是细菌引起的化脓性皮肤炎。大部分由皮肤内葡萄球菌过度增殖而引发。根据感染程度大致分为表面性、浅表性、深层性三大类。
- 观察到丘疹，痂皮，鳞屑，脓疱和表皮小环为一般特征。
- 据报道，近年来对多种抗生素存在耐药性的细菌种类呈增加趋势，给治疗带来严重的问题。因此，要积极进行细菌培养检查，根据细菌鉴定和药物敏感性试验结果，选择抗生素。

●医嘱

- 犬的脓皮症不感染人。
- 即使症状消失，也不应擅自停药。

病例 48 犬，雄性，湿疹，呕吐

症 状

小型腊肠犬，3 岁，雄性，体重 8.2kg。由于身体出现湿疹，用头孢氨苄进行治疗。治疗 10 日起皮肤潮红恶化，同时，伴有呕吐和绝食，活动性低下。全身状态恶化前一天给涂抹了预防跳蚤的制剂。

到医院时已在耳廓、颈部、前胸一鼠径部的腹侧处可观察到伴有潮红的中度瘙痒和有明显界限的红斑（图 48 – 1 至图 48 – 3）。

问题

（a）有哪些鉴别疾病?

（b）怎样诊断?

（c）怎么进行治疗?

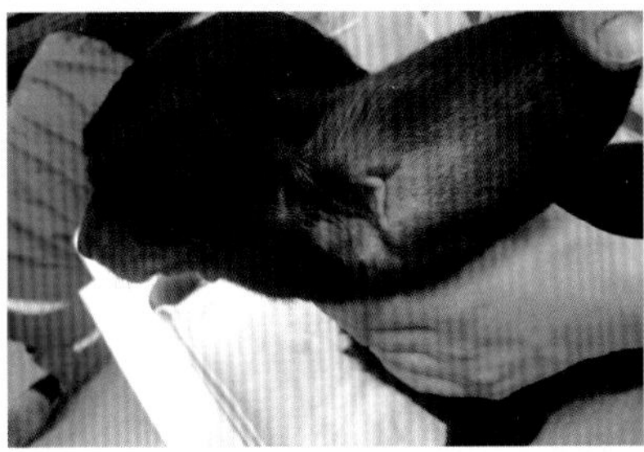

图 48–1

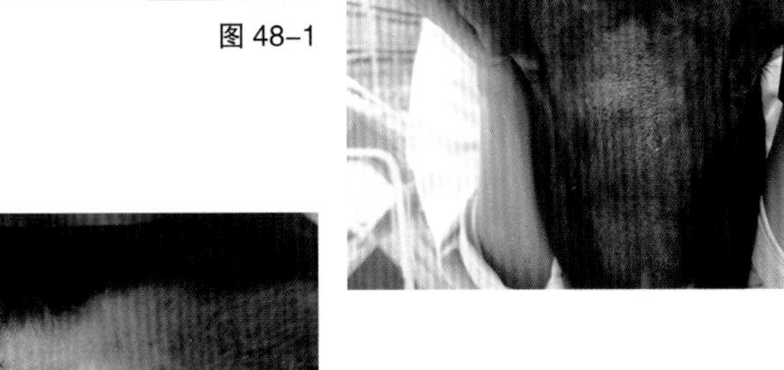

图 48–2

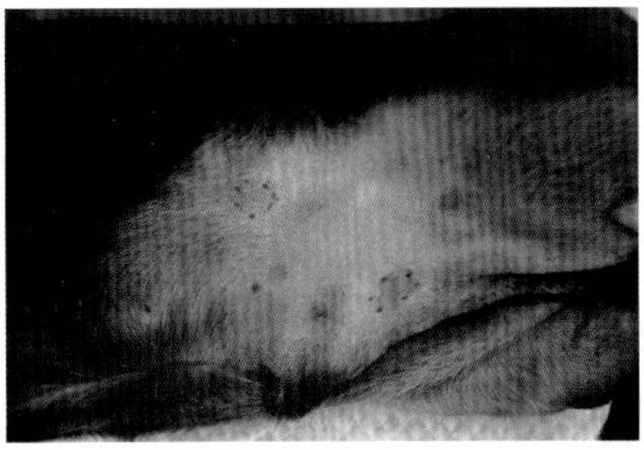

图 48–3

解答

（a）本病例有界线鲜明的红斑性病变，被怀疑为马拉色霉菌性皮炎、接触皮炎、血管炎、药物过敏或多形红斑等病。

（b）为了鉴别是感染性还是非感染性疾病，进行皮肤刮片和胶带涂抹检查。除了感染性疾病之外，听取详细的投药史等，被怀疑为免疫性皮肤病时，应实施皮肤活组织检查。

本病例根据皮肤活组织检查和投药史，认为由头孢氨苄或预防跳蚤的制剂导致的药疹的可能性较高。

（c）首先，终止使用可疑的药物。肾上腺皮质激素有利于缓解症状，强的松1~2mg/kg（犬）或2~4mg/kg（猫）可投药间隔24h（q24h）PO。2~3周后逐渐减少投药量。

●要点

- 药物过敏有可能引起像所有皮肤病的病变，因此判断皮肤病时应考虑这些。
- 有些药物反应是一次用药即可发生，也有可能是数年后才发生。
- 终止使用致敏药物，可使病变在2~4周内消失，偶尔也有持续数周的现象。
- 确诊根据药物的试验性用药进行，但再给药有可能出现全身性症状，因此，需与主人商讨之后，慎重进行。

●医嘱

- 不要再用致敏药物或相关的药物。
- 若没有影响腹腔内脏器官或大面积表皮坏死，则说明恢复良好。

病例 49　猫，绝育雌性，被毛稀疏

症　状

日本猫，17 岁，绝育雌性，体重 3.5kg。由于患有慢性牙龈炎（图 49-1，图 49-2），约 5 年来反复用肾上腺皮质激素。腹部膨大，皮肤变薄、有脱毛现象（图 49-3，图 49-4）。

问题

（a）病名是什么?

（b）如何诊断?

（c）如何治疗?

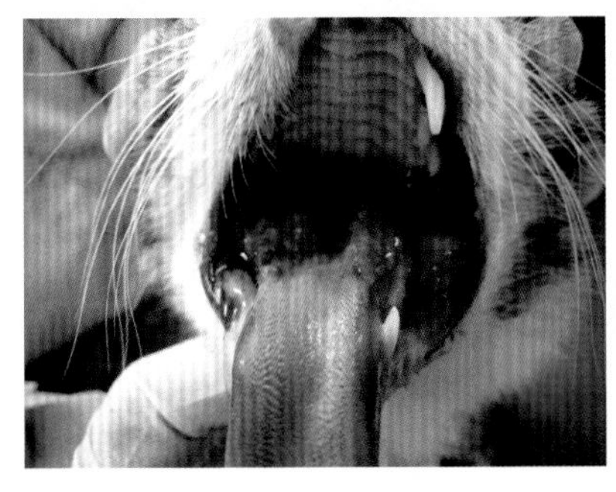

图 49-1

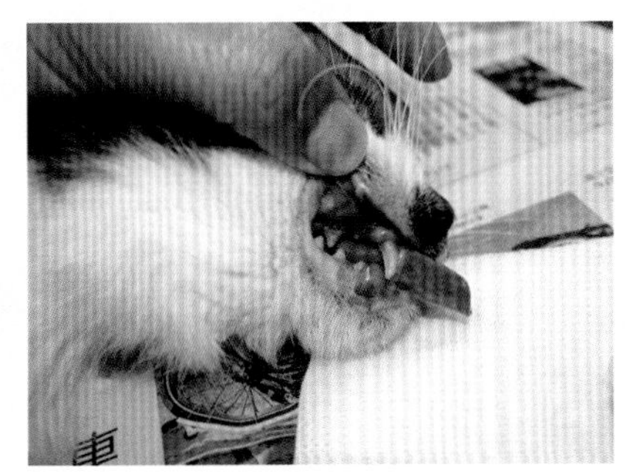

图 49-2

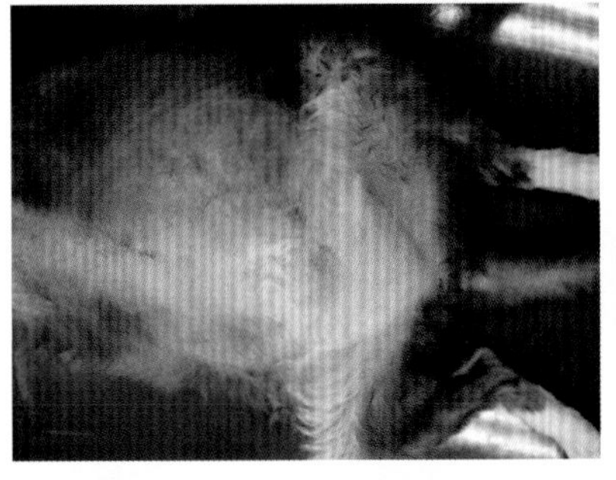

图 49-3

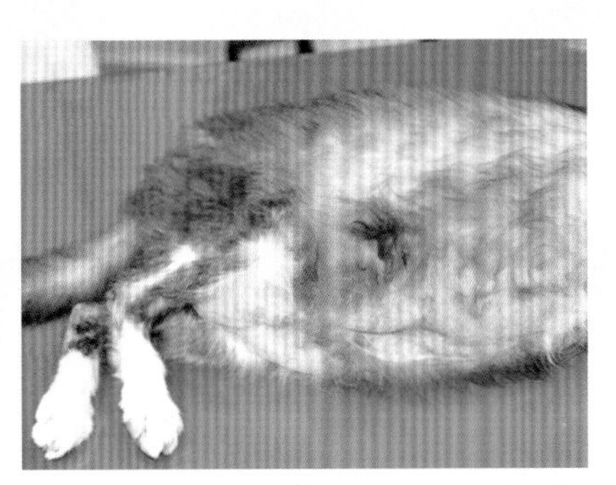

图 49-4

解答

（a）由于长期使用肾上腺皮质激素，怀疑是药源性库欣氏综合征。另外，由于没有多饮多尿现象，有可能是糖尿病合并症。

（b）为了确认血液生化检查及药源性库欣氏综合征，实施了 ACTH 刺激试验。猫的肾上腺皮质机能亢进症的诊断中，更适合地塞米松抑制试验（静脉注射 0.1mg/kg 地塞米松，注射前、注射后、注射 4h 后、8h 后，分别采血，测定皮质醇，如果超过 1.5 μ g/dL，则诊断为肾上腺皮质机能亢进症），但本病例怀疑为药源性库欣氏综合征，所以，进行了 ACTH 刺激试验。血糖值为 375mg/dL，糖化白蛋白 22.3%，ACTH 刺激试验中刺激前皮质醇为 0.1 μ g/dL，刺激后为 0.1g/dL，这显示对刺激没有任何反应。从此结果可认为是长期使用肾上腺皮质激素而引起的伴有糖尿病的药源性库欣氏综合征。

（c）有报道，终止使用肾上腺皮质激素约 5 个月后可使库欣氏综合征的临床症状恢复正常。对库欣氏综合征个体也可选择拔牙等治疗方法。

●要点

- 猫的牙龈炎—口腔炎—咽喉炎综合征一般指口腔软组织的炎症、溃疡及增生。在病理组织学上，口腔黏膜和膜下组织中有较密的淋巴细胞和浆细胞浸润。原因不明，出现流涎、口臭、张嘴等疼痛反应、食欲不振等症状。
- 治疗方法有注射抗生素（阿莫西林 22mg/kg，间隔 12h，灭滴灵（甲硝唑）12.5mg/kg，间隔 12h，连续注射数周），注射肾上腺皮质激素（强的松 1~2mg/kg，间隔 12h，若有效则用量递减；醋酸甲强龙 2~5mg/kg，连续注射 4~8 周左右），全口拔牙治疗等。

●医嘱

- 因猫的牙龈炎—口腔炎—咽喉炎综合征原因尚不明确，怎么治疗都难。肾上腺皮质激素对 70%~80% 的病例有效果，但长时间用药会导致糖尿病，极少数出现药源性库欣氏综合征症状。
- 即使对大部分或全部牙齿做拔牙治疗，其治愈率仅 70% 左右。

病例 50　犬，消毒后的斑疹

症　状

小型贵妇犬，5 岁。由于出现舔腹部现象，到近处医院就医。腹部皮肤上多处可见丘疹，但经过皮肤检查未检测出外寄生虫或微生物。所以，用稀释的氯己定葡萄糖酸盐消毒剂（0.1% 水溶液）消毒患处，暂时观察情况。但数日后，主人再次来到医院，说腹部皮肤出现红色斑疹（图 50 – 1）。

问题

（a）消毒后出现的皮肤病是什么？

（b）如何应对？

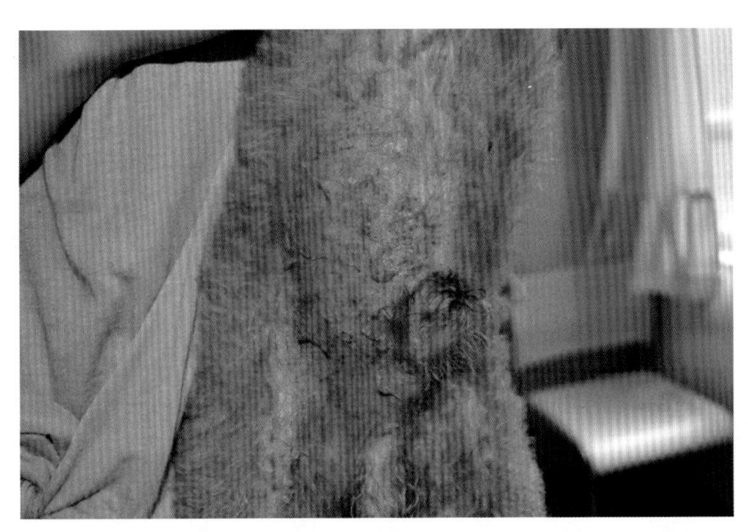

图 50–1

解答

（a）本病例中涂抹氯己定葡萄糖酸盐消毒液（0.1% 水溶液）的皮肤上，均出现红斑、表皮脱落、糜烂等现象。而且，从消毒处理后即出现状态恶化，认为有可能是由消毒液引起的接触性皮炎。氯己定制剂普遍用于皮肤消毒，通常稀释成 0.1%~0.5% 水溶液（10~50 倍稀释）使用，较安全。但值得注意的是当皮肤免疫力下降时，即使毒性小的物质也能引起皮炎。

（b）本疾病的治疗首先是断绝接触源。1 日 2 次用温水洗净患部，涂抹凡士林，数日后症状有所好转。如果仍有舔或挠患处的现象，可涂抹含有肾上腺皮质激素的外用药（1 日 2 次）或口服强的松（1mg/kg，间隔 24h）、使用抗组胺药物 1 周左右，有效。另外，为提高皮肤免疫力，使用保湿剂，也可缓解症状。

●要点

- 接触性皮炎是与病因物质接触的部位出现红斑、丘疹、糜烂、痂皮等。
- 受到超过阈值以上的刺激，初次接触也存在发病的可能性。
- 若皮肤免疫力差，毒性小的物质可能引发疾病。

●医嘱

- 彻底清洗净接触源。
- 皮肤免疫力低下有可能引发疾病，因此，经常使用保湿剂等护肤品为宜。

病例 51 猫，雄性，脓肿

症 状

日本猫，16 岁，雄性。1 年前开始接受慢性肾功能衰竭治疗，实施皮下静脉注射。1 个月前开始出现食欲低下、肾功能衰竭恶化现象，皮肤 2 处出现脓肿（图 51-1）。FIV 呈阳性，猫每天外出活动数小时。

问题

（a）图 51-2 是患畜脓肿处采集的脓性渗出液瑞氏 – 吉姆萨染色结果。被染物是什么？

（b）猫的隐球菌病除了形成脓肿外，还有易发部位。易发部位为何处？菌体数量少时，诊断较难，做何种追加检查为宜？

（c）治疗方法有外科切除和内科治疗。选择何种抗真菌剂进行内科治疗？治疗期和恢复期会有何问题？

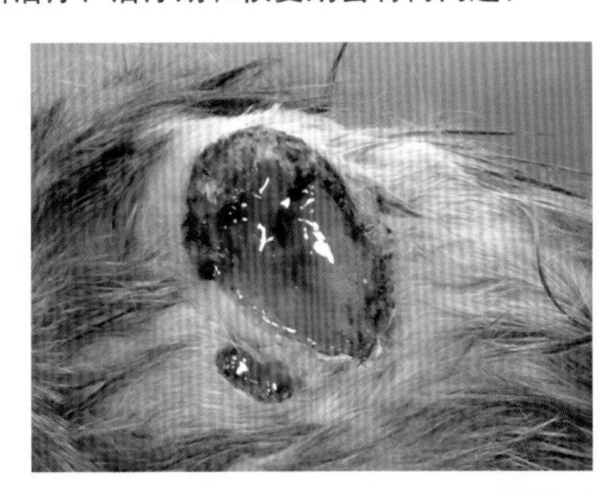

图 51-1

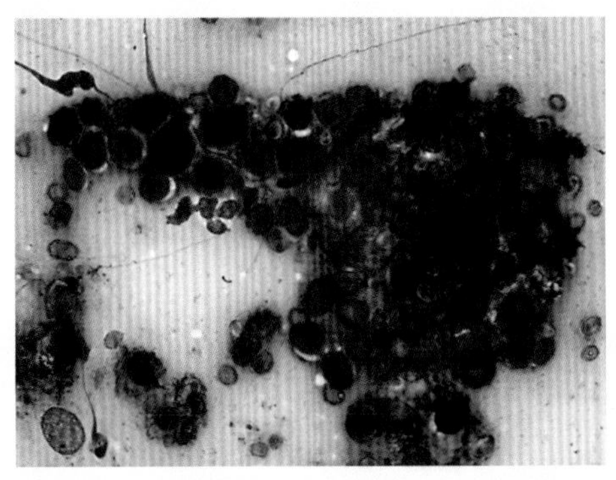

图 51-2

解答

（a）被染物呈圆形，带有边缘没着色的膜状结构，与属于酵母菌的隐球菌特征一致。用生理盐水稀释脓性渗出液和墨汁在载玻片上各滴 1 滴，盖上盖玻片，在显微镜下观察（墨汁染色），可观察到如图 51–3 的透明的结构体。隐球菌病属于一种深部真菌病，在皮肤深处感染、增殖。与皮肤表层和被毛感染的皮肤真菌症状完全不同。FIV 呈阳性，高龄而且长期使用肾上腺皮质激素等，免疫功能低下而形成脓肿时，不能断定是否为细菌感染，可染色脓性渗出液，注意仔细观察。

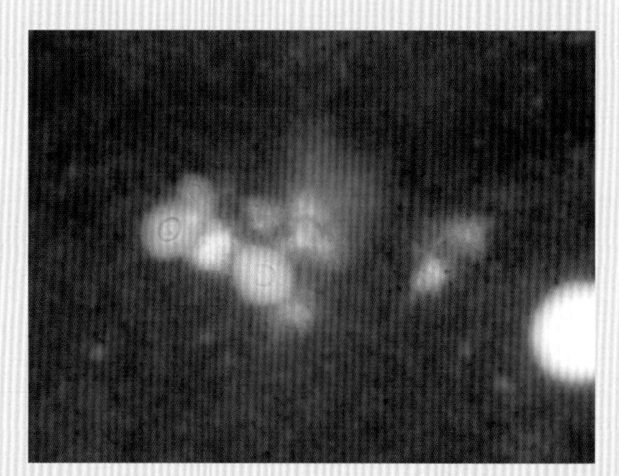

图 51–3

（b）猫的鼻部是隐球菌病的易发部位。鼻部出现结节、脓肿时，应列入此病。若渗出液的涂抹标本中未检测出菌体，则有必要进行生检。多数是在真皮、皮下组织中形成肉芽肿。肉芽肿组织病理学检查中进行 PAS 染色可检查出菌体，诊断为深部真菌病。类似于隐球菌病的真菌病有孢子丝菌病，菌种鉴别需要真菌培养。这些检查均可在人和动物化验室实施，送检样本时，注明：怀疑深部真菌感染。

（c）本病的治疗最好采用外科切除疗法。若病变部位大、反复发病、切除较难的部位可用抗生素内科疗法。使用较普遍的药品有伊曲康唑，5~10mg/kg，间隔 24h。此外，还有氟康唑、酮康唑（猫禁止使用），两性霉素 B（IV）。最低连续治疗 1 个月，多数情况下有可能治疗数月。本病例严重时可伴随神经症状，预后不乐观。如果病变只在皮肤上，动物身体状态良好，则预后好。

●要点

• 隐球菌病是罕见的疾病，脓肿或对抗生素无效的病变，可怀疑为此病。因为隐球菌病在显微镜下可观察到菌体，所以，通过观察渗出液的涂抹标本，减少诊断错误。

●医嘱

• 本病例是人畜共患病，特别是免疫力低的婴幼儿或老年人，不要接触动物。因治疗周期长，费用也高。

病例 52　猫，雄性，腰背部脱毛

症　状

日本猫，11 岁，雄性，封闭式室内饲育。由于腰背部的脱毛和皮肤炎症，来院就诊。数日前开始出现脱屑和瘙痒。一起饲养的另外 2 只猫未发现瘙痒症状。

病变部位只在背侧腰骶部，红痂伴有丘疹（图 52–1，图 52–2）。另外，可观察到数多小黑色污垢，把污垢放在弄湿的纱布上，则变红色（图 52–3）。

问题

（a）必须向主人询问什么？

（b）此病变的别名是什么？

（c）怎么进行治疗？

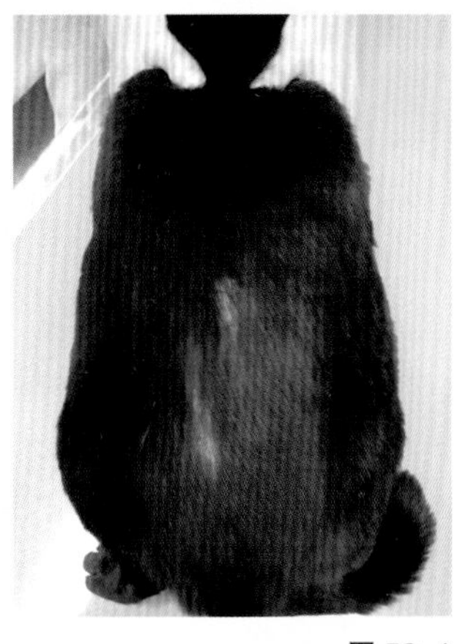

图 52–1

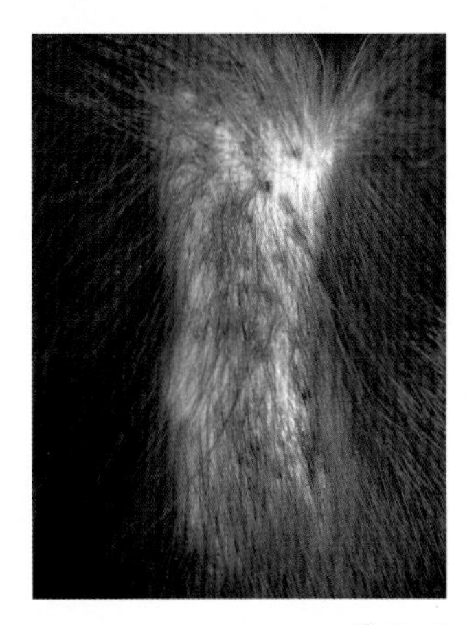

图 52–2

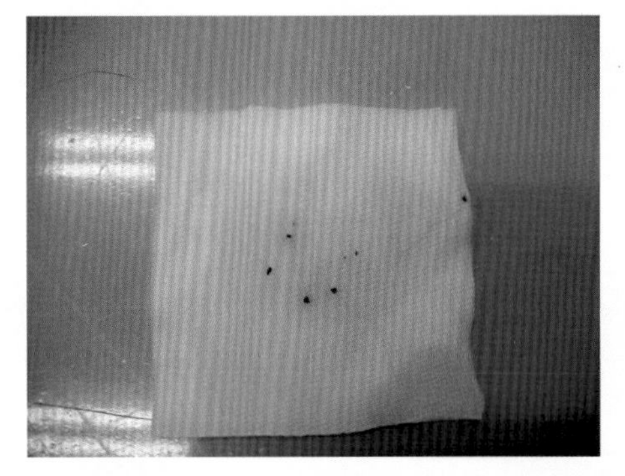

图 52–3

解答

（a）有必要咨询共同饲养的猫是否也是封闭式饲育，对同居猫的全部是否进行过跳蚤预防措施等问题。

本病例，一起饲养的 2 只猫中一只出入自由，3 只都没进行过跳蚤预防，而且体表上观察到跳蚤的成虫和粪，因此，诊断为跳蚤过敏。

（b）粟粒性皮炎。在猫身上显示为瘙痒性痂皮伴有丘疹的粟粒性皮炎的原因是跳蚤过敏或过敏性皮炎、食物过敏、药物过敏等。

（c）给患病猫和另外 2 只猫按说明书使用跳蚤去除喷剂或滴液。瘙痒严重，使用强的松 1mg/kg，间隔 12~24h，连续 3~7 天。若出现继发脓皮症时，选择适当的抗生素，使用 3~4 周。

●要点

- 跳蚤过敏是对跳蚤唾液中的蛋白质引起的过敏反应，发病部位是被跳蚤咬伤的皮肤。
- 患病的猫通常出现颈部、腰骶部、尾根部粟粒性皮炎、过度梳理而脱毛或嗜酸性肉芽肿等现象。

●医嘱

- 一起生活的动物被感染的可能性高，应对全部动物实施驱除跳蚤。
- 宠物长期饲育之处有可能存在跳蚤卵、孵化的幼虫及蛹。一次驱除很难净化环境，应选择对动物安全的杀虫喷剂定期使用、勤打扫卫生等。

病例 53　犬，红斑、脂溢、鳞屑

症　状

西施犬，10 岁，绝育雌性。腹部、腹股沟、腋窝、趾间为中心出现红斑、脂溢、脱屑、色素沉积，瘙痒严重。据主人讲每年夏天皮肤症状严重（图 53–1，53–2）。口服抗生素未见效果。

问题

（a）举两个可能性高的疾病。

（b）洗发水疗法中列举出有效成分。

（c）列举出易患脂溢的 3 个犬种?

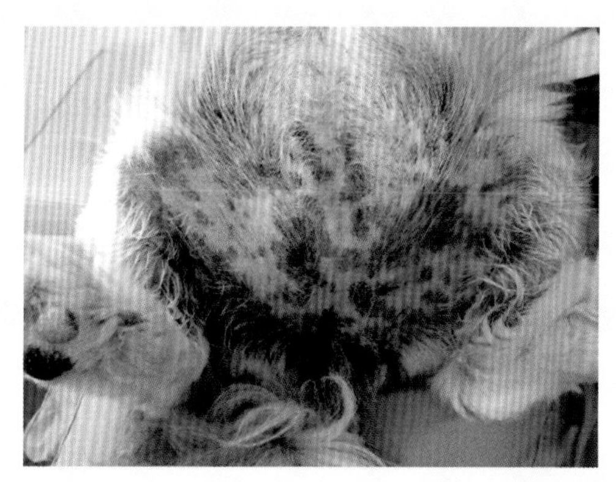

图 53–1

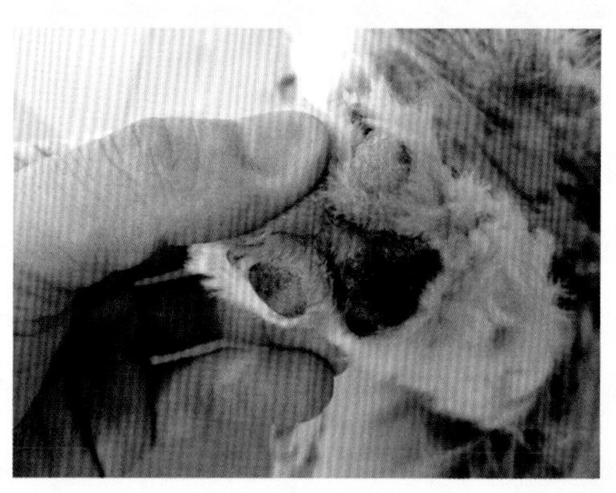

图 53–2

解答

（a）马拉色菌皮炎、脂溢症。经涂片检查，40 倍视野中观察到 10 个以上马拉色菌。

（b）对马拉色霉菌含有硝酸咪康唑或酮康唑的洗发水有效。改善脂溢或脱屑症状，使用含有硫黄、水杨酸、煤焦油、二硫化硒、过氧化苯甲酰，乳酸乙酯成分的去屑洗发精会有效果。洗发精疗法有效时可推荐 1 周 2 次，之后根据症状可适当调节次数。

（c）易患脂溢的犬种有西施犬、美国可卡犬、英国可卡犬、西部高地白犬、金毛猎犬、巴吉度猎犬等。

●要点

- 马拉色菌皮炎是由皮肤寄生菌马拉色菌（*Malassezia pachydermatis*）在皮肤上增殖而引起的。马拉色菌多分布在犬外耳处或口唇周围，嗜脂性。有报道，马拉色菌也能引起过敏反应。
- 马拉色菌过多增殖与食物过敏、过敏性皮炎、内分泌疾病、角质化异常、代谢疾病等普通病有关。

●医嘱

- 应改善马拉色菌的嗜脂性环境。
- 马拉色菌皮炎可引起脂溢症、过敏性皮炎等破坏皮肤免疫功能的皮肤疾病，所以，也说明了治疗引发上述疾病的本病显得非常重要。

病例 54　兔，被毛染成青绿色

症　状

4 岁 3 个月龄的兔，1 周前开始出现食欲下降，但活动性相对较好。平时主要吃兔子专用饲料、蔬菜、兔子用宠物食品(水果干、饼干)。从下颚处到胸腹部、前肢内侧皮肤湿润、发红、被毛染成青绿色、恶臭(图 54–1)。在他院做的细菌、病菌的培养结果呈阴性，CBC（ 血常规 ）和生化检查中未发现异常变化。

问题

(a) 可能是什么病?

(b) 进一步诊断应做什么?

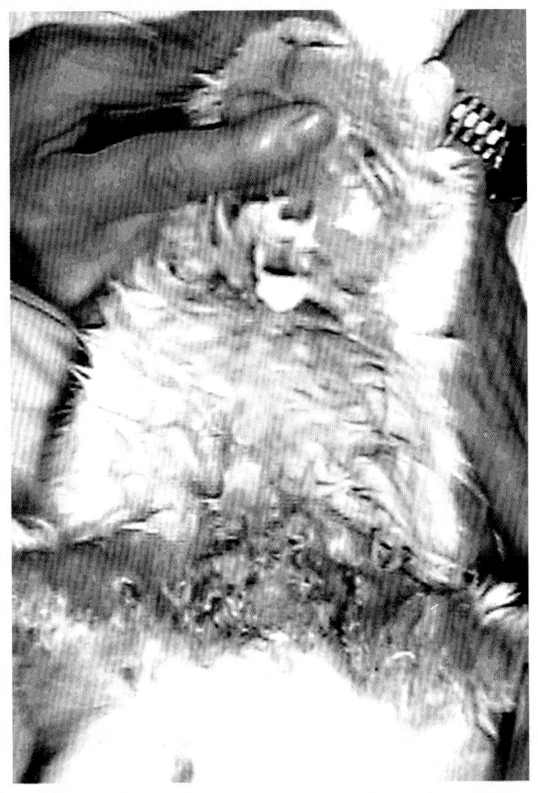

图 54–1

解答

（a）由口腔内疾病引起的湿性皮炎（脓皮症），绿脓菌繁殖（兔子的蓝皮病）。

从图片和口述中可怀疑为口腔内疾病的理由有3个。

①食欲下降。

②相对活动性较好。

③没喂干草。

怀疑为蓝皮病的理由有两点：特征性的被毛颜色；恶臭。来本院之前医院做的细菌培养为什么呈阴性，原因不明，但也有可能是不正确的取样方法。

（b）①首先检查口腔内部。本病例的口腔内唾液量异常多。臼齿吻合不好，左右两侧的下颚臼齿锐刺舌部，舌头两侧受伤，伤口糜烂。

②其次进行培养检查和敏感性试验。怀疑绿脓菌为病原，所以，没等培养结果，就开始了对皮炎的治疗。

●要点

- 兔的皮肤一旦湿润，很容易患脓皮症（湿性皮炎）。
- 从下颚处扩散到前胸部的湿性皮炎的原因多半是口腔内疾病引起的流涎。

●医嘱

- 应改善马拉色菌的嗜脂性环境。
- 马拉色菌皮炎可引起脂溢症、过敏性皮炎等破坏皮肤免疫功能的皮肤疾病，所以，治疗这些原发病非常重要。

病例 55 犬，雌性，红斑，鳞屑

症 状

西施狗，10 岁，雌性，体重 5.9kg。从 6 岁起每到 5 月开始背侧出现丘疹，之后变成脱毛。最初发病时，使用抗生素和洗必泰洗发水，皮疹有所改善。次年发病时，只用洗必泰洗发水，症状有所好转。

来到本院时全身均观察到中心有色素沉着的环状红斑，边缘红斑处有脱屑或痂皮。同时也观察到趾间发红和外耳炎（图 55–1 至图 55–3）。伴有中度瘙痒。

本病例做过敏抗体 IgE 检查，结果是尘螨和各种霉菌呈阳性。

问题

（a）可能是什么病?

（b）反复发病时，除了皮肤检查外，还应做哪些检查?

（c）如何进行治疗?

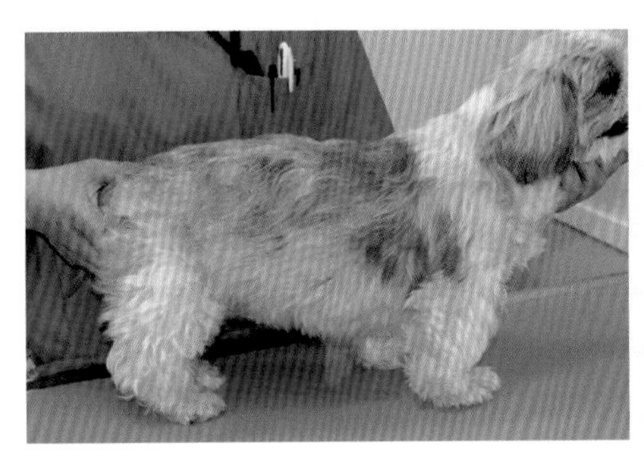

图 55–1

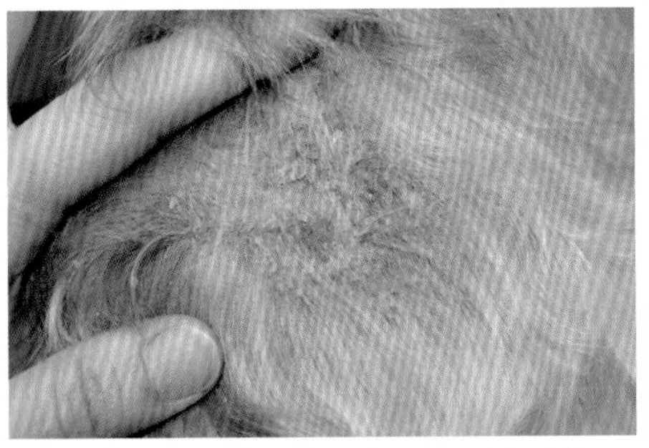

图 55–2

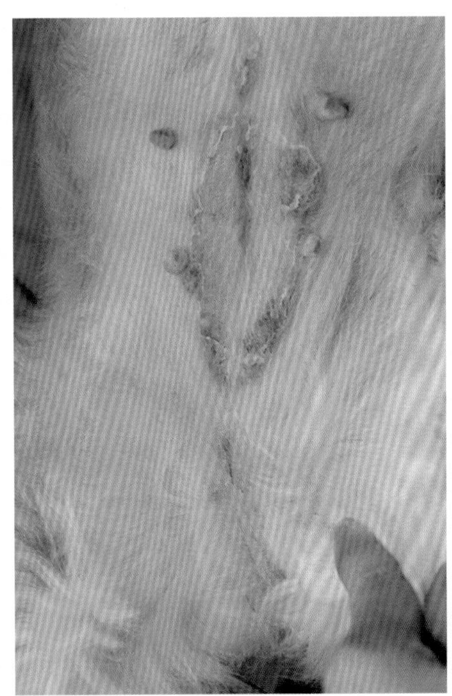

图 55–3

解答

（a）浅表性脓皮症（浅表性毛囊炎）。本病是毛囊炎逐渐扩散而形成的环状红斑。因中央部先愈，则中央部可观察到色素沉着的变化。本病例为浅表性毛囊炎的典型皮疹。

（b）浅表性毛囊炎反复发作时，可考虑诱发该病的其他疾病。如甲状腺功能低下或肾上腺皮质功能亢进等内分泌疾病或过敏性皮炎、食物过敏、跳蚤过敏等。为了明确是否患有内分泌疾病一般进行血液检查。过敏症的诊断要进行去除食物试验或采用临床症状和特征描述评价等。

（c）全身给予抗生素至少3~4周，临床上治愈后继续治疗1周以上。近年来，带抗药性的细菌越来越多，抗生素效果不理想时，有必要进行细菌培养和抗生素的耐药性试验。还有，使用氯己定、过氧化苯甲酰、乳酸乙酯等洗发水每隔2~7天洗浴。

●要点

- 犬的浅表性毛囊炎分离的细菌是伪中间型葡萄球菌。
- 病变有所缓解但依然发痒时，可认为是过敏或寄生虫等其他疾病。

●医嘱

- 梅雨－夏季高温高湿季节容易发生该疾病，应增加洗浴次数来预防发病。
- 犬的浅表性毛囊炎是皮肤上细菌增殖而引起的，因此，容易传染给人或其他动物。

病例 56　犬，未绝育雄性，脱毛

症　状

贵妇犬，8 岁，未绝育雄性，体重 4.5kg，BCS 为 3/5。2 岁起躯干部开始脱毛，发展到除头部、四肢及包皮前端留有一些毛外全身性严重脱毛（图 56–1 至图 56–3）。皮肤轻度萎缩，颈部、腰部、大腿部有色素沉积。其他医院诊断为甲状腺功能低下，使用了左甲状腺素钠。服药期间 T4 值为正常范围的上限。临床检查、CBC、血液生化检查及尿液检查结果未见异常。在别处医院使用褪黑素 3mg/ 只、间隔 12h，连续 3 个月，有部分疗效，停药后又出现脱毛现象。没进行诊断为目的的皮肤生检。本病例犬攻击性非常强。

问题

（a）据病史和临床症状可诊断为什么病?

（b）下一步的诊断计划?

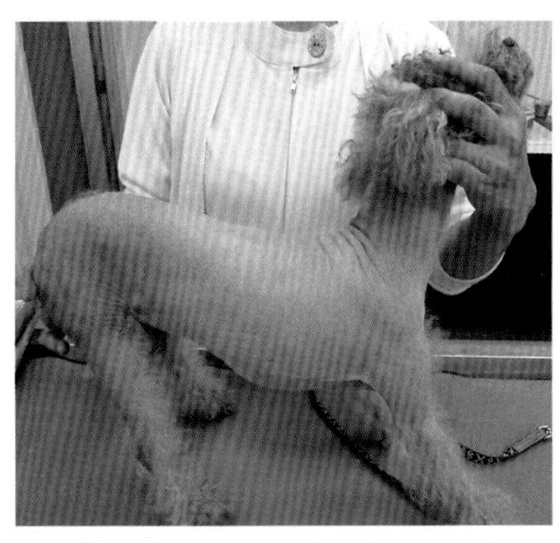

图 56–1

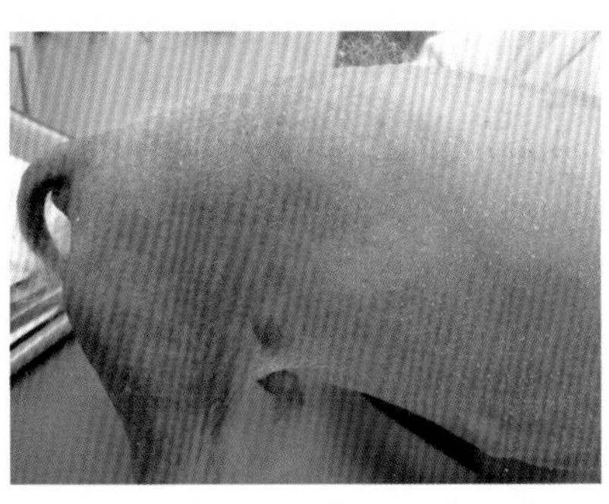

图 56–2

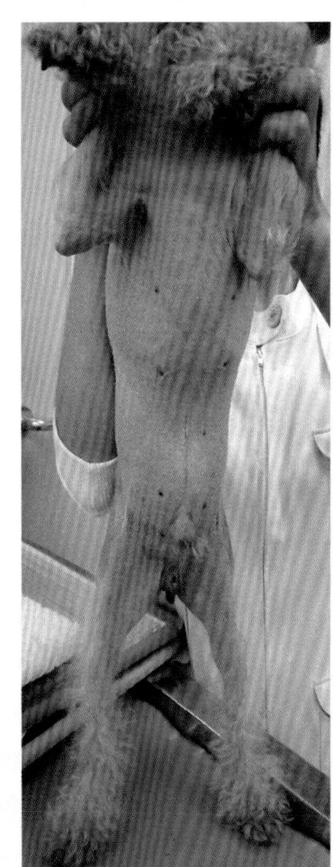

图 56–3

解答

（a）脱毛症、毛囊异常、睾丸支持细胞瘤、肾上腺皮质机能亢进等。若不能排除甲状腺机能低下症状，也可以考虑此病。

（b）从临床检查、CBC、血液生化检查及尿液检查等没有异常或发病年龄和经过可知睾丸支持细胞肿瘤和肾上腺皮质功能亢进症的可能性低。为了鉴别脱毛症 X 和毛囊异常，需做皮肤生检。一般局部麻醉后皮肤打孔采集病料，但本病例犬攻击性强，只保定采集病料难度大，所以，全身麻醉后采集皮肤病料，同时做了绝育手术。检查结果毛囊严重萎缩、外毛根鞘角质化、永久脱毛，综上诊断为脱毛症 X。

●要点

- 脱毛症 X 伴有色素沉着。进行性、左右对称、非炎症性脱毛为特征的疾病。原因尚不明确。
- 发病年龄 9 个月龄至 2 岁。从前颈部、大腿尾侧、摩擦多的部位开始脱毛，进程缓慢、伴有色素沉着。最终除了头部、四肢及尾部末端外，全部脱毛。
- 治疗方法有绝育手术、褪黑素（3mg/ 只，间隔 12~24h）、曲洛司坦（关于药量有多种报道，使用 3~10mg/（kg・日）或以上即可）。曲洛司坦治疗效果好，但费用高、副作用大，而且需要定期用 ACTH 刺激试验来检测肾上腺功能等缺点。

●医嘱

- 只影响外观，充分说明脱毛外不会发生其他病症。
- 选择绝育手术和褪黑素疗法，有副作用少的优点，但只是部分有效，治疗过程中也有可能出现脱毛现象。
- 曲洛司坦治疗效果好（有报道，8 成以上出现长毛），但需要 4~8 周的疗程。一旦停药，再发可能性高，有终生用药物治疗的例子。因此，让主人充分了解费用、副作用以及肾上腺功能定期检查的必要性等后，再决定是否开始治疗。

病例 57　猫，雄性，脱毛

症　状

金吉拉猫，11 月龄，雄性。背部出现拇指大小脱毛而来院就诊。经主人陈述，患猫并无异常表现。脱毛部位覆盖有细小鳞屑、毛囊均有轻度的色素沉积（图 57–1，图 57–2）。

患猫从宠物店购买已有 6 个月，与其他 3 只猫一起饲养，但其他猫没有类似的症状。与患猫经常接触的主人曾出现过环状皮肤病变，但自然治愈。

问题

（a）从症状和发病过程判断最有可能的皮肤病病名？应做哪些检查？

（b）图片为被毛检查的显微镜图片（图 57–3）。检查结果？病名是什么？

（c）治疗需要抗真菌剂，适合猫用的治疗药是什么？长期治疗时，有没有降低治疗费用的方法？

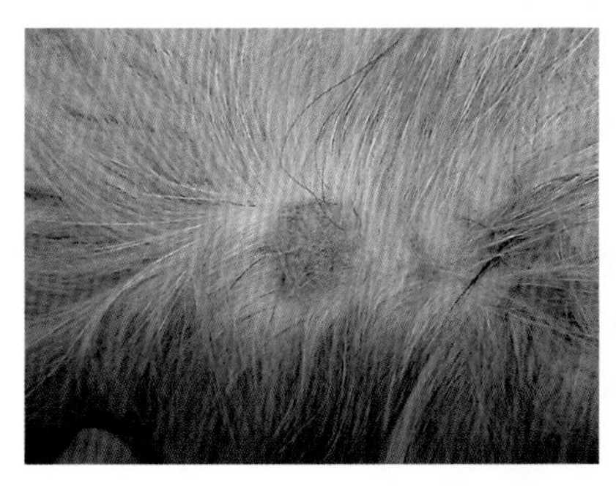

图 57–1

图 57–2

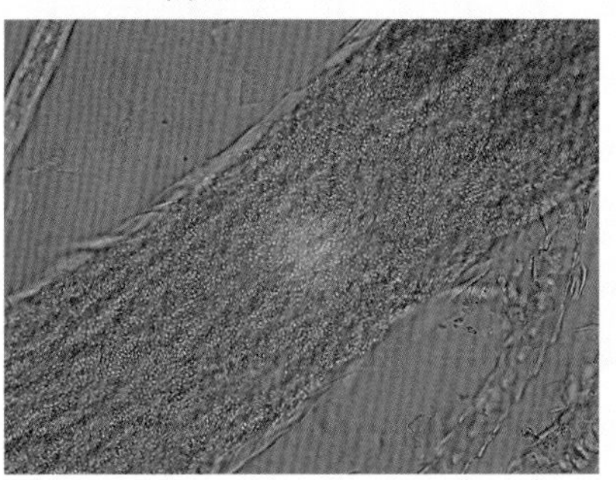

图 57–3

解答

（a）皮肤真菌病，理由是患病动物年龄小、鳞屑伴有圆形脱毛、毛囊有色素沉积等特征。毛囊有均匀色素沉积为特征的疾病还有蠕形螨病，而被毛检查是诊断这些疾病的既简单又重要的检查方法。对皮肤真菌病伍德氏灯有效，阳性时被毛呈绿色－蓝色荧光。伍德氏灯呈阳性时，被毛检测和培养检查结果表现皮肤真菌病的可能性非常高。但伍德氏灯阳性率在被太小孢子菌感染时约为 50%，则表现阴性也不能否定没被感染。

（b）采集在伍德氏灯检查中发光的被毛，用 KOH（氢氧化钾）进行镜检。被毛变性、在毛髓和毛皮质均观察到真菌孢子，这是皮肤真菌病的特征。
查找真菌孢子时先在低倍镜下，确定变性的被毛后，高倍镜观察。变性毛比周围正常毛皮质不清楚、严重破坏。

（c）主要猫用抗生素有伊曲康唑，用量是 5mg/kg，间隔 24h，持续 1~2 个月。长期用药时采用脉冲疗法，可降低治疗费用。其方法是 1 个月连续服用伊曲康唑之后，每周只服用 2 天。临床症状消失和培养检查呈阴性时可终止治疗。因酮康唑对猫引起肝毒性，应控制使用。

●要点

- 皮疹怀疑为皮肤真菌病时，易诊断。但皮疹无特征或怀疑为其他疾病、治疗没有效果时，应做进一步检查鉴别是否皮肤真菌病。特别是出现抗生素没有效果、肾上腺皮质激素更加恶化症状时，怀疑皮肤真菌病。

●医嘱

- 告知主人也存在被感染的可能性，若有皮肤病变时应到人医皮肤科检查。对猫进行治疗时需要长期口服药物，即使症状有所改善也不能停止。

病例 58 犬，雄性，肿瘤

症 状

拉布拉多猎犬，13 岁，雄性。主人来院就诊原是因为犬背部有肿瘤。肿瘤直径为 5cm 大的半球状，覆盖的皮肤肥厚，与其他部位相比被毛粗（图 58 –1）。肿瘤块较柔软，在皮下有可动性。细针抽吸生检可观察到红血球、少量的中性白细胞。

问题

（a）此肿瘤肉眼观较特殊，细针抽吸生检结果没有特别之处。肿瘤是皮肤某些构造增殖所致，应采用何种鉴别方法?

（b）摘除的肿瘤切面（图 58–2）和病理组织结果（图 58–3）有何特征？由此而得的诊断名是什么?

（c）此疾病的治疗方法及生物学特征是什么?

图 58–1

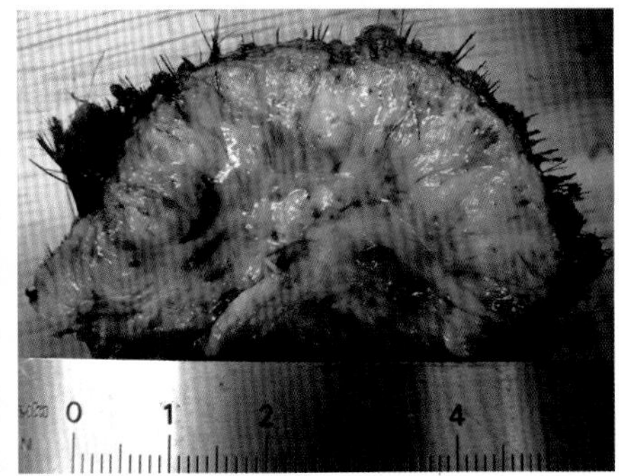

图 58–2

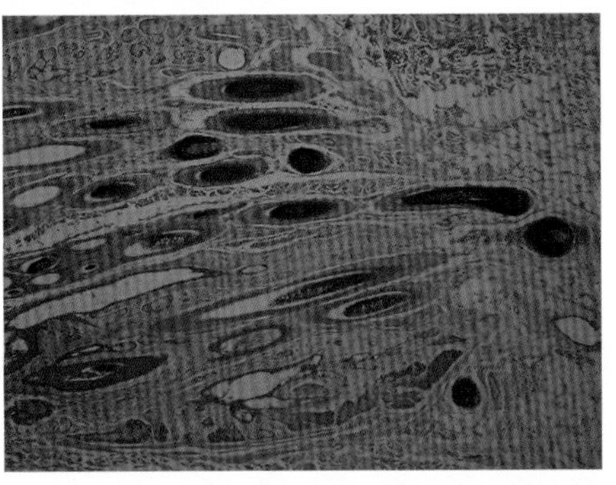

图 58–3

解答

（a）可能是毛囊囊泡性肿、纤维瘤、毛囊瘤。特别是 1 个毛囊中长有刷子样多个粗毛、皮肤显著肥厚等现象，均与毛囊囊泡性肿瘤的特征一致。毛囊瘤利用细针抽吸检查法检查出上皮细胞团的可能性高，但这次检查中未能检出。

（b）病理组织切面图中可看出黑色表皮增厚、有结节状突起。表皮下侧黄白色部位是增生的胶原纤维，黑毛长在其中。真皮的病理组织学观察发现大型毛囊由多数毛囊组成，含有 5 个生长期毛。这些毛囊从真皮深部到皮下脂肪组织，被包围在增生的胶原纤维之中，因此，诊断名叫毛囊囊泡性肿。

（c）毛囊囊泡性肿是非肿瘤性病变，外科切除即可治愈。但若不切除病变越来越大，达到数厘米以上，扩散范围更大。偶尔也发现病变扩散到整个背部或四肢，有扩大倾向的病变应早期切除为宜。

●要点

- 毛囊囊泡性肿是罕见的疾病，有明显的病变特征，因此，根据症状可以诊断。根据诊断，早期切除为宜。

●医嘱

- 非肿瘤性疾病，没有转移等恶性病变的可能性。但多数渐渐变大，因此手术是最佳选择。

病例 59 犬，绝育雌性，腰背部肿瘤

症 状

贵妇犬，4 岁，绝育雌性。腰背部体表有肿瘤。主人 2 个月前发现有肿瘤，慢慢变大，但犬没有不舒服表现。经触诊发现，不是固定在深部的，具有移动性的，直径为 1cm 左右的小型皮内肿瘤。肿瘤表面轻度发红，但没有脱毛，拨开被毛才观察到这些现象（图 59 – 1）。对肿瘤实施 FNA，采集少量膏状物质（图 59 – 2）。

问题

（a）如图 59–2 所示，穿刺采集到的膏状物质为何物？

（b）列出鉴别诊断。

（c）预期会有怎样的经过？

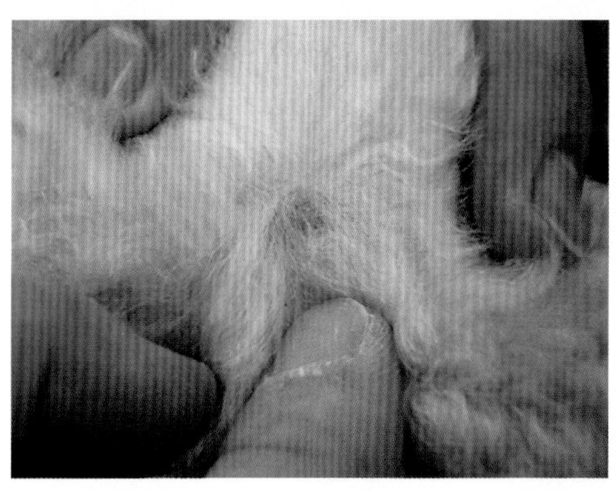

图 59–1

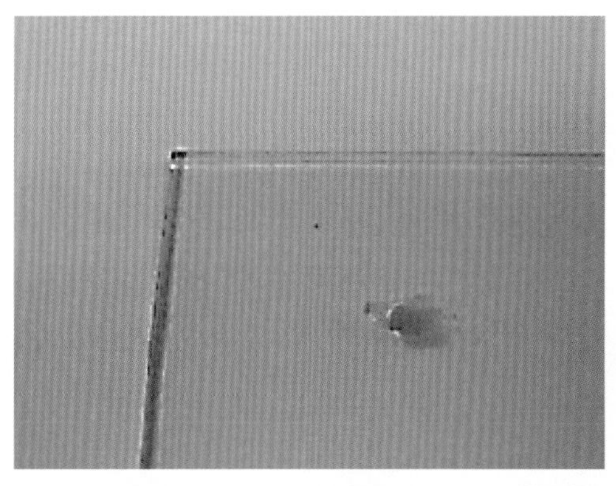

图 59–2

解答

（a）可能是角质物。穿刺皮肤肿瘤，从内部采集黄褐色或灰色膏状物或颗粒形固体，多半是角质。涂抹后制成标本观察结果发现无数个角质化上皮（图 59-3）。

图 59-3

（b）鉴别诊断包括毛囊囊肿、皮内角质化上皮肿、毛囊性肿瘤（毛发上皮瘤，毛母肿、其他）等。虽然可能性不高，但不能完全排除扁平上皮癌等的可能性，根据生检确诊为宜。本病例的切除生检结果，被诊断为毛囊囊肿。

（c）上述鉴别诊断都属良性病变，通过适当的外科切除为原则，可以预期良好的预后。但如果不摘除，会使肿瘤变大、引发自溃。另外，表皮囊肿等被蓄积的角质在囊肿状结构维持期间不引发症状，一旦囊肿破溃，分泌物在皮肤组织上，将诱发异物反应。

●要点

- 在肿瘤 FNA 中采集奶酪状或豆腐渣样固体物质时，多数是角质，良性病变的可能性高。
- 被表皮囊肿、毛囊囊肿、扁平上皮包围的囊泡内充满角质，属于良性皮内肿瘤性病变。
- 没有与皮肤表面联系的叫表皮囊肿，有些叫毛囊囊肿，但细胞学特征或临床特征上没有区别。

●医嘱

- 毛囊囊肿是非肿瘤性病变，预后良好。
- 若皮肤组织内的囊肿壁破裂将引起严重的炎症，不要有挤出囊肿内容物。
- 外科切除和病理组织学检查是最理想的治疗方法，但原则上良性病变的可能性高，观察经过也无妨。
- 有时显示多发倾向，因此，存在外科切除后在其他部位发生新的病变的可能性。

病例 60　犬，绝育雄性，痒，脱毛

症　状

金毛猎犬，11 岁，绝育雄性，脱毛、瘙痒。1 年前开始躯干出现红斑，并脱毛（图 60-1），对抗生素治疗无效，病变逐渐扩大。

问题

（a）从图 60-2，发现哪些异常现象？可考虑的病名是什么？

（b）有哪些治疗方法？治疗效果如何？

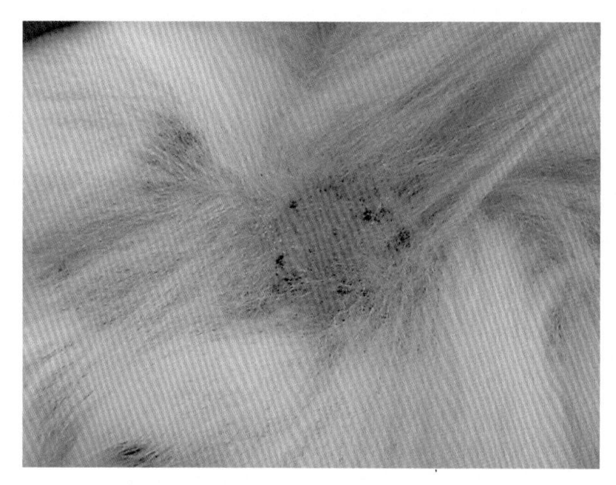

图 60-1

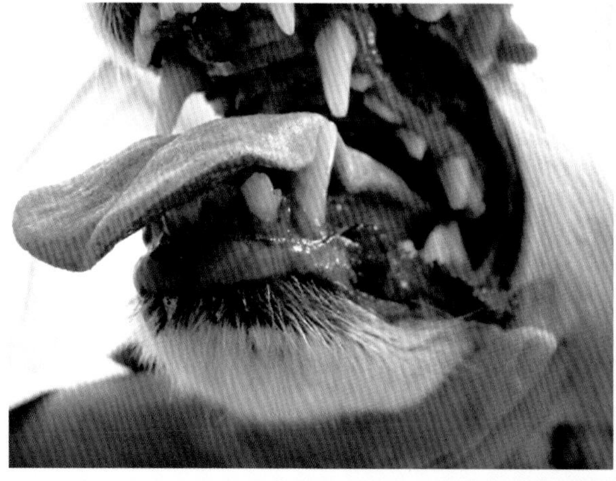

图 60-2

解答

（a）唇部出现脱色，有脱色症状的疾病可列出白斑、上皮样淋巴瘤，葡萄膜－皮肤症，自身免疫性皮肤病等。其中，与背部的红斑、脱毛、脱屑以及年龄综合考虑，可怀疑上皮样淋巴瘤。皮肤生检结果表明，表皮和毛囊附属器内有多个淋巴细胞的浸润，由此诊断为上皮样淋巴瘤（图 60–3，图 60–4）。

（b）到目前为止，还没有发现非常有根据的治疗方法。有时肾上腺皮质激素和 CCNU 能起到一定的效果，但这些药提高不了患病犬的生存率。一般 1 年以内死亡率较高，但也有生存 2 年的病例。瘙痒严重时，使用肾上腺皮质激素和 CCNU，可减轻瘙痒，提高动物的生活质量。

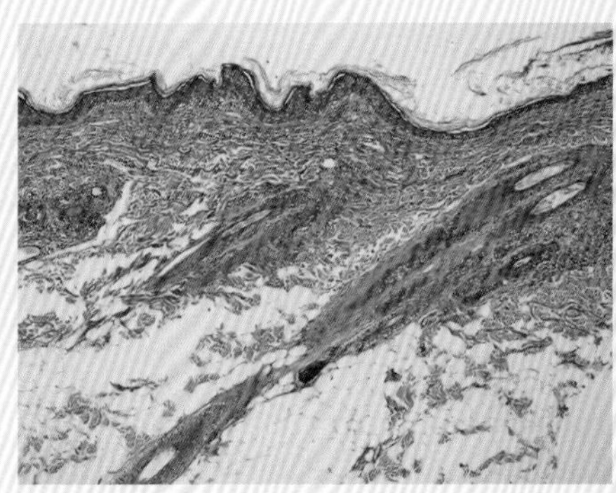

图 60–3

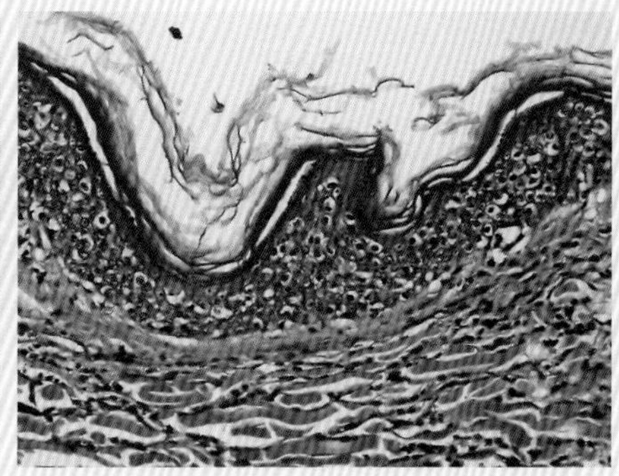

图 60–4

●要点

- 上皮样淋巴瘤是由 T 淋巴球而来的恶性肿瘤，形成全身性、多发性的红斑、结节。以唇部为中心，嘴部周围出现伴有脱屑的红斑。鼻镜、唇部发生病变，引起脱色的可能性大。这是因为侵入表皮的肿瘤细胞破坏基底膜，表皮内的黑色素脱落到真皮的结果。
- 多数出现瘙痒，常被误诊为过敏性皮肤炎，给予肾上腺皮质激素。通过皮肤生检，通过淋巴细胞润表皮内的现象而作诊断。有时，早期病变或生检采样部位出错，与其他炎症性皮肤病不好区别。一次生检不能确诊时，应再次做生检。偶尔出现通过涂抹检查，观察到淋巴细胞的情况，这时首先怀疑淋巴瘤。

●医嘱

- 本疾病没有有效的治疗方法，恢复效果也不好。这些情况应对主人慎重说明。病变逐渐扩大，有可能变成全身性病变。
- 瘙痒严重可引起生活质量低下。与主人商量，是否为提高生活质量进行药物治疗。

病例 61 猫，绝育雌性，伤口排脓，恶臭

症 状

杂种猫，15 岁，绝育雌性，体重 4.0kg。主人发现背部的外伤排脓、恶臭。剪去患部毛发现皮肤严重坏死，并发现虫体（图 61–1）。

问题

（a）这是什么虫体?

（b）怎么进行治疗?

图 61–1

解答

（a）苍蝇蛆。由肉食性苍蝇蛆引起的病叫苍蝇蛆症。非洲等地区有直接寄生在脊椎动物皮下的真寄生性苍蝇，叫真性苍蝇蛆，日本现在没有真寄生性苍蝇。通常是动物尸体、粪便等寄生的黑苍蝇科或肉食性苍蝇科的苍蝇，采食动物外伤部坏死组织或渗出液等偶发性苍蝇蛆症。

（b）剪掉患部周围毛，用钳子去除幼虫。同时，洗净患部周围，切除坏死组织。使用相应的抗生素。

※苍蝇蛆本身被认为是有害的。从前，战争的最前线或船上，由于医疗环境差，有“伤口有蛆，愈合快”的传闻。近年来，作为糖尿病性坏疽、多剂耐性菌的治疗法，引起瞩目，叫蛆虫疗法。2004年，在美国无菌状态下繁殖的苍蝇蛆，被FDA认可为医疗工具。但是，用于蛆虫疗法的苍蝇蛆是通过专门繁殖、管理的虫体，偶发性苍蝇蛆不属于此范围，应除去后治疗。

●要点

- 苍蝇蛆摄食坏死组织或渗出液。由于不吃活细胞的特点，治疗后患部周围良好。
- 但患寄生苍蝇蛆的动物一般体力、免疫力较差，应查找病因，对症下药。特别是全身状态差时，有可能导致死亡。

●医嘱

- 为了防止处置后再感染，有必要指导对饲养环境的清洁和房屋管理。
- 基础性疾病严重时，体力严重下降，有可能导致死亡。

病例 62 犬，未绝育雄性，色素沉着，脱毛

症 状

喜乐蒂牧羊犬，7 岁，未绝育雄性，体重 15.4kg，1 年前开始皮肤出现病变，去其他医院治疗，无明显效果，故来此院。腹部脱毛，通过触诊确认左睾丸存在，但未发现右睾丸。此犬是雄性，却观察到雌性化的乳房（图 62–1）。

问题

（a）图 62–1 中对诊断重要的临床所见是什么?

（b）鉴别疾病都有哪些?

（c）需要何种治疗?

（d）治疗前，应做哪些检查?

（e）治疗后会达到什么效果?

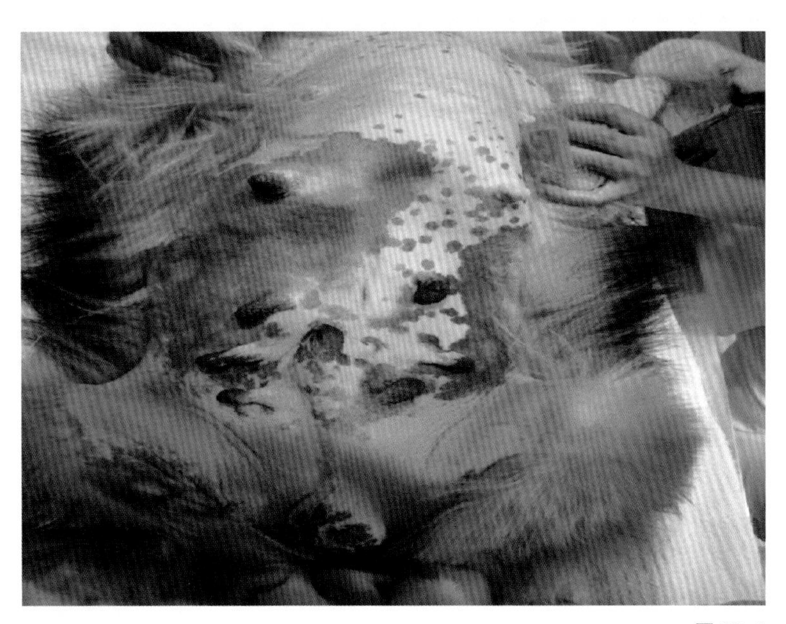

图 62–1

解答

（a）雌性化乳腺，乳头肿大，脱毛部位色素沉着，从阴茎到睾丸，出现红斑。本病例，通过触诊、超声波检查，确诊为腹腔隐睾（右）。

（b）睾丸上皮细胞瘤，精上皮瘤，间质细胞瘤等睾丸肿瘤。由甲状腺功能低下、肾上腺皮质机能亢进症，肾上腺激素产生等内分泌异常而出现脱毛等症状。本病例有右腹腔内隐睾。睾丸摘除后，进行病理组织学检查，被诊断为右侧腹腔内隐睾，是颗粒膜细胞瘤伴睾丸上皮细胞瘤，左侧睾丸发育不全。

（c）治疗方法是绝育手术（必须两侧都要做）。图 62–2 是腹腔内的睾丸。

（d）进行血液检查（CBC）。特别注意血小板数、Ht 值、白细胞数。为了检查有无转移到其他组织，应进行腹部、胸部透视检查和超声波检查。本病例的血小板数为 12.2 万 /μL，比正常值低，Ht 值为 38.0%，雌二醇为 16 pg/mL，比正常值稍高。但是只根据血液中的雌二醇值诊断本病是不够的。

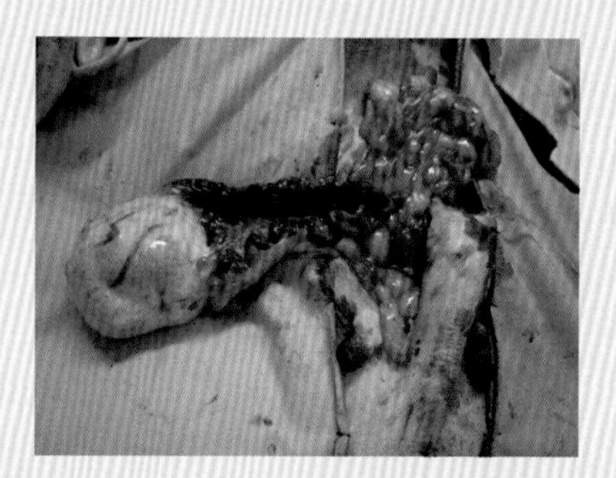

图 62–2

（e）若不存在血小板数减少，贫血，转移等症状，手术效果良好。

●要点

- 睾丸肿瘤分为睾丸上皮细胞瘤、精上皮瘤、间质细胞瘤等，是由各种支持细胞、胚细胞、睾丸间质细胞引起的恶性肿瘤。经常出现激素分泌过多，在间质细胞瘤，由于睾酮分泌过多引起前列腺肥大，肛门周围腺瘤肥大等症状，因雄激素分泌过多引起尾腺增生。
- 患睾丸上皮细胞瘤，因分泌雌激素而出现雌性化乳腺，包皮下垂，对称性脱毛，色素沉着等现象，严重者出现骨髓抑制，不能恢复。
- 绝育手术是其治疗方法。对雄性犬，有必要经常触诊阴囊。

●医嘱

- 怀疑为睾丸肿瘤，必须做绝育（两侧睾丸摘除）手术。睾丸上皮细胞瘤，若不属于发生转移（约 10%），或雌激素引起的骨髓机能不全等情况，则预后良好。
- 通常，绝育 3 个月后被毛再生。2~6 周内雌性特征消失。
- 若反复出现治愈、再发等现象，则睾丸肿瘤转移的可能性大，有必要再诊和做深入检查。

病例 63　猫，未绝育雌性，瘙痒，丘疹，脱毛

症　状

阿比西尼亚猫，1 岁，未绝育雌性，因全身性瘙痒到本院治疗。此猫是生后 5 个月时从宠物商店购买。不久便发病，到附近医院就医，服用肾上腺皮质激素和抗生素，注射数次醋酸甲基强的松龙。瘙痒是从前脚开始扩散到后颈部，并出现丘疹及脱毛（图 63–1）。

胸部发现糜烂（图 63–2）。以前去的医院认为芯片是可能的病因，已经安排手术。

通过胸部病变部位的刮皮检查，发现寄生虫（图 63–3）。

问题

（a）通过鉴别诊断，考虑哪些疾病?

（b）图中的寄生虫是什么虫?

（c）有哪些治疗方法?

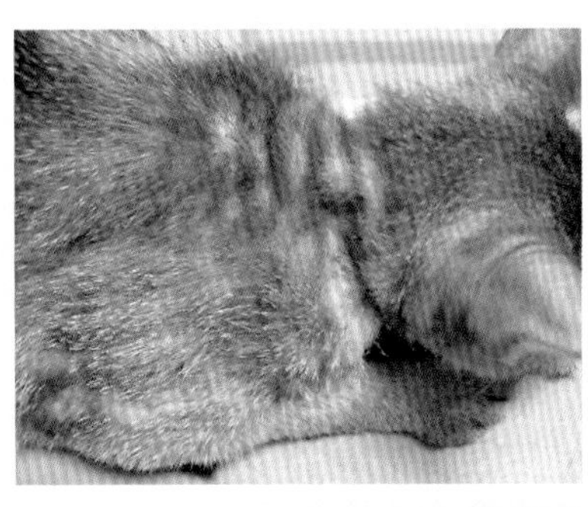

图 63–1

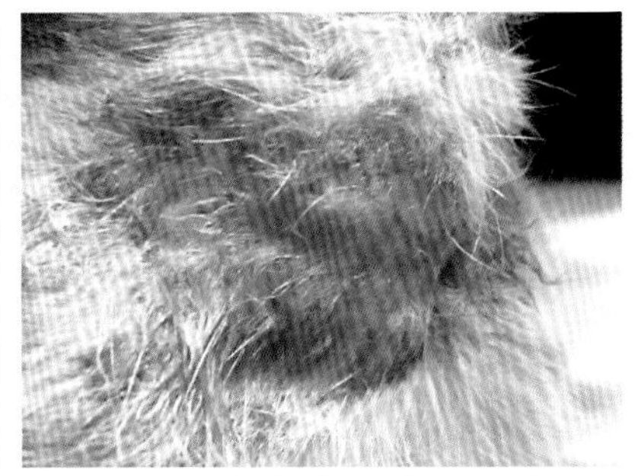

图 63–2

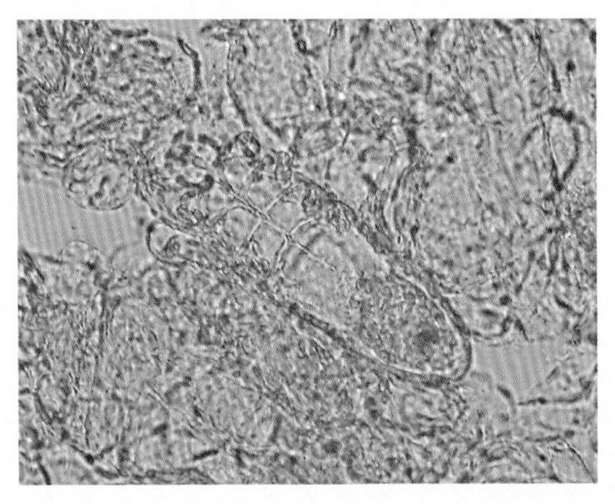

图 63–3

解答

（a）跳蚤过敏，疥螨，蠕形螨症等外寄生虫寄生，心因性脱毛，病毒性疾患，嗜酸性皮炎，食物过敏，猫过敏性皮炎等。

（b）蠕形螨。是在角质层生息的非毛囊性蠕形螨。体长较短，主要栖息在角质层。起因于 Demodex gatoi 的猫浅表性脓皮症跟寄生在其他种类的蠕形螨症有明显不同，是接触感染，引起瘙痒。临床症状多样，有无症状脱毛，伴随自我伤害的瘙痒脱毛等，引起激烈瘙痒可能是由于过敏症。

（c）有效果的治疗方法有：2% 硫磺石灰合剂每周一次，连续使用 6 周；司拉克丁每月 1 次，连续涂抹 5 个月；0.0125% 双甲脒每周一次，连续涂抹 12 周；1 mg/kg 依维菌素隔天使用，连续使用 10 周。本病例中，用氟虫腈剂预防跳蚤，停止醋酸甲基强的松龙剂，600 μg/kg 多拉克丁每周使用一次，8 周后未发现蠕形螨，停止使用。其后，偶尔出现瘙痒症状，服用 1 mg/kg PSL 即可。

●要点

- 猫的浅表性蠕形螨症是蠕形螨以及还未命名的蠕形螨中的一种过度增殖而发病。
- 因是否存在瘙痒症状，临床表现不同。无瘙痒情况下，不管有无鳞屑，在体干的腹侧、外侧及后肢中随处可见弥漫性、两侧对称性脱毛现象。有瘙痒则出现红斑、痂皮、抓伤。
- 表现瘙痒的猫刮皮检查中，过度刮皮操作不能检查出皮肤表面的蜱及虫卵，因此，若不能通过胶带法或刮皮检查结果确诊，有必要做皮肤病理组织检查。
- 阿比西尼亚猫容易发生猫过敏性皮炎。即使蠕形螨呈阴性，也应仔细观察有无瘙痒症状。

●医嘱

- 已知有多种治疗方法，但用法、用量都没有确定，应按安全性高的治疗方法开始选择试用。
- 很多感染猫是交配或走秀时被传染的。跟其他猫接触后，要是出现瘙痒则怀疑此病。

病例 64　犬，绝育雄性，皮肤变薄

症　状

灵犬，1 岁，绝育雄性。由于几个月前颈部开始出现轻度发红和少数丘疹，来本院就诊。使用有消炎效果的外用剂（图 64-1），1 日 2 次外用。发红、丘疹有所改善（图 64-2），但出现疏毛、鳞屑、被毛稀疏等症状，因此，来本院检查，没有自觉症状。

问题

（a）可能的病名是什么?

（b）如何治疗?

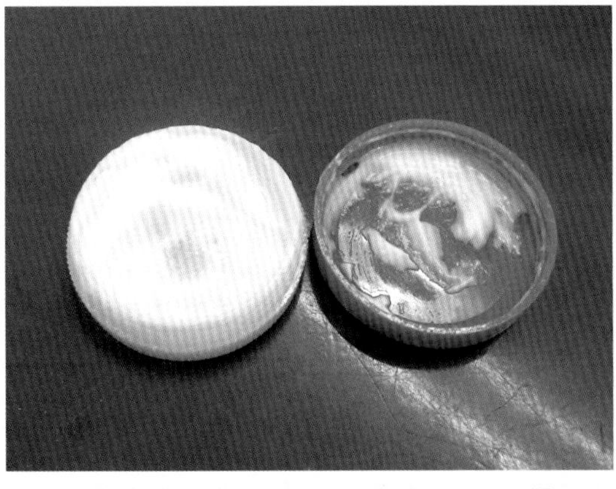

图 64-1

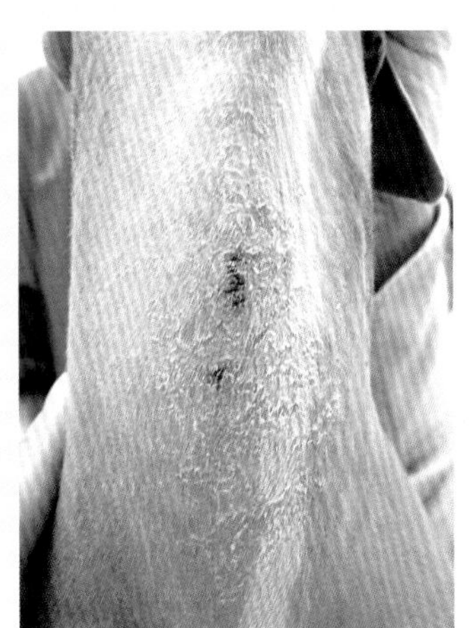

图 64-2

解答

（a）肾上腺皮质激素外用剂的副作用（甾体药物性皮肤病）。

（b）对肾上腺皮质激素外用剂有副作用时，应停止用药。但是，已长时间用药的情况下，改善症状需要一定的时间。停止使用肾上腺皮质激素外用剂后，改用保湿性外用剂或含有抗生素的软膏，观察经过。

●要点

- 肾上腺皮质激素外用剂副作用产生于含有肾上腺皮质激素成分的外用剂的涂抹。
- 虽然临床症状种类多，但基本上局限在使用肾上腺皮质激素外用剂的部位出现发红、脱屑、被毛稀疏化、脱毛等症状，无自觉症状较多。
- 停止用药，则症状改善。

●医嘱

- 说明该症状起因于使用含肾上腺皮质激素成分的外用剂。肾上腺皮质激素外用剂特别是连续使用在被毛稀疏（腹侧等）处，容易出现副作用。改善的同时改用保湿性外用剂。
- 停止现在使用的肾上腺皮质激素外用剂，改用保湿性外用剂或含有抗生素的软膏，观察其经过。
- 要是肾上腺皮质激素外用剂的用药时间越长，有可能治愈所需的时间也越长。

病例 65 兔，鳞屑

症 状

9 岁的兔来本院做健康检查。观察体表时，发现从颈部到胸部背侧面有大量鳞屑（图 65-1，图 65-2）。跟主人问是否有瘙痒现象，主人回答最近偶尔痒痒。没有脱毛斑，也没有薄毛。一起来的家人说，自己也在手腕、大腿处有些痒。

问题

（a）可能的病名是什么?

（b）如何诊断?

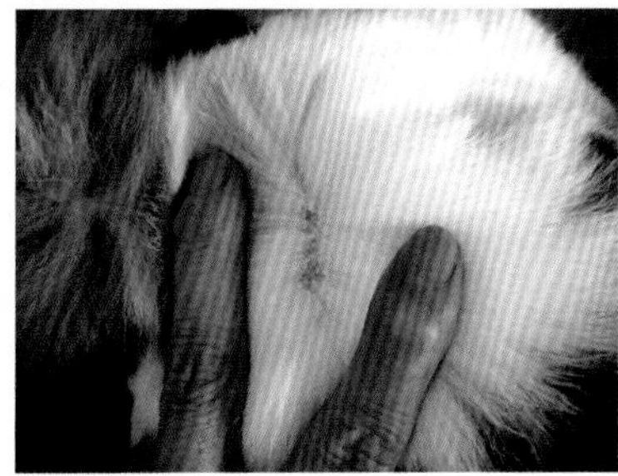

图 65-1

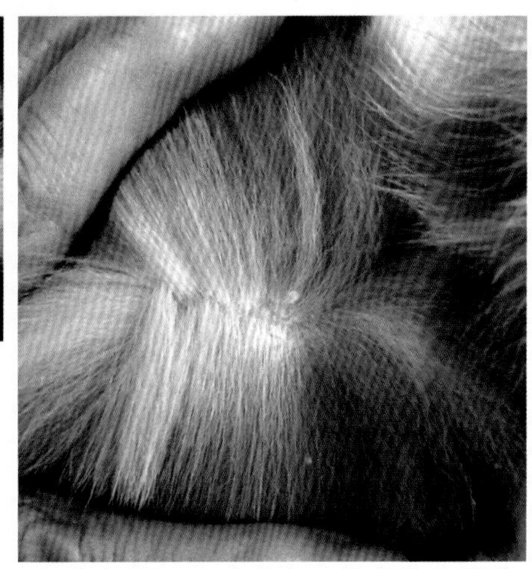

图 65-2

解答

（a）扁虱症。理由是①颈部、胸部的背侧面是扁虱症易发部位。②出现瘙痒。③出现鳞屑。④怀疑对人类也有感染。本病例无脱毛、薄毛，但有时候也伴随脱毛、薄毛。

（b）①用胶带法检查虫体和虫卵（图 65-3）。②对于鉴别诊断，有必要做皮肤真菌检查。

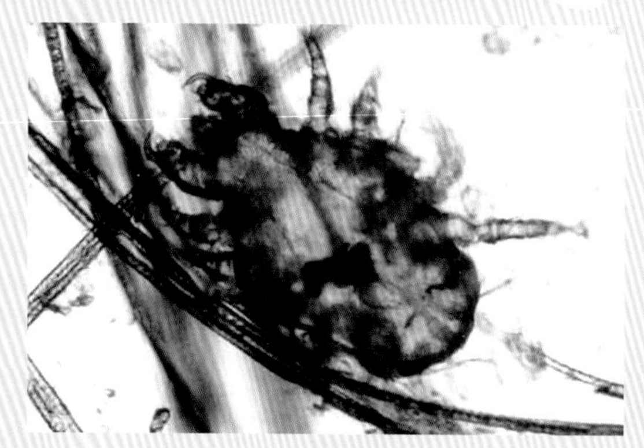

图 65-3

●要点

- 兔子扁虱症是兔子扁虱寄生而引起，从幼龄到高龄均会出现。
- 扁虱之外，一般发现囊凸牦螨，但囊凸牦螨瘙痒程度较轻或没有。
- 扁虱伴有瘙痒症状，有时其动作不太明显，容易错过。
- 若胶带法检出虫体和虫卵，则说明寄生虫量大。少量寄生时很难发现，所以未检出时也不能断定没得该病。
- 有效治疗方法有，司拉克丁滴剂或伊维菌素（400μg/kg，1 周 3 次用 SC 或 PO）。司拉克丁滴剂用量、用法参照猫。

●医嘱

- 有直接接触的其他兔时，即使无症状也要做扁虱驱虫。
- 扁虱症是人畜共患病。治疗兔子后，人的症状也消失。
- 司拉克丁滴剂方法虽然还没获得批准，但不管是日本还是世界其他国家，对兔子有很多使用案例，安全可靠。
- 用于犬、猫的氟虫腈滴剂，对兔子有副作用，应告诉主人不能使用。

病例 66 猫，未绝育雄性，瘙痒，皮肤炎

症 状

杂种猫，4 岁，未绝育雄性。腰背部瘙痒伴有脱毛，主人怀疑该猫得皮炎。1 年前开始出现瘙痒症状，在附近医院就医治疗，无明显效果，反而病变扩大。频繁舔咬背部。（图 66-1 至图 66-3）

问题

（a）皮疹或疑似的疾患有哪些?

（b）有哪些治疗方法?

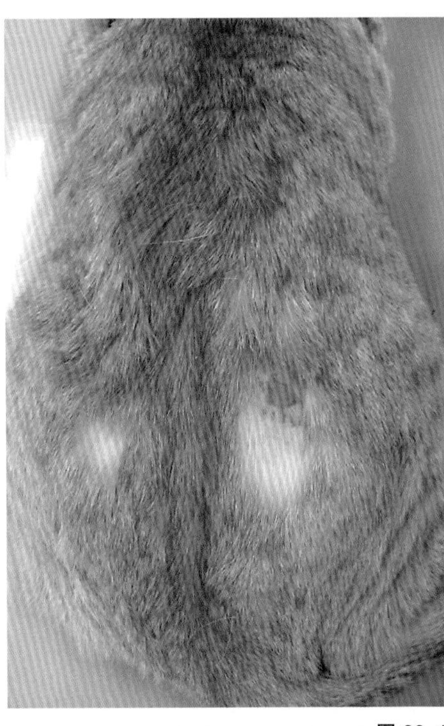

图 66-1

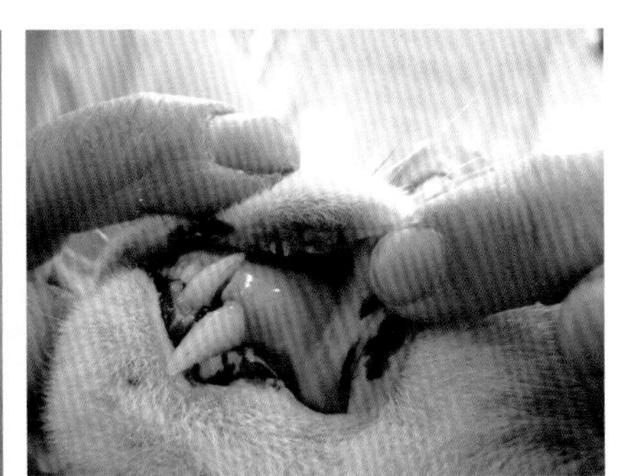

图 66-2

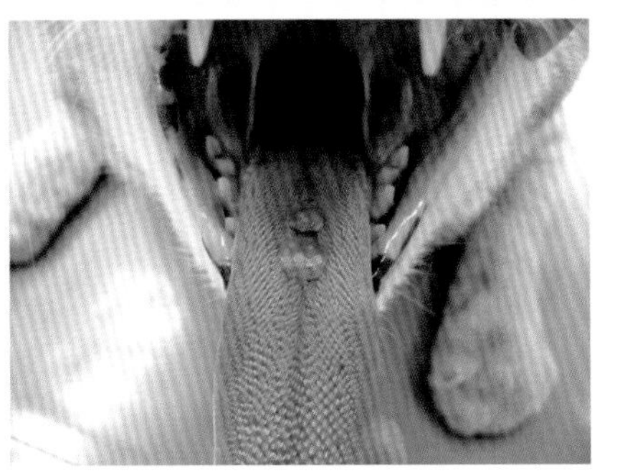

图 66-3

解答

（a）腰背部出现左右对称的脱毛，有些部位已经糜烂（图 66–1）。唇部有左右对称的溃烂，怀疑为无疼性溃烂（图 66–2）。舌头出现结节，与嗜酸球性肉芽肿皮疹相同（图 66–3）。这是被称为猫的嗜酸球性肉芽肿皮疹的一种疾患，通常伴有一些基础性疾病（跳蚤过敏、食物过敏、过敏性皮炎）出现。

（b）有基础性疾病的可能性，无跳蚤过敏、食物过敏的可能性。给予跳蚤预防药，做除去食物试验。无改善，则全身涂抹肾上腺皮质激素。强的松 2 mg/kg，间隔 24h 用药，或者皮下注射醋酸甲基强的松龙 20 mg/ 只。肾上腺皮质激素出现副作用或需要长期使用时，考虑环孢菌素（5~10mg/kg，q24h，PO）。

●要点

- 猫的嗜酸性肉芽肿是无痛性溃疡、嗜酸性细胞性颜面、嗜酸性细胞肉芽肿等一群皮疹出现的症候群的总称。
- 无疼性溃疡是上唇部左右对称发生的溃疡。偶尔发生疼痛或瘙痒。
- 嗜酸性情况发生指伴随渗出液的红色隆起性的病变，一般在腹部和大腿部内侧见到。
- 嗜酸性肉芽肿是隆起的黄色或粉红色的病变，一般在大腿部尾侧，颜面，口腔的舌头和口腔上部等部位出现。

●医嘱

- 若复发，有必要长期使用免疫抑制剂，这时应对主人说明其副作用。
- 猫很难从口腔给药，因此治疗的选择面较窄。有时候，把固体药换成液体或粉末，容易给药。
- 若口腔给药困难，皮下注射醋酸甲基强的松龙也可以，但不能超过 2 个月 1 次的频度。注射时，仔细观察有无糖尿病或角膜溃疡等副作用。

病例 67 幼犬，鳞屑，寄生虫

症 状

3 月龄幼犬。为了打预防针来院。主诉从宠物店购买后不久背部出现皮屑。检查身体时在被毛上发现爬动的寄生虫。用显微镜观察到被毛上的皮屑状物体（图 67–1，图 67–2）。

问题

（a）该寄生虫的名称是什么?

（b）如何治疗?

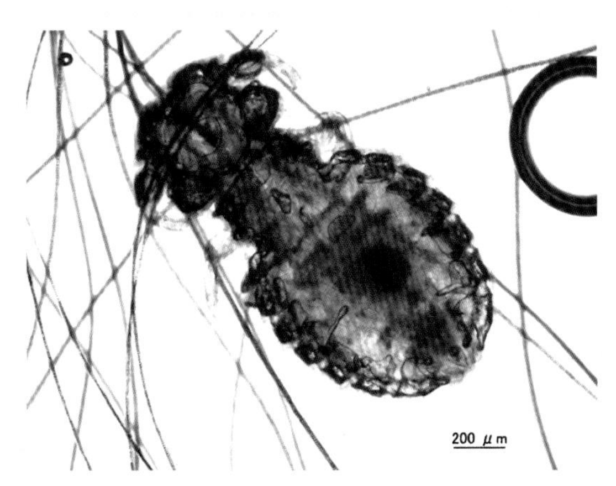

图 67–1

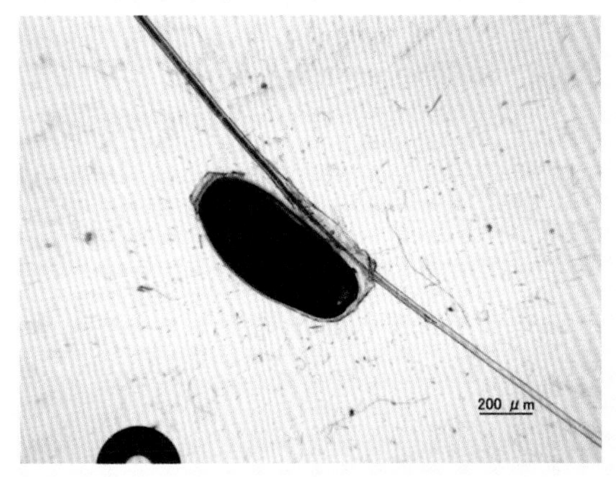

图 67–2

解答

（a）是犬羽虱。体长 1.5mm 左右，身体分成头部、胸部、腹部 3 个部分。胸部长有 3 对肢节。头部较宽，可以伸缩。腹部为椭圆形，各关节长有较多的毛。

（b）对感染犬以每 2 周 1 次涂布司拉克丁滴剂 2~3 次。或者口服或皮下注射伊维菌素（0.2mg/kg），每 2 周 1 次，持续 2~3 次。同时可用角质溶解性洗发水（1 周 1~2 次）洗净等物理方法来驱除虫卵和虫体。为了防止扩大感染，应避免感染犬与其他犬接触。由于涂抹驱虫药对虫卵驱虫效果有限，待卵孵化后使用为好。

●要点

- 羽虱可以肉眼观察到，但虫卵本身很容易跟头屑混淆。
- 羽虱卵约 1 周后孵化成幼虫。幼虫以寄生虫的角质和皮质为食不断生长，反复脱皮，2~3 周后变为成虫。
- 幼犬或营养不良犬容易患病。

●医嘱

- 本疾病传染性极强，应避免接触其他犬。
- 羽虱是宿主特异性较强的昆虫，一般不会传染到其他哺乳动物或鸟类。
- 患犬使用过的毛巾、衣服等应充分洗涤（最好用热水汤或氯消毒）后使用或扔掉。

病例 68　猫，绝育雌性，颈部复发性溃疡

症　状

杂种短毛猫，3 岁，绝育雌性，体重 3.2kg，室内饲养，已用疫苗，跳蚤预防完毕。

全年性的颈部瘙痒，自行抓挠使炎症性脱毛，糜烂，溃疡反复发病（图 68 – 1）。

问题

（a）举出鉴别诊断的病症。

（b）如何诊断?

（c）治疗方案?

（d）颈部以外的好发部位?

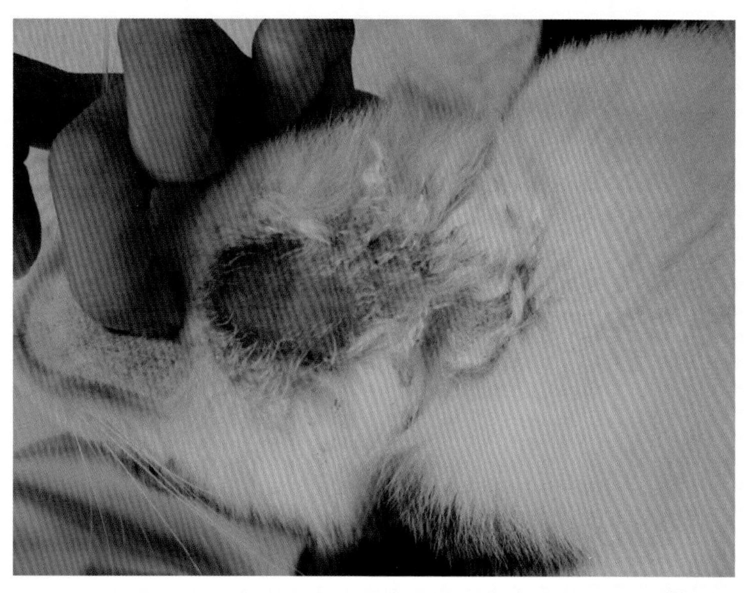

图 68–1

解答

（a）猫的瘙痒症的普遍原因，可以举出寄生虫性疾病（跳蚤，虱，蜱虫，蠕形螨，疥螨），感染症（细菌，皮肤真菌），变态反应性皮肤疾病（过敏性皮炎，跳蚤过敏性皮炎，食物过敏）等。

（b）首先，通过皮肤涂片检查和伍德氏灯检查来排除寄生虫及感染性疾病。使用跳蚤驱除剂排除跳蚤过敏，2 个月的除去食试验（只给水解食和水）排除食物过敏。最后，仍发现瘙痒症状，怀疑过敏性皮炎。

（c）轻度过敏性皮炎，短期的肾上腺皮质激素药物治疗有效。顽固性过敏性皮炎的治疗一旦长期化，可能发生肾上腺皮质激素药物的副作用，尽量避免全身给药。环孢霉素（5~10mg/ kg）治疗有效。随着症状改善，应减少用药频率。皮内试验及血液检查查明致敏原后，用脱敏疗法治疗有效。

（d）面部，小腹，大腿内侧，前肢头侧，后肢尾侧是多发部位。（图 68–2，图 68–3）。

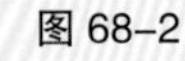

图 68–2

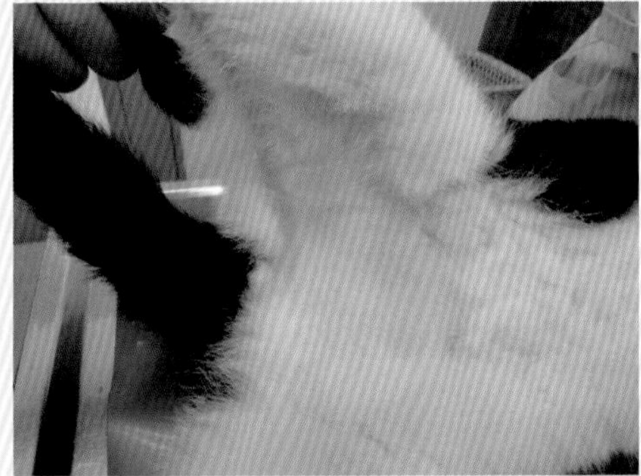

图 68–3

●要点

- 猫的过敏性皮炎的诊断法还没有确立，利用排除法诊断。
- 与犬相比，肾上腺皮质激素药物的副作用在猫中相对不容易发生，但在多次复发病例中应尽量避免使用，只作为其他治疗方法无效时的最终手段来采用。

●医嘱

- 属于普通病的过敏性疾病的控制，有很多外在的发病因素，故存在复发的可能性。

病例 69　犬，雄性，被毛稀疏

症　状

西高地白㹴，7 岁 1 月龄，雄性。因眼球震颤和四肢的摇晃等主要症状来院就诊。MRI、脑脊髓液检查结果，诊断为犬瘟热脑炎。实施肾上腺皮质激素治疗。图 69–1，图 69–2 是约治疗 2 年后的照片。ACTH（肾上腺皮质激素）刺激试验中刺激前的皮质醇值 0.1 μ g / dL，刺激后 0.1 μ g / dL，未见上升。

问题

（a）叙述图 69–1，图 69-2（图 69–1 的局部放大）肉眼观察所见。

（b）想到的诊断病名是什么?

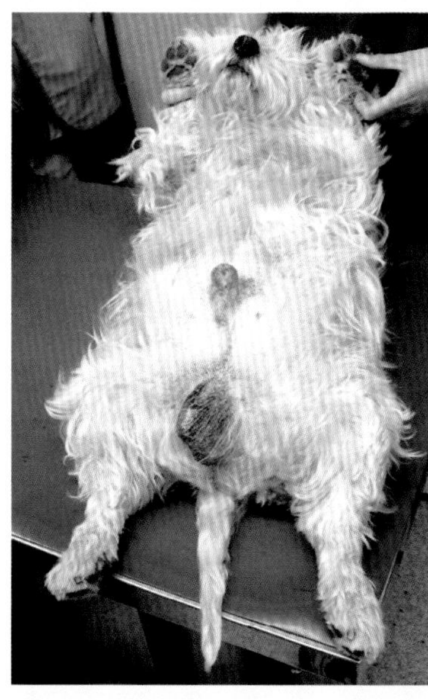

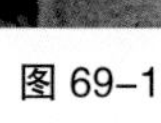

图 69–1

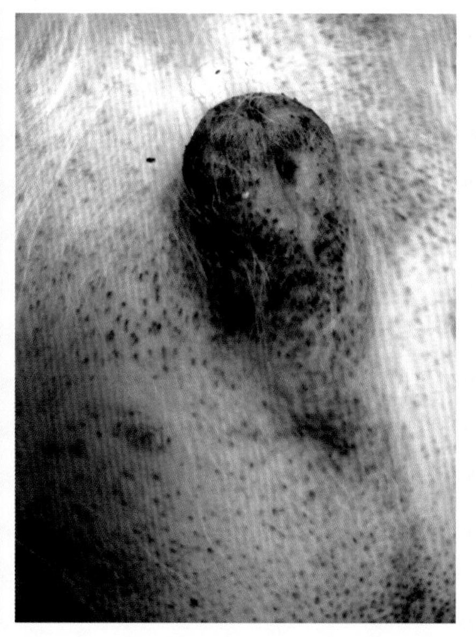

图 69–2

解答

（a）可观察腹围膨满，略稀疏的被毛和粉刺。

（b）长期肾上腺皮质激素治疗所致的药源性库欣氏综合征。

●要点

- 库欣氏综合征，是肾上腺皮质激素过剩引起的慢性疾病，其原因可分为：① ACTH 依赖型－库欣氏综合征（垂体依赖性肾上腺皮质机能亢进症：全部病例的约 90 %），异常部位 ACTH 分泌。② ACTH 非依赖型－肾上腺瘤。③药源性。主要临床症状，多饮多尿，腹围大，食量大，肌肉虚弱。皮肤症状是，常见体毛丧失，腹部皮肤变薄，长粉刺，钙质沉积，蠕形螨病和继发性脓皮症等。医源性和自发性肾上腺皮质机能亢进症的鉴别，需要 ACTH 刺激试验。

●医嘱

- 患医源性库欣氏综合征的原因是，肾上腺皮质激素的长期使用。希望做到用量递减，最终停药，但在犬瘟热脑炎，做到肾上腺皮质激素完全停药有困难。

病例 70 幼犬，雄性，脱毛

症 状

迷你腊肠犬，4 月龄，雄性，体重 1.5kg，室内饲养，已用疫苗，跳蚤预防完毕。背部有明显的非炎症性脱毛斑 1 处，有瘙痒症状。在他院被诊断为真菌病，用抗真菌药物治疗未见效，脱毛斑从腹部波及到尾部数处（图 70-1 至图 70-3）。

问题

（a）首先应做哪项检查?

（b）鉴别疾病都有哪些?

（c）本病例的治疗方案是什么?（图 70-1 至图 70-3）

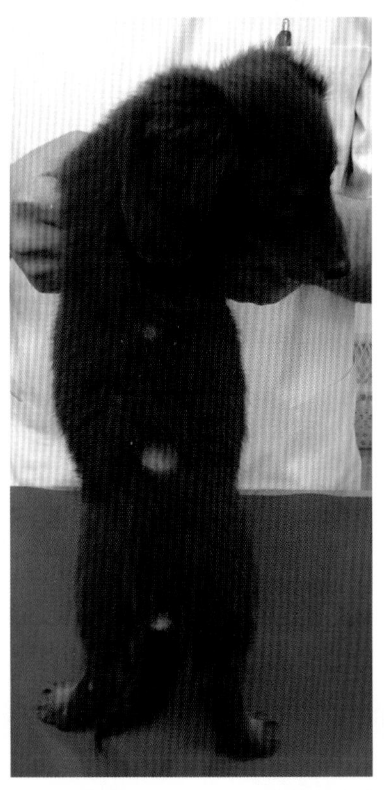

图 70-1

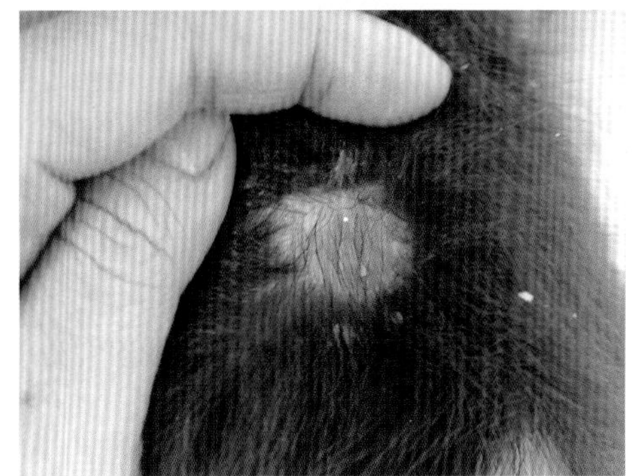

图 70-2

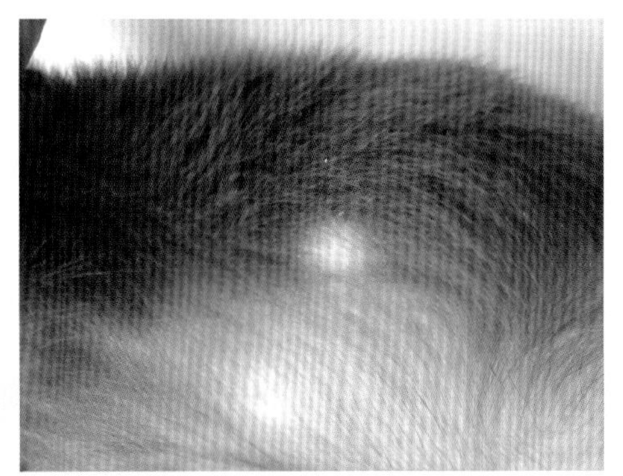

图 70-3

解答

（a）伍德氏灯检查、拔毛进行被毛检查、皮肤涂片检查、皮肤细胞诊断。

（b）本病例属瘙痒症状不重的幼犬炎症性皮肤疾病，可怀疑皮肤真菌病、局部性蠕形螨病、细胞性脓皮症等。6个月龄至1岁的犬中过敏性皮肤炎较多，1岁以下的犬中伴随强烈瘙痒症状的食物过敏较多。本病例为蠕形螨病。CBC，血液生化学检查中未发现特别的异常。身体其他状况良好。

（c）伊维菌素用丙二醇稀释成0.3mg/mL的溶液，外用。
伊维菌素0.4 mg/kg，间隔24h口服（第一次用量为0.1 mg/kg，逐步增加到0.4 mg/kg）。
也有报告双甲脒外用，米尔倍霉素口服，杜拉霉素注射等治疗方法。

●要点

- 犬蠕形螨病主要由犬蠕形螨在毛囊内增殖所引起，大致分为局部性（青年型）和全身性（成年型）蠕形螨病。发病原因为多种，局部性蠕形螨病多在4~7月龄幼龄犬中发病。
- 发病原因不详，可能跟遗传、被毛长度、营养状态、性周期、妊娠、应急等有关。病变局限在1到数处，预后普遍良好，约90%的病例伴随着生长自然治愈。
- 全身性蠕形螨病被认为是某种免疫功能异常所致，库欣氏综合征等内分泌疾病、恶性肿瘤的治疗、肾上腺皮质激素类药物的长期使用等为其诱因。但是，像诱发本病的普通病中，约50%以上其发病原因不详。从多发性的脱毛斑扩大至全身的病例很多。

●医嘱

- 作为治疗方法虽有双甲脒外用，伊维菌素内服，米尔倍霉素内服，杜拉霉素注射等报告，这些药物的适用范围并不含蠕形螨病，应充分说明，谨慎使用。
- 犬的局部性蠕形螨病自然治愈的情况较多，也有仅外用疗法治愈的情况。但是，特别注意因局部性蠕形螨病使用外用药和消毒剂后由于蠕形螨、寄生虫数减少而导致皮肤搔扒检查结果为阴性的情况。建议即使检查结果为阴性，复诊时再做一次皮肤搔扒检查。
- 局部性蠕形螨病同浅表性脓皮症、皮肤真菌病和圆形脱发症等各种各样的皮肤疾病相似，有可能误诊导致治疗长期化，错过时机使症状恶化。像本次病例，即使是幼龄犬局部性蠕形螨病，根据病重程度，考虑给予治疗。

病例 71 犬，绝育雌性，爪基部肉枕炎症

症 状

短毛㹴 11 岁，绝育雌性，体重 17kg，室内饲养，已注射疫苗。主人无意间发现其爪被折断而来医院就诊，不过逐渐出现包括爪基部在内的肉枕炎症(图 71–1)。在压挤涂片检查中，观察到以变性嗜中性白细胞为主的炎性细胞，所以，连用了 3 周抗生素，但没有好转。经 X 线检查，怀疑为骨溶解。

问题

(a) 应考虑哪些疾病为鉴别疾病?

(b) 本病的病因是什么?

(c) 如何治疗本病? 预后如何?

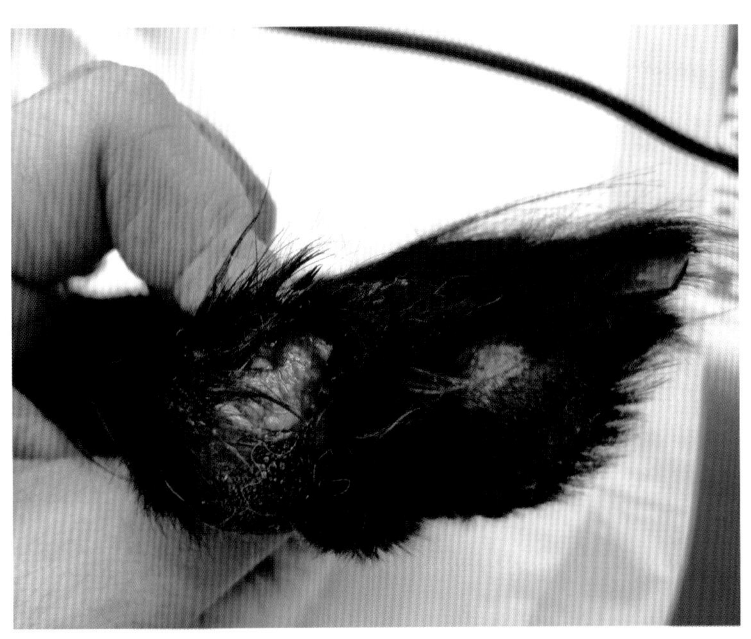

图 71–1

解答

（a）外伤、细菌性脓皮症、皮肤真菌症、其他肿瘤（肥大细胞瘤、黑色素瘤、形质细胞瘤、皮肤组织细胞瘤、异物性肉芽肿、血管间皮瘤）。

（b）扁平上皮癌是角质细胞的恶性肿瘤，约占犬皮肤肿瘤的 5% 和猫皮肤肿瘤的 15%。常发生在容易被日光照射的部位，有时先发生光线性（日光性）角化症。在犬，认为肿瘤的发生与乳头瘤病毒感染有关，有的患有扁平上皮癌的犬中可检测到乳头瘤病毒抗原。

（c）在早期实施彻底的外科手术（图 71–2）。有报道称，激光治疗对于表面性和小型病变有效。全身性的化疗治疗扁平上皮癌无效。

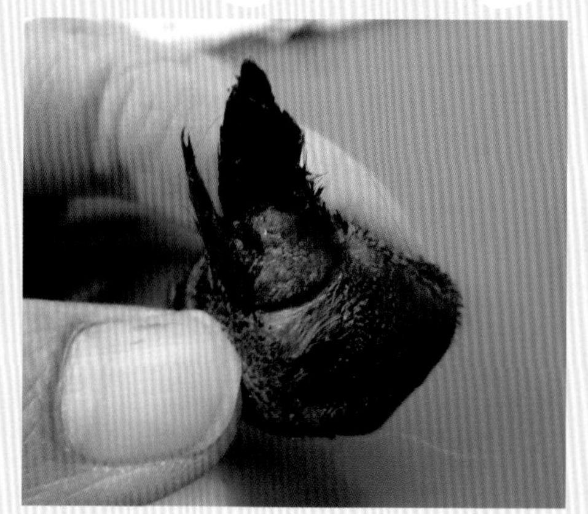

图 71–2

●要点

- 无论犬还是猫，发生扁平上皮癌的概率都很高，且高龄易发。在猫，白色被毛易受紫外线的影响，其耳尖和鼻梁常易发生癌变，不过在犬，躯干和四肢部易发。
- 由于表面存在有炎症性渗出液，因此，压挤涂片检查结果在诊断上无用。为了确诊，有必要取样进行病理组织学检查（图 71–3）。

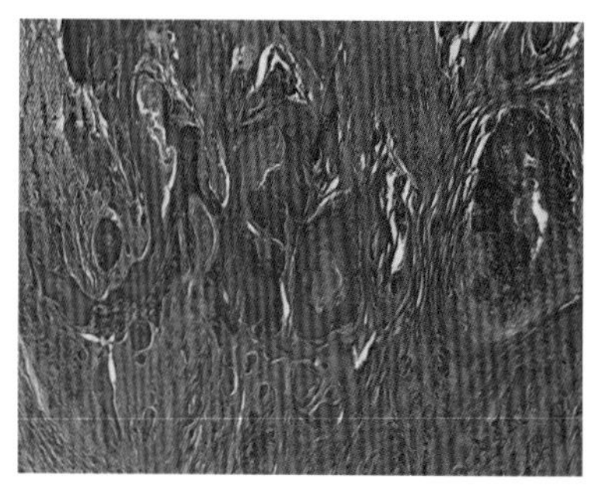

图 71–3

●医嘱

- 很难预测预后。爪床上发生是受到侵袭所致，除此之外的为局部浸润性病变，其转移速度慢。但是，据报道本疾病具有较高转移率，有必要进行定期检查。

病例 72 犬，大腿部的肿瘤

症 状

10 岁的小型腊肠犬。由于发现大腿部直径 1.5cm 的隆起肿瘤而来医院就诊。主人发现该肿瘤是在来医院的半年之前。肿瘤质地坚实，固着皮下组织，伴有中等程度的瘙痒。相关联的淋巴结未见有明显的肿胀。用细针抽取肿瘤进行活组织（FNA）检查，将样本用快速染色法进行染色后在显微镜下进行观察，其结果如图 72-1 中所示的细胞。

问题

（a）可能为何种疾病?

（b）如何治疗?

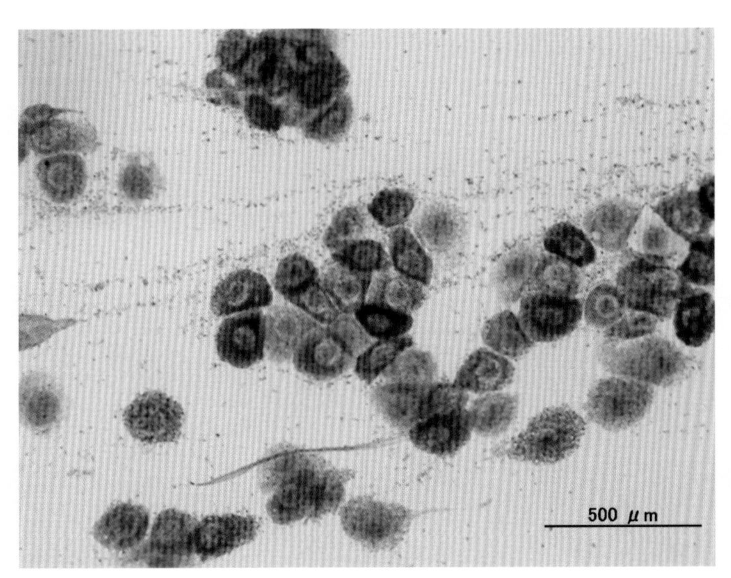

图 72-1

解答

（a）肥大细胞瘤。如图可见含有丰富的染成紫红色（异染性）、均一、小型的细胞质颗粒的小型至中型的圆形细胞。一般认为，颗粒的着色性随肿瘤的分化程度而改变。

（b）犬肥大细胞瘤治疗应依据一般性肿瘤细胞的分化度和恶性度（组织学等级）及临床阶段等进行确定。不过通过细胞学观察很难准确判定组织学等级，最终确诊还是需要组织学观察结果。为此，在可以手术的部位肥大细胞瘤，首选的方法是外科切除。此时，应充分切除病变边缘部位（超过病变边缘3cm）。对切除的肿瘤进行组织学评级，根据需要采用化疗或放射疗法。当肿瘤没能彻底切除时,或者肿瘤位于不能切除的部位时,与外科手术切除相比,化学疗法和放射疗法更妥当。

●要点

- 肥大细胞瘤是真皮组织的肥大细胞异常增生的恶性肿瘤。病变呈现多种多样，是用单纯肉眼观察很难确诊的一种肿瘤。
- 肿瘤通常呈单发性，有时也可多发。四肢和躯干为好发区域，有全身性发病的可能性。
- 在进行手术切除之前，通过实施局部淋巴结的细针穿刺后的生物学检查、胸部X线检查及超声波检查（特别是肝脏和脾脏），来检查肿瘤是否发生转移。

●医嘱

- 预后不良，建议尽早治疗。
- 当癌细胞发生了转移，与外科切除相比，最好选择化疗进行治疗。

病例 73 犬，绝育雌性，爪化脓，骨溶解

症 状

黑色拉布拉多犬，10 岁，绝育雌性。左前肢第 2 趾化脓而来医院就诊（图 73–1）。一个月前在其他医院，经全身麻醉切除了爪化脓灶，但没有治愈。通过病变部位的拭子培养和敏感性试验，检查出多重耐药的绿脓菌。在 X 线检查中，观察到末节骨的增生和尖端的骨溶解及中节骨的骨膜反应（图 73–2）。在爪床深部的 FNA 中，采集到多数的角化上皮（图 73–3）。

问题

（a）请描述图 73–1 肉眼可见的病变特征。

（b）可能为什么疾病?

（c）采取何种方法进行诊断?

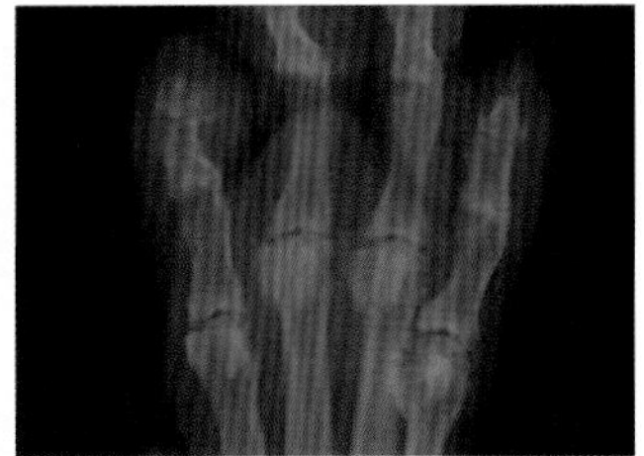

图 73–1

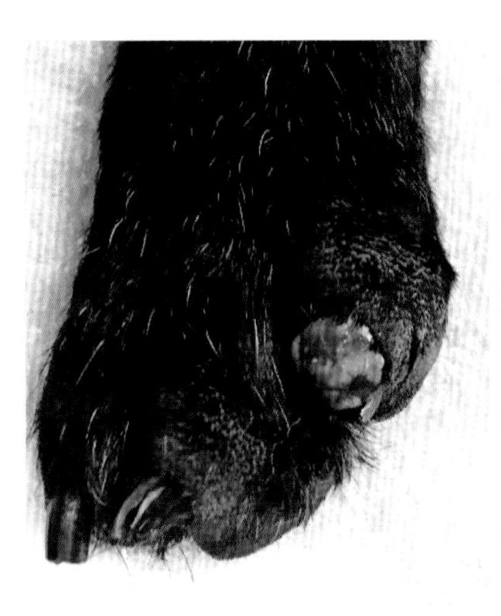

图 73–2

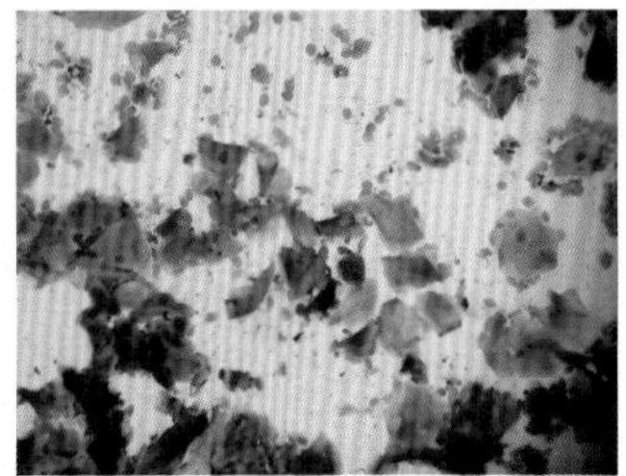

图 73–3

解答

（a）爪床增长成肿瘤状。爪甲部分变色成黄白色，因其内侧被挤压而受到破坏。爪周围炎，即爪周围的肿胀和发红。

（b）怀疑为扁平上皮癌。根据病变部位采集的样本培养中检测到耐药菌，也怀疑伴有慢性的化脓性炎症。不过并非一般的原发性细菌感染。根据爪床呈现肿瘤的时间点上，肿瘤可作为鉴别诊断范畴。爪上发生肿瘤的带变性疾病有扁平上皮癌和黑色素瘤。X 线检查中，可观察到骨溶解，本特征常见于扁平上皮癌，而黑色素瘤中很少见。
典型的扁平上皮瘤细胞，具有幼细胞核和呈现角质化倾向核的特征。在本病例的细胞学检查当中，观察到能够确诊为扁平上皮癌的细胞。不过，根据从肿瘤的深部采集到角化上皮这一点，就能认为观察到了特异病变。

（c）病理组织学检查。在采集病理组织学检查用样本时，通常选择爪切除术或断趾术。此外，作为留存趾和爪疾病的确诊方法，也有用取样器（打孔）取样的方法。

●要点

- 扁平上皮癌是犬爪床上常见的肿瘤。
- 特别常发生于黑色大型犬种。
- 在 X 线检查中常见趾骨骨溶解。
- 局部出现严重浸润，但并不发生远处转移，多数呈缓慢经过。
- 包括断趾术在内，进行大范围的切除是最好的治疗方法。辅助性的放射疗法也有效。

●医嘱

- 如果是早病变且没有发生转移时，可通过断趾术进行根治。
- 即使难以根治，由于病程缓慢，可外科切除，不仅能够改善生活质量，而且，能够长期生存。
- 通过为单发性，但有时经过数月或数年后，在其他趾中也出现病变，其中，有些是在同一肢的趾上，而有的则在其他的肢的趾上发生。若发生在同一肢上，则有必要通过截肢术进行治疗。
- 据报道，犬发生趾扁平上皮癌中，爪床发生病例中的 1 年生存率约为 95%（爪床以外的 60%），2 年生存率为 74%（爪床以外 40%）。

病例 74　犬，绝育雄性，结节，排脓

症　状

小型腊肠犬，2 岁，绝育雄性（图 74–1）。由于腹股沟管部出现结节和流脓而来医院就诊。从 4 个月前发现腹股沟部的皮下结节，再经 2 个月后发现流脓。虽然口服抗生素进行治疗，但反复出现周期性的流脓。此外，一周前在腰背部也出现结节。经检查，在腹股沟部左右对称性形成 2cm 大小的皮下结节，其中，右侧结节排脓（图 74–2）。另外，在腰背部也触摸到左右对称的皮下结节。

问题

（a）怀疑为什么病？检查方法是什么？

（b）如何治疗和管理？

图 74–1

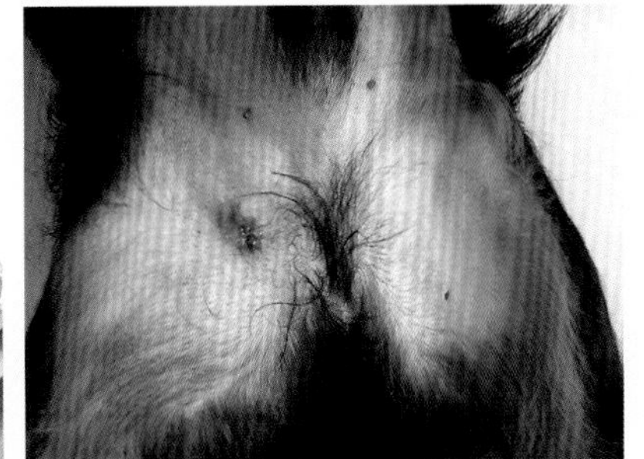

图 74–2

解答

（a）鉴别诊断深层脓皮症、异物性肉芽肿、无菌性结节性脂肪组织炎、无菌性肉芽肿和化脓性肉芽肿症候群、药疹等。有流脓时，进行细胞涂片和细菌培养检查，以确认是否感染。为了确诊，应进行部分皮下结节的生物学检查，或者全切除，进行病理组织学检查。从本病例的特性、病变发生部位和脓涂片细胞检查中观察到泡状巨噬细胞，而没有观察到细菌感染等情况，怀疑为无菌性结节性脂肪组织炎。在结节全切除的病理组织学检查中，观察到形成的化脓性肉芽肿（图 74–3），此外，培养检查结果呈阴性。

（b）首先，为了排除细菌感染，给予 2 周抗生素治疗。单独性的病变，应通过外科手术进行全切除。不过即使这样，有时也会再发。此外，不管全切除和部分切除，应注意确认是否有异物。当多发或再发时，应用免疫抑制剂进行治疗。在病变完全消失之前，口服波尼松龙（每天 1 次，每次 2mg/kg），然后逐渐减量。如果并用环孢霉素（5mg/kg），则波尼松龙减量。

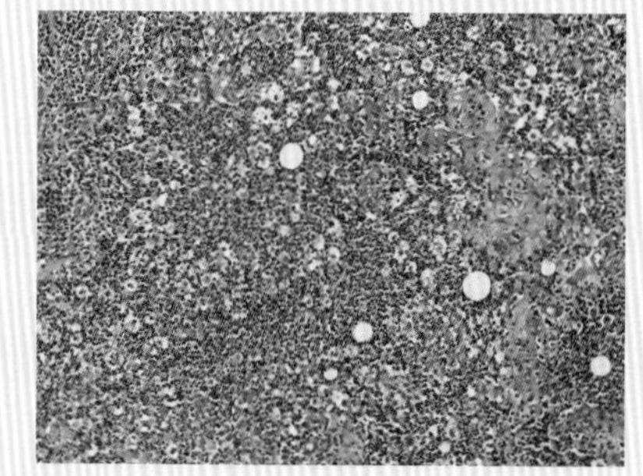

图 74–3

●要点

- 无菌性结节性脂肪组织炎是发生于皮下脂肪组织中的特发性炎症性疾病。在日本尤其绝育雄性和绝育雌性的小腊肠犬易发病。可能对缝合线发生反应所致，其详细发病过程不清楚。
- 主要症状是出现皮下结节和从结节中流脓，全身症状有时出现高烧。
- 即使全切除也常会复发，很多病例终身需要免疫抑制剂治疗。

●医嘱

- 应说明，反复复发的病例可能需要终生治疗。
- 需要寻求能够避免复发的，组合应用强地松龙和环孢霉素等免疫抑制剂的最低剂量，以降低副作用至最小限度。说明长期使用肾上腺皮质激素治疗可能带来的副作用。

病例 75 犬，雄性，前肢肿瘤

症 状

11 岁，雄性，西施犬。由于前肢体表发生肿瘤而来医院就诊。约 1 年前发现时肿瘤的直径不超过 1cm，不过逐渐变大。肿瘤在左前肢腕部的远端，直径约 2cm，固着在深部，表面发生脱毛（图 75–1）。对肿瘤的穿刺，采集到比较多的细胞，几乎没有炎性细胞（图 75–2）。

问题

（a）描述图 75–2 中细胞学特征。

（b）根据细胞学和临床症状，可考虑的病名是什么？

（c）作为鉴别诊断可列举何种疾病？

（d）为了根治可实施何种治疗手段？

图 75–1

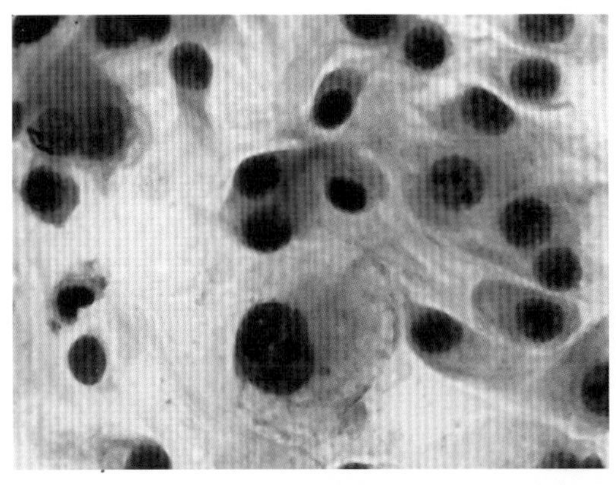

图 75–2

解答

（a）细胞多数呈现纺锤形，细胞质边缘不清晰。这些细胞的细胞核和细胞质大小不一，呈现不均一的核质比，不过原则上呈现相同的形态特征。核小体清晰，有的呈现变大和数量增加。以上的特征显示其为非上皮系恶性肿瘤。

（b）疑为软组织肉瘤。恶性肿瘤根据其组织起源还可分类，其名称也不一样。即上皮性恶性肿瘤称为“癌”，非上皮性恶性肿瘤称为“肉瘤”。在肉瘤中将源于软组织的统称软组织肉瘤。

（c）可列举血管间皮瘤、纤维肉瘤、黏液肉瘤、脂肪肉瘤、恶性纤维性组织细胞瘤等。软组织肉瘤是总称，并不是严格的病名。皮肤软组织肉瘤包含在上述的肿瘤内。但是，由于这些肿瘤终究具有共同的特点，因此，不管其来源，纳入同一疾病范畴也合适。本病例的病理组织学检查结果，确诊为血管间皮瘤。

（d）可通过扩大切除，或者减容手术结合根治放射治疗进行治疗，以期得到根治。一般情况下，软组织肉瘤出现较重的局部浸润，不进行彻底切除则再发生的概率很高，不过，相对而言其转移的可能并不高。因此通过彻底抑制局部病变，则有可能对其根治。

对于本病例这样的在四肢发生的软组织肉瘤，有时作为扩大切除可选择截肢术。不过，应记住，以浅筋膜为屏障，通过保留患肢的根治手术也有可能获得良好预后（图 75-3）。当彻底切除困难时，与盲目地仅用外科手术相比，可考虑并用放射疗法进行治疗。

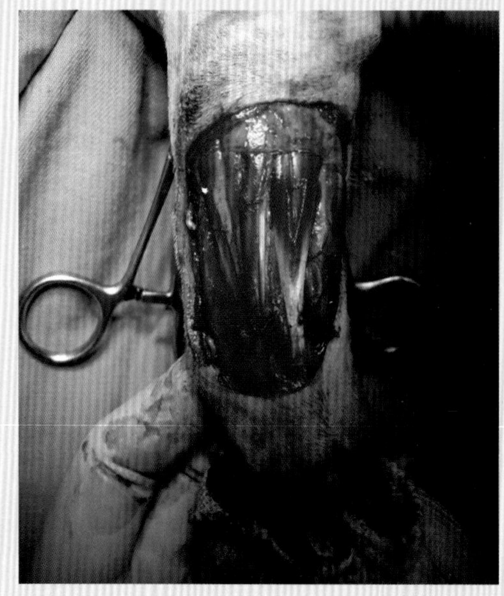

图 75-3

●要点

- 血管间皮瘤也称为血管外膜细胞瘤，是源于血管周围细胞的肿瘤。其起源尚无定论。
- 仅在犬中发生，在猫尚不清楚。
- 四肢好发。也常见于胸部和腹部。
- 无细胞学的特异变化，呈现一般性非上皮系恶性肿瘤的特征。
- 组织学上以血管为中心，呈现涡卷状、花瓣状等。低的有丝分裂指数也是其一个特征。
- 如果不彻底切除则易复发，不过发生转移极其罕见。

●医嘱

- 即使病情得到缓解，也可以预测其肿瘤会不断增大，发生自溃的病例也很多。
- 由于发生转移的概率很低，因此，限于局部的外科治疗最佳，也可得根治，不过由于出现严重的局部浸润，有必要进行扩大切除术。
- 没有彻底切除的复发概率很高。通过并用放射线疗法，有可能使病变限于局部。
- 当发生在四肢，有时截肢术为最佳选择。

细胞学诊断

从鳞屑和皮痂下采集病料

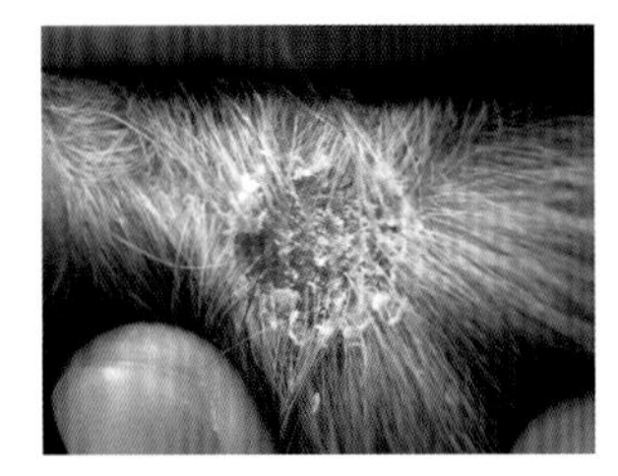

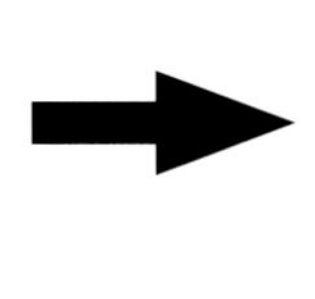

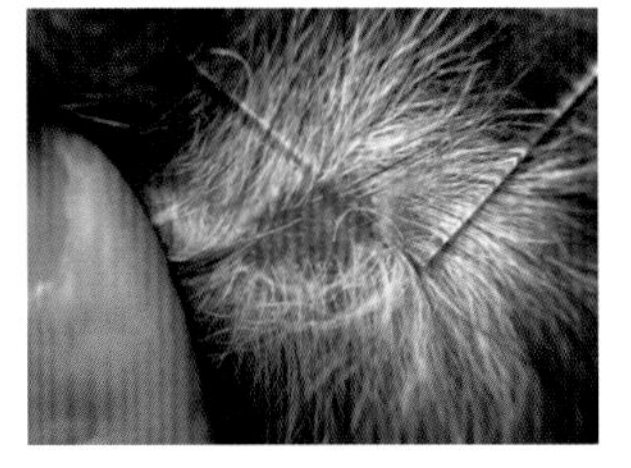

细菌感染（犬浅在性脓皮症）

肌溶解细胞（犬落叶状天疱疮）

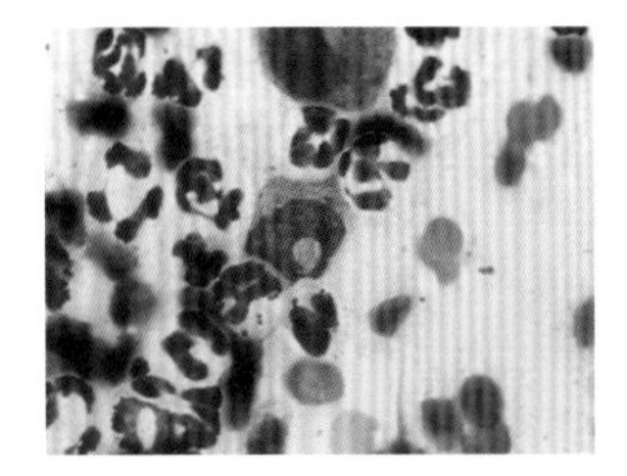

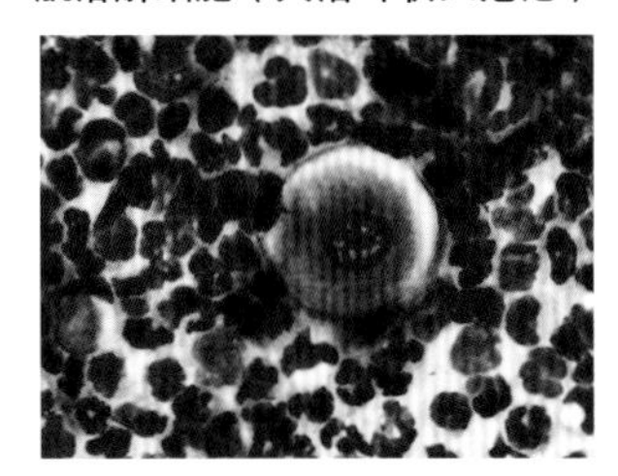

通过细胞学诊断主要评价细菌和真菌的增殖、炎性细胞和肿瘤细胞的浸润、角化细胞的变化（肌溶解细胞）等。根据所要采集的皮疹和部位不同，可采用直接涂片、棉签、透明胶带，穿刺针等。对于渗出液和脂性成分较多的病变部位可直接用载玻片涂片。对于脓疱或水疱等的内容物，最好选择被皮痂覆盖着的部位，采集皮痂下的病检样品。对于用载玻片难以直接压涂的部位（外耳道或皱褶部位等），使用镊子采样。对于干燥的病变部位则用棉签，结节和肿瘤性病变则用穿刺针抽取。所采集的样本经染色后，在显微镜下进行观察。

细菌培养鉴定 – 药敏试验

组织样本切块

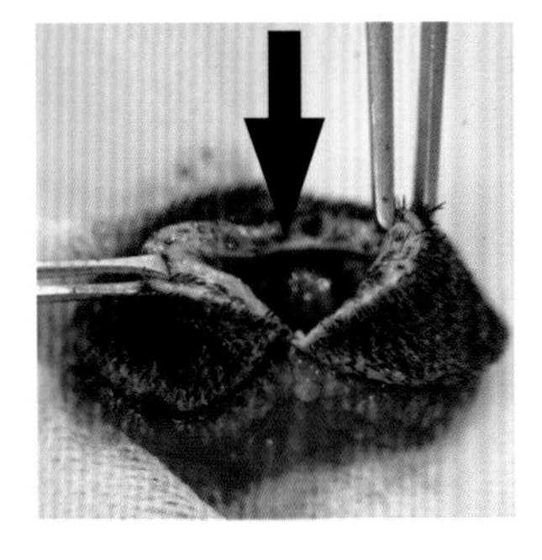

灭菌棉签

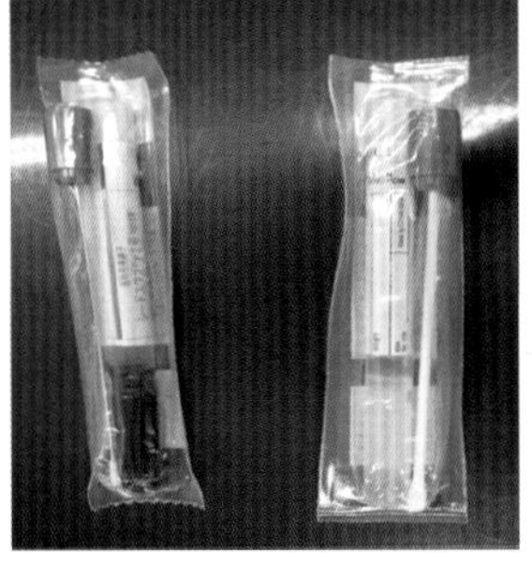

细菌培养鉴定，药敏试验是在如下情况下进行的。①已验证皮肤感染细菌，在用抗菌素进行治疗之前。② 为化脓性病变但使用抗菌素进行治疗后无效。③ 怀疑为结节或肿瘤、溃疡等的深在性细菌感染的情况。在采集病料样本时，可观察到脓疱或水疱。对于鳞屑或皮痂性的病变，应预先仔细将其去除，然后采集其深部的病变组织。对于结节肿瘤病变，最好用穿刺针抽取样本，或者在进行皮肤活组织检查时，用甲醛进行固定。

不管怎样，药敏试验结果是体外试验结果，因此，可能存在与药物的临床效果相违的情况。

病例 76 猫，雄性，肉枕的肿胀，溃疡

症 状

收养的杂种猫，雄性，体重 3.5kg。由于左右前肢的肉枕肿胀来就诊。

两前肢的掌枕呈青紫色，其部分区域表面有鳞屑，触诊见柔软的肿胀，右侧掌枕中有被直径约 5mm 的痂皮覆盖着的溃疡，而左侧掌枕出现多个皱褶（图 76–1，图 76–2）。据主人讲，自从领养该猫以来，观察其前肢端，未见有跛行的表现。

问题

（a）应考虑何种临床诊断?

（b）为了确诊应进行何种检查?

（c）如果不采取治疗措施，最有可能的预后如何?

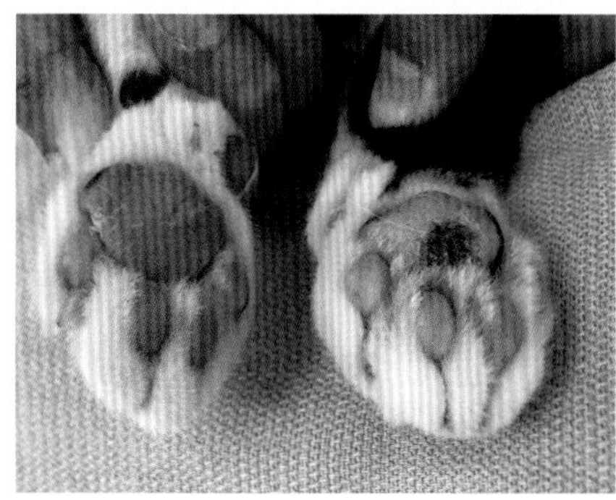

图 76–1

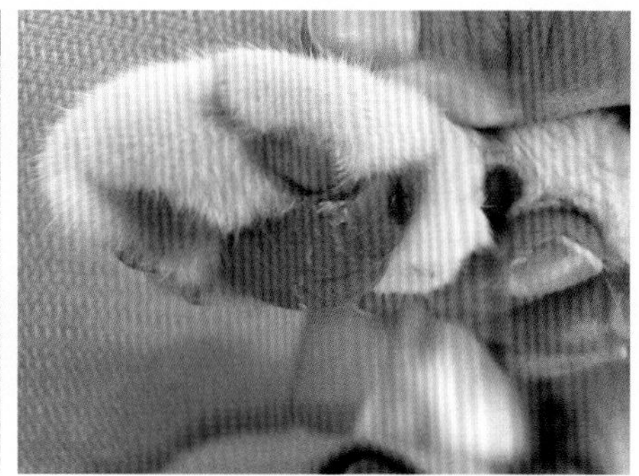

图 76–2

解答

（a）形质细胞性足皮炎。本病仅肉枕出现突出柔软的海绵状肿胀。尤其是多个肉枕发病时可怀疑为本病。作为鉴别的疾病有细菌性和真菌性肉芽肿、无菌性肉芽肿、嗜酸性肉芽肿、肿瘤等，不过由于这些病变通常发生在一肢端或肉枕，因此能够进行鉴别。

（b）通过穿刺进行细胞学检查、细菌培养和病理组织学检查。可根据病史和一般检查、细胞学检查中以形质细胞为主等特征进行初步诊断。为了确诊，在进行细菌培养的同时，从溃疡或没有发生继发感染的肉枕至其边缘，打孔取样进行生物学检查的，具有充分深度的呈楔状或 6mm 病理组织后，进行病理组织学检查。当进行血清蛋白电泳时，可观察到典型的多染型球蛋白。

（c）一般情况下，如果没有发生溃疡或继发感染，则不出现症状，其病变可自然消失。其治疗可根据具体情况而定。

●要点

- 形质细胞性皮炎是猫中偶见的限于肉枕的皮肤病，确切的病因尚不清楚，不过可能与免疫介导性或过敏性的原因有关。
- 有时一肢的多个肉枕中发生柔软的肿胀，可见角化亢进或鳞屑。患病的肉枕容易发生溃疡而出血。有的病例发生继发感染，其局部淋巴结发生肿胀和出现疼痛而呈现跛行。
- 有时并发形质细胞性口炎、肾小球肾炎、肾淀粉样病变等。
- 需要治疗时，开始给予高剂量的肾上腺皮质激素，当出现效果时逐渐减量。

●医嘱

- 由于形质细胞性皮炎为非传染性疾病，因此，不必担心感染同居的动物和人。
- 尚未见到有关本病与品种、年龄和性别相关的报道。
- 通常，猫呈现无症候性，只要没有并发症则预后良好。

病例 77 幼龄犬，雌性，肢端肿瘤

症 状

诺福克犬，7 月龄，雌性，4kg。2 周前发现左前肢出现肿瘤，且逐渐变大而来医院就诊（图 77-1）。没有发现痒和疼痛症状，摩擦后易发生出血。

在左前肢端部背侧，发现直径 1.0cm、坚实且界限清晰和脱毛结节。

对结节进行细胞学检查结果，见图 77-2。

问题

（a）是良性还是恶性肿瘤?

（b）哪个部位好发此病变?

（c）可选择何种治疗方法?

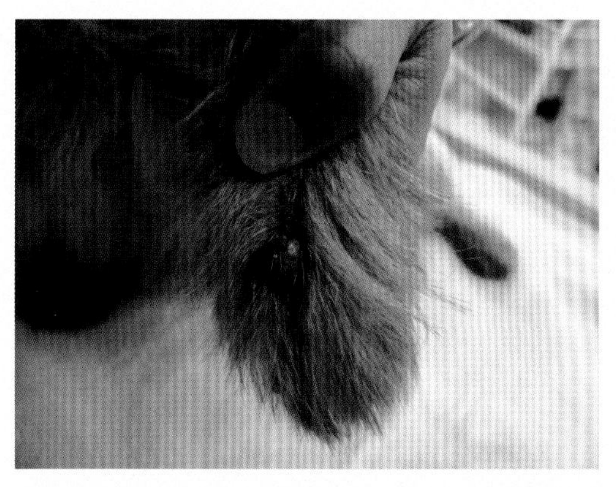

图 77-1

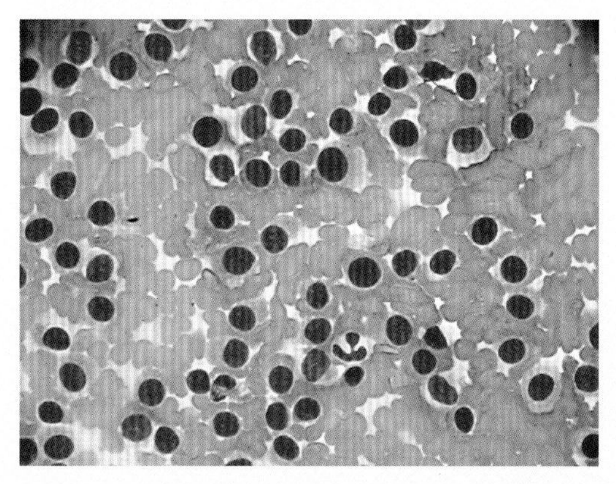

图 77-2

解答

（a）在细胞学检查中，观察到含有中等程度淡青色微细颗粒的细胞质和具有带状染色质的圆形或四季豆型的大型细胞核的圆形细胞。根据年龄、发病部位和临床症状及细胞学检查结果，皮肤组织细胞瘤的可能性极高。皮肤组织细胞瘤是源于表皮郎格罕氏细胞的单核细胞性良性肿瘤。

（b）除四肢以外，常发生于头部、耳廓和颈部。不过，其他部位也可发生。

（c）由于多数病例在 3 个月内病变自然消失，因此，仅仅注意观察即可。但当病变不能自然消失时，应采取外科切除或冷冻疗法进行治疗。

●要点

- 皮肤组织细胞瘤主要发生于 4 岁以下的幼犬，属于良性肿瘤。
- 其最大特征是有的病例其病变会自然消失。

●医嘱

- 应说明，本病常发生于幼犬，病变快速变大，但多数会自然消失，发生转移的可能性极低，因此，注意观察其变化也是一种选项。

病例 78　犬，绝育雄性，爪变形，疼痛，肿胀，流脓

症　状

小型腊肠犬，9 岁零 8 个月，绝育雄性。1 个月之前发现足趾肿胀，用 0.1% 洗必泰进行了消毒，不过之后发现爪变形、足趾肿胀、疼痛和爪根部流出脓样物，为此来医院就诊（图 78–1，图 78–2，图 78–3）。此外，本病例由于患甲状腺机能低下症而正在投予左旋甲状腺激素。

问题

（a）造成爪损伤的主要原因？

（b）实施何种诊断？

（c）如何治疗？

图 78–1

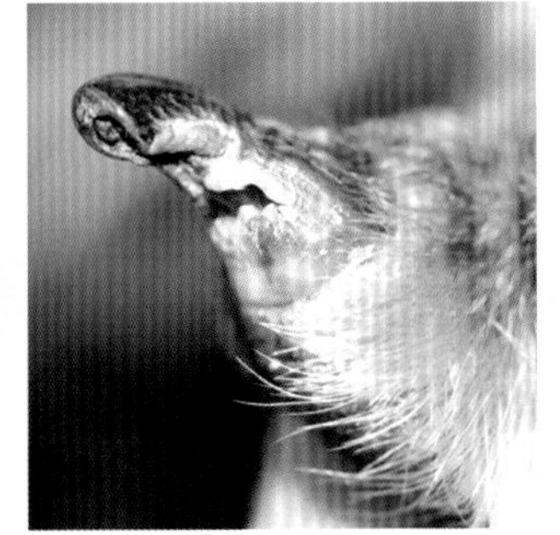

图 78–2

图 78–3

解答

（a）应考虑外伤、细菌感染、皮肤真菌、肿瘤、自身免疫性疾病、深部真菌感染、重度全身性疾病、重度营养缺乏症、突发性等。

（b）通过对脓汁的细胞学检查、细菌和真菌培养检查，以评价感染症。此外，通过X线检查，确认是否发生骨髓炎。

（c）本病例没有查出真菌，通过细菌培养观察到绿脓杆菌、大肠杆菌和金黄色葡萄球菌，经药敏试验后用适当的抗生素进行治疗，但症状没有改善，为此，在全身麻醉下,对患病的爪和末趾骨一同截除。病理组织学诊断为深部皮肤炎，表明可能与某种感染或外伤导致的爪床炎有关。本病例即使使用抗生素也不见好的情况下，通过截除末趾骨将爪一并切除。

●要点

- 对于细菌性爪感染症，只要1~3个趾头患病，则怀疑其由外伤引起。当多数的爪出现病理变化时，应考虑甲状腺机能低下症、肾上腺皮质机能亢进、自身免疫性疾病、对称性狼疮样爪营养失调症等。
- 对于抗生素，应依据细菌培养和敏感性试验结果进行选择。当病情较重或难以治疗时，需要对患病爪进行切除。

●医嘱

- 怀疑为细菌性爪感染症。通过给予抗生素或者用含抗生素的浴液清洗或消毒等进行治疗。如果不见效，则将患病的爪在全身麻醉下实施截除手术。
- 通过截除手术其预后良好。不过存在甲状腺机能低下症等基础性疾病的情况下，复发的可能性很高。

病例 79 猫，雄性，肉枕肿胀

症 状

杂种猫，6 岁，雄性，体重 3.6kg。室内饲养。两前肢肉枕变得柔软而失去弹性（图 79–1）。没有发现跛行和疼痛症状。用指按压时，柔软而出现压痕，由于弹性下降而难以恢复原状（图 79–2）。部分表面出现线条。后肢未见异常。

问题

（a）怀疑为什么病？

（b）如何治疗？

图 79–1

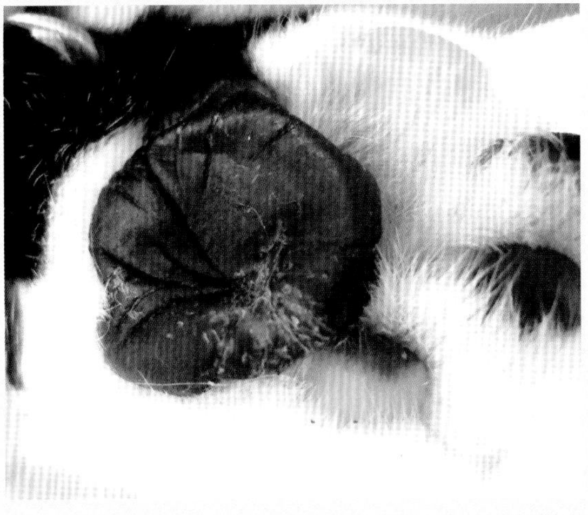

图 79–2

解答

（a）形质细胞性足皮炎。常见的变化为肉枕出现柔软的肿胀，表面伴有线条，而不表现瘙痒和疼痛等为其重要的特征。由于本病例肉枕的色调原本就为黑色，因此，很难判定色调的变化，不过有的发生紫色变化。当肉枕发生溃疡时会伴有出血或跛行。如果出现慢性经过时，发生犹似枯萎的气球变化。经 FNA 可观察到形质细胞。此外，通过血清免疫电泳，可观察到高 γ 球蛋白血症。为了确诊，有必要进行病理组织学检查。

（b）通常呈现无症候性，由于经过长时间后有的可自然痊愈，因此，有些时候不需要进行治疗。据报道，可用波尼松（每隔 24h，4mg/kg）、环孢霉素（每隔 24h，5~10mg/kg）、多西环素（每隔 12h，5~10mg/kg）等作为内科学治疗很有效。当发生继发感染时，应投予适当的抗生素，而发生严重溃疡或出血时，应考虑实施外科处置。

●要点

- 通常不表现疼痛等症状。
- 有时会有溃疡和肉芽肿。

●医嘱

- 预后良好。

病例 80 犬，绝育雌性，轻度脱毛，草鞋状结构物

症 状

中型杂种犬，3 岁，绝育雌性。肢端背面脱毛而来医院就诊。脱毛极其轻微，除此之外没有皮疹（图 80–1，箭头）。据主人说没有发现瘙痒或舔咬表现。在室内饲养，主人不在时，担心破坏家具，因此，在较小的屋里待了较长时间。没有发现外寄生虫和外伤，进行了被毛检查（图 80–2 和通过患部的压挤涂片的细胞学检查（图 80–3）。在皮肤的搔挠检查中没有发现异常。

问题

（a）描述图 80–2 所见的特别变化。

（b）图 80–3 是压挤涂片检查中所观察到角化上皮的放大图。同时观察到球菌和短杆菌，其中，带有横纹的“草鞋”状或者“小碟”状的构造物（箭头）是什么?

（c）这些变化意味着什么?

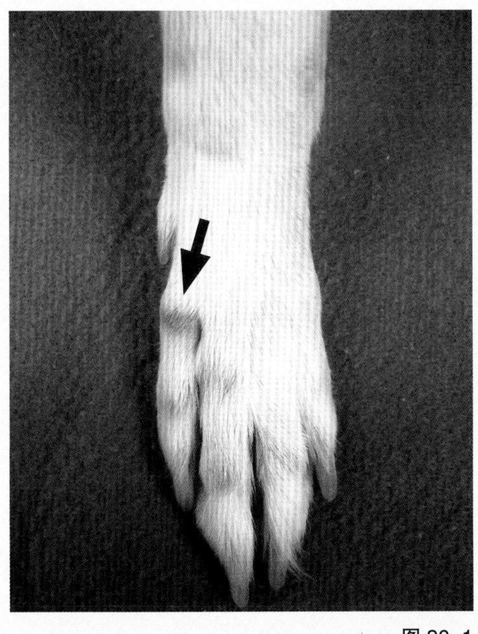

图 80–1

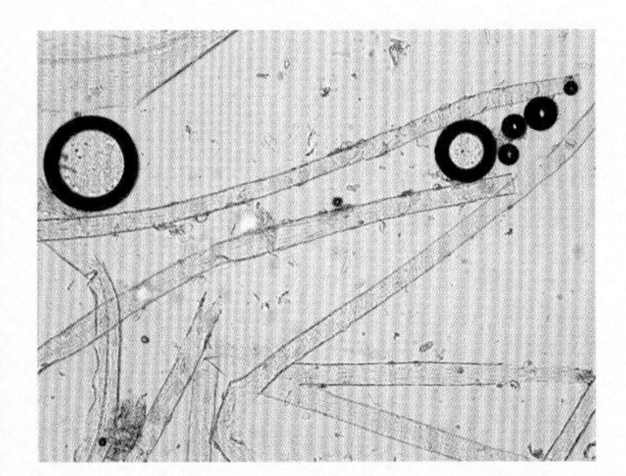

图 80–2

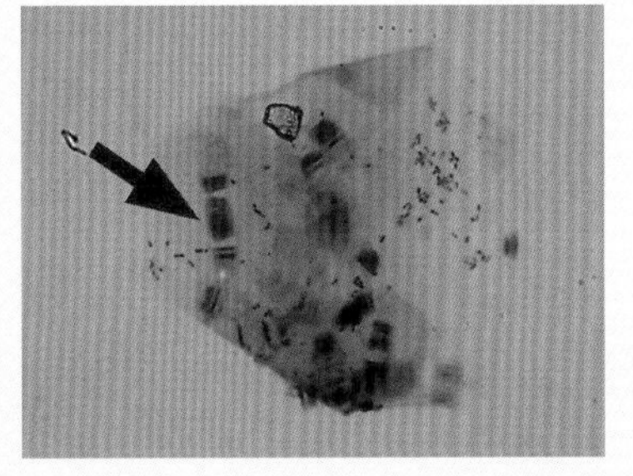

图 80–3

解答

（a）所采集的多数被毛失去尖端，呈现裂毛的变化。

（b）是西蒙斯属细菌的聚集块。许多细长的菌体横向排列，并被细胞外的纤维状物质所覆盖，形成一个凝聚块而呈现特征性构造。已知此细菌是口腔内的常在菌的一种。

（c）根据形成裂毛和存在西蒙斯属细菌，可以怀疑它是由于动物舔舐该部位所致。应注意，有些时候主人陈述的情况并不一定准确。本病例，通过缩短在比较狭窄空间待的时间等，经改善环境条件，在没有用药的情况下病情得到改善。认为它是由于环境刺激而引起的轻度舔性皮炎。

●要点

- 通过毛尖端部的显微镜观察，可判定脱毛的原因是由于舔舐或啃咬所致，还是外伤引起。
- 呈现特征性形态的属菌，是口腔内的一般性细菌，当在皮肤中检测到该细菌时，表明该部位被动物舔舐过。
- 舔性皮炎是由于习惯性，过度舔舐肢的特定部位而引起，多数情况下发生于四肢末端。
- 开始仅在比较小的范围内出现脱毛和皮炎，当进入慢性阶段后，皮肤出现增生性增厚，多数形成糜烂或溃疡。

●医嘱

- 即使没有直接观察到舔舐，可利用各种检查结果进行诊断。
- 考虑跳蚤寄生或蠕形螨症、外伤、关节炎等的身体性原因也很重要，不过由饲养环境引起的精神要素为其病因的情况也很常见。
- 应查找根本原因，只要不能有效去除原因，则改善皮肤病变很困难。

病例 81 家兔，绝育雄性，足底溃疡

症 状

主诉，6 岁绝育的雄性家兔，后肢活动异常而来医院就诊。室内不爱活动，而且，时常呈现左右后肢相互提。经观察足底发现，左右脱毛，且出现肿胀，在肿胀的中央区域凹陷并覆盖着痂皮。对其进行压迫也没有脓汁流出。

家兔的全身状态还可以，不过从尾至腹下部和股内侧至足底见有尿液引起的变色和湿润（图 81–1）。家兔在笼中饲养，每天保证其在笼外运动一段时间。兔笼的底部为金属网，其中放置有塑料制苇席。

问题

（a）是什么疾病?

（b）请推测一下被尿液污染的原因?

（c）列举本病的病因?

（d）如何治疗?

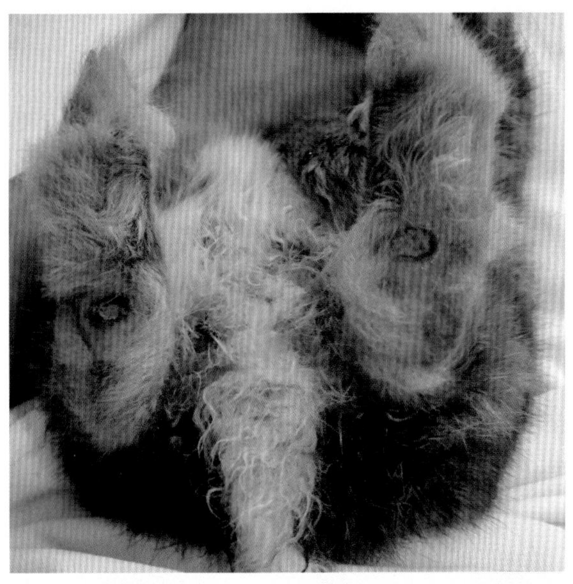

图 81–1

解答

（a）本病为足底溃疡。如果病情很轻而没有发生溃疡时称为足底皮炎（图 81-2）。

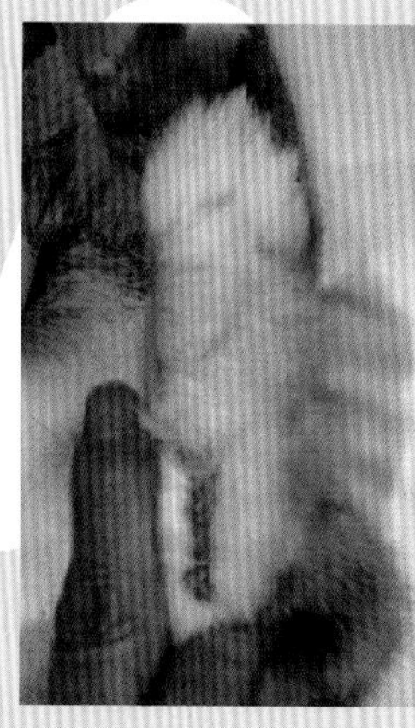

（b）由于足底疼痛，可能难以将尾提起做出正常排尿姿势，或者可能腰部出现状况，导致不能做出正常的排尿姿势，或者在其幼龄期开始就发生排尿异常。由于足底长期被尿液浸泡，最终导致足底发生溃疡。

图 81-2

（c）足底溃疡是由于对足底的过度压迫所致，其重要原因可列举①兔笼垫子的材料过硬。本病猫用的兔笼垫为金属网。可想到的其他原因为②由于家兔本身体质问题而致皮肤软弱。③踩到粪尿而足底被弄湿。④剧烈踩踏。⑤ 肥胖等。此外，由于骨折或脱臼、神经麻痹等情况，健康一侧承担体重，从而仅引起健康侧发生伤害。

（d）在治疗中，为了消除对足底的压迫，有必要更换笼垫。像本病家兔这样严重的病例，应给予抗生素和镇静剂等。激光等物理疗法也有效。如果给病家兔足底垫上具有缓冲性的垫子，然后在对其进行包扎则可加速康复。

●要点

- 本病例中没有观察到脓汁，不过有时在痂皮下有脓汁。在具有脓汁的情况下，可能已伴发骨膜炎、骨髓炎等，其预后不良。
- 有时出现不爱运动，或者由于足底疼痛而食欲降低等情况。因此，有必要认真了解食欲是否下降、体重是否减轻等。
- 对于本病预防很重要，在进行健康检查或诊治其他疾病时应检查足底，如果出现与年龄不相符的足底损伤（图 81-2），则应注意更换兔笼垫。

●医嘱

- 应说明，如果家兔的足底溃疡波及感染骨则其预后不良。当波及骨膜炎和骨髓炎时，由于剧烈疼痛或败血症而危及生命。由于病变呈两侧性发生，因此，一般情况下不易实施截肢术。
- 兔笼垫子的材质决定治疗效果。可使用如软木板、浴室蹭鞋垫等敷物、纸盒、厚厚的报纸等，不过由于这些东西常被家兔啃咬或吃掉，因此，根据不同个体选择笼垫。如果被尿液浸湿时，可注意使用褥子等。
- 应说明，大多数病例可存活较长时间，需要进行长期治疗。

病例 82 犬，未绝育雌性，大腿部脱毛

症 状

玩具型贵妇犬，3 岁，未绝育雌性。由于脱毛而来医院就诊。从 2 年前开始大腿部外侧出现脱毛，虽然在医院对其进行了治疗，但未见好转。表现轻度的瘙痒（图 82–1，图 82–2）。

问题

（a）当发生这样的皮疹时，应怀疑什么疾病及如何问诊？

（b）应向主人说明什么？

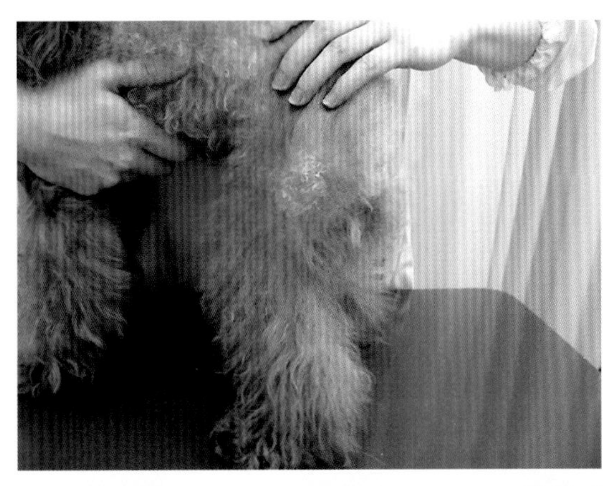

图 82–1

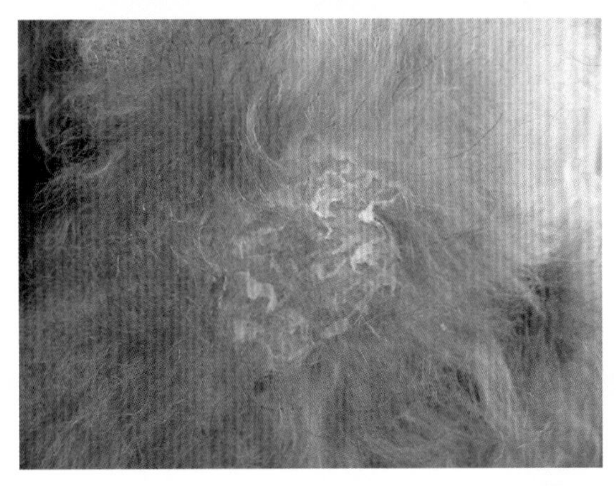

图 82–2

解答

（a）在脱毛部附着有薄层的鳞屑，是由肾上腺皮质激素外用药膏的副作用诱发的类固醇皮肤症。问主人是否用过外用药和所使用的药物种类及使用频度。最终在排除其他疾病的基础上对其进行诊断。

可列举鉴别疾病有内分泌性的脱毛症（肾上腺皮质激素亢进症、甲状腺低下症）或感染症（浅在性脓皮症、马拉色菌性皮肤炎）、外寄生虫症（蠕形螨症）等。

（b）解释使用肾上腺皮质激素外用药致发病时，应注意说话方式方法。应避免给主人留下原先医生开的药不当，或者主人的使用方法不当等印象。注意不要破坏与其他医生的关系或与主人的信赖关系，指导主人终止使用外用药。

●要点

- 类固醇皮肤症是由肾上腺皮质激素外用药引起的皮肤疾病。除脱毛和鳞屑之外，可见红斑和疱疹。在病理组织学检查中，可见表皮变得菲薄、毛囊附属器的萎缩（图 82-3）。有时皮肤生物学检查可做诊断的辅助检查。

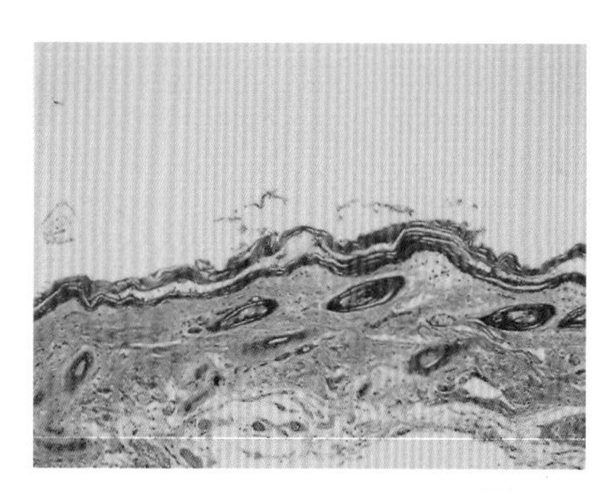

图 82-3

●医嘱

- 如果否定原来医院的治疗方法，则可能引起纠纷。因此，在进行适当治疗的同时，应与主人建立信赖关系，在说明脱毛原因时应慎重。

病例 83 猫，未绝育雌性，肉枕肿胀

症 状

杂种猫，3 岁，未绝育雌性，体重 3.2kg，室外饲养，未接种疫苗，没有做跳蚤预防。曾建议做去势手术，因此，在进行手术前的健康检查时，发现两前肢和左后肢的肉枕出现肿胀（图 83-1，图 83-2）。肉枕出现伴有角质增多和痂皮的呈圆形肿胀，质地柔软，呈微紫至黑色。一肢形成溃疡而出现疼痛。血液检查中，CBC 和血液生物化学未见异常。

问题

（a）应与何种疾病进行鉴别？
（b）病因是什么？
（c）如何诊断？
（d）如何治疗？预后如何？

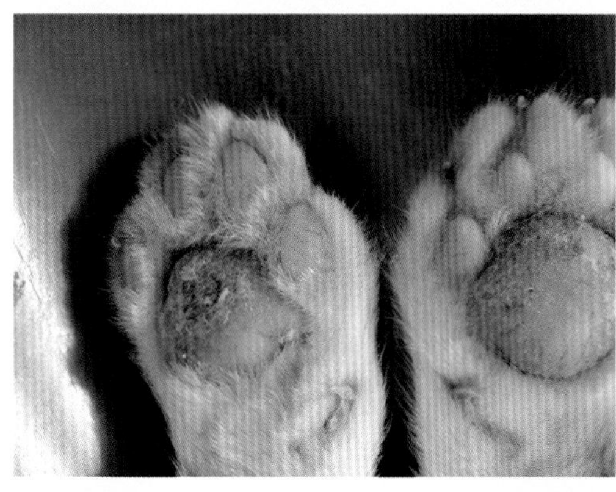

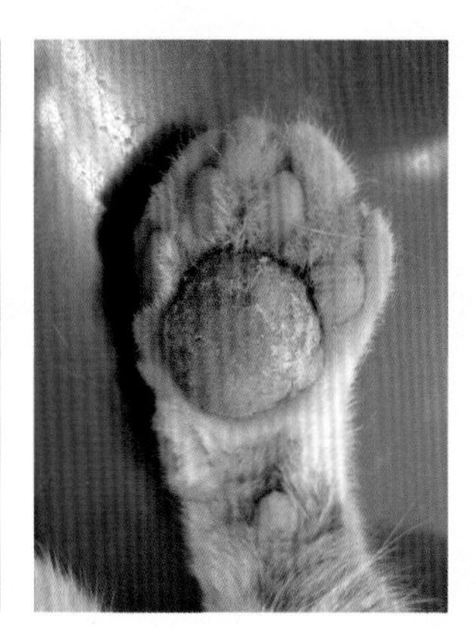

图 83-1

图 83-2

解答

（a）可列举的鉴别疾病有形质细胞性足皮炎、过敏性皮炎（特应性皮炎、跳蚤过敏性皮炎、食物过敏、昆虫性过敏等）、细菌感染、真菌感染、肿瘤、自身免疫性疾病、蚊虫叮咬性过敏，扁平上皮癌等。

（b）确切的病因尚不清楚，不过根据大多数病例的高 γ 球蛋白血症、组织中的形质细胞显著浸润和对肾上腺皮质激素治疗法的高反应性，考虑其为免疫介导性疾病。

（c）患部的细胞学检查结果,可见较多的形质细胞。在确诊时进行病理组织学检查。可观察到以形质细胞为主的嗜中性白细胞、淋巴细胞、巨噬细胞、浆细胞等炎性细胞浸润。

（d）没有出现症状时，多为自然治愈。当伴有疼痛和溃疡时，全身给予肾上腺皮质激素制剂（4mg/kg）可见效。当发生严重出血，有时需要外科切除肉枕及其周围的组织。据报道，多西环素（每隔 12h，5~10mg/kg）、环孢霉素（每隔 24h，5~10mg/kg）有效。大部分病例预后良好。

●要点

- 猫的形质细胞性足皮炎以多肢的肉枕肿胀为其特征，不过，也有单肢发病的病例。肉枕变软，呈海绵状。
- 掌骨和跖骨部位的肉枕最常发病，不过有时趾部肉枕也发生病变。当肿胀的肉枕出现溃疡而出血时，出现疼痛而跛行。

●医嘱

- 预后良好，不过不易治疗时，建议实施对原发疾病或过敏源、疱疹病毒或杯状病毒、FIV 等相关的检查和治疗（对于不能完全治愈的疾病应对症治疗）。为了保护肉枕，建议在室内饲养。

病例 84　犬，绝育雌性，右后肢端肿胀

症　状

西高地白㹴，14 岁，绝育雌性。数周前发现右后肢端外侧出现肿胀，之后肿胀逐渐变大而来医院就诊（图 84–1）。没有自觉症状。除患部以外无皮肤症状，精神和食欲正常。口服一周蒽诺沙星（每隔 24h，7mg/kg），没有看到效果，其肿胀变得更大。经皮肤搔挠和被毛检查，发现真菌的孢子（分节分生孢子）所感染。

问题

（a）病名是什么?

（b）鉴别诊断有哪些疾病?

（c）需要进行哪些检查和调查?

（d）如何管理和治疗?

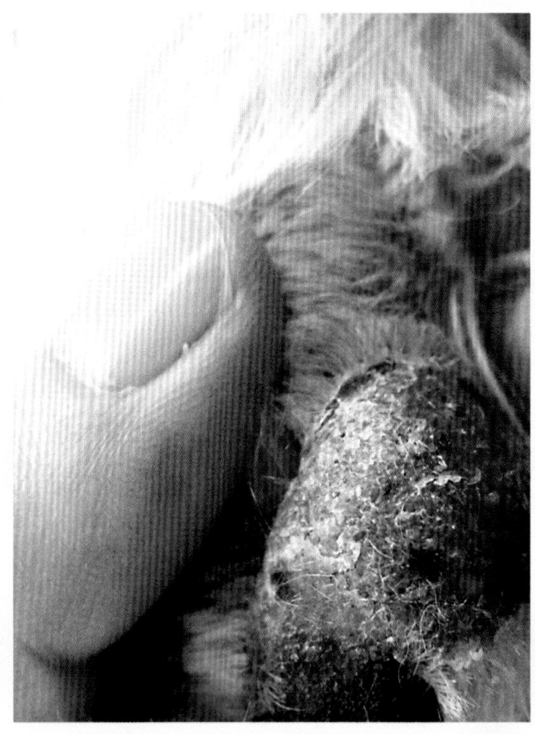

图 84–1

解答

（a）秃疮（皮肤真菌症的一种临床型）。

（b）深在性脓皮症、奴卡氏菌病、蠕形螨症、肿瘤、异物性肉芽肿、昆虫叮咬反应等。

（c）皮肤搔挠检查、被毛检查、压挤涂片检查、真菌培养和细胞学检查，根据需要还要进行皮肤生物学检查等。秃疮是皮肤真菌病的一个临床型，通常认为其感染自被污染的环境或其他动物，因此，需要了解被这种感染源感染的可能性。此外，当病例为高龄动物时，需要通过一般血液检查等确定是否与原发疾病有关。

（d）由于受被污染的环境和身边其他动物感染的可能性极高，应了解与其同居的动物或者与其可能接触的动物是否出现相同症状，对于患病犬应隔离。皮肤丝状菌症的治疗，可口服抗真菌药，例如，依曲康唑（每隔 24h，每次 5mg/kg）和酮康唑（每隔 12h，10mg/kg）。治疗过程中，当经皮肤搔挠检查后无丝状菌时，还要持续用药 1 个月。不过，有的秃疮可自然消退。

●要点

- 秃疮是皮肤真菌病的一个临床型，局部的严重炎症性病变是其特征。
- 有关形成秃疮的原因尚不清楚，不过暗示其与宿主的过度免疫反应相关，多数病例呈现单发性，有的病例突然间自然缓解。
- 秃疮在真菌培养检查中往往呈现阴性，因此，有时需要通过皮肤搔挠检查、被毛检查和皮肤生物学检查等进行确诊。

●医嘱

- 应告知主人，秃疮的诊断比较困难，为了排除其他疾病，根据需要还要做皮肤生物学检查。
- 告知主人，秃疮是真菌感染症，可能与患病犬的过度免疫反应相关。
- 应向主人说明，通常秃疮的传染性比一般的皮肤真菌要低，不过从其能传染人和猫等动物的人畜共患传染病情况看，特别是免疫机能低下的动物和人应避免与患病犬接触。

病例 85　犬，未绝育雄性，瘙痒，脂漏，球菌

症　状

美卡犬，4 岁，未绝育雄性。约 2 岁时出现瘙痒，在就近的医院用抗生素，肾上腺皮质激素、抗组织胺制剂及环孢霉素等进行了治疗，最近无法控制瘙痒而来医院就诊。剃毛后发现，病变向四肢端、腋窝、腹部、腹股沟管部发展（图 85–1，图 85–2），出现发红、鳞屑及脂漏等症状。从痂皮中观察到大量的球菌（图 85–3），在细菌培养鉴定试验中，鉴定出伪中间型葡萄球菌。CBC 呈现白细胞升高。

问题

（a）考虑为何种疾病?

（b）为了消除瘙痒应采取何种措施?

图 85–1

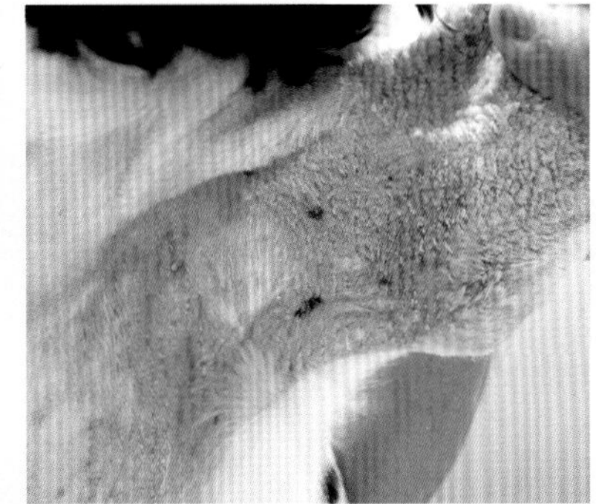

图 85–2

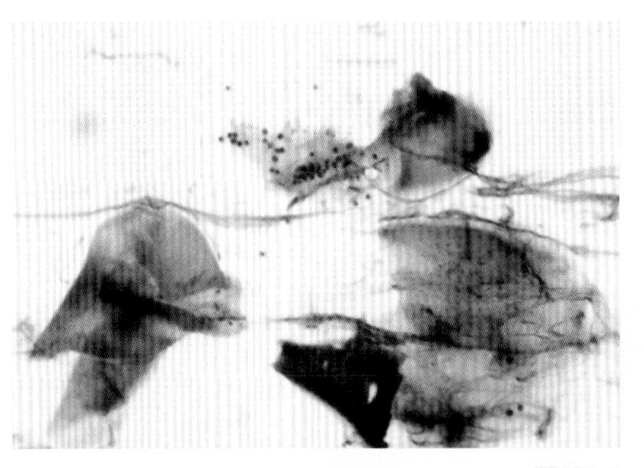

图 85–3

解答

（a）可考虑特发性皮炎、脓皮症、蠕形螨、疥螨、马拉色菌性皮炎和继发脂漏等。以瘙痒为主时，必须了解最初出现瘙痒的年龄和程度。大多数特发性皮炎是在生后 6 个月至 3 岁发病。

（b）控制由球菌引发的继发感染。当已控制瘙痒的特发性皮炎的病犬来医院时，与加大肾上腺皮质激素量相比，通过细胞学方法检查是否发生继发感染更为重要。当观察到球菌和马拉色菌增殖时，根据药敏试验，给予抗生素和抗真菌制剂。此外，定期的药浴也很有效。

●要点

- 患有特发性皮炎后，在初诊时或治疗过程中，有不少病例发生继发感染。开始治疗特发性皮炎时，应在给予肾上腺皮质激素或环孢霉素之前，应确认是否继发感染伪中间型葡萄球菌和马拉色菌等。
- 在治疗像本病例的严重脂漏症而采用浴疗时，应选择角质或者脂质溶解浴液，至少争取每周进行 2 次的同时确保保湿。

●医嘱

- 由于犬的特发性皮炎不能完全治愈，因此，需要终生对其进行管理。
- 对于患有特发性皮炎的犬管理，不仅需要药物疗法，而且还要定期进行驱蚤或药浴也很重要。此外，多食含脂肪酸丰富的食物，并尽力清扫室内灰尘和花粉等以保持环境的清洁等，建议实施上述的综合管理。
- 应向主人解释，通过日常的关爱或给药，以长期控制瘙痒非常重要。

病例 86 犬，绝育雌性，肉枕疼痛，骨样肿胀

症 状

西施犬，4 岁零 8 个月，绝育雌性，体重 6.4kg。左后肢肉枕出现疼痛而来医院就诊。初诊时，左后肢的足底肉枕的部分区域多发伴有色素脱失的肿胀。肿瘤的大小为 2~3mm，呈圆形或椭圆形，一部分呈现圆顶状，表面有的平滑而有的粗糙，触摸时感觉像骨样的坚硬（图 86–1）。病犬的一般状态良好，也有食欲。图 86–2 为约 4 个月后的患病部位。

问题

（a）需要进行何种检查?

（b）应和何种疾病进行鉴别?

图 86–1

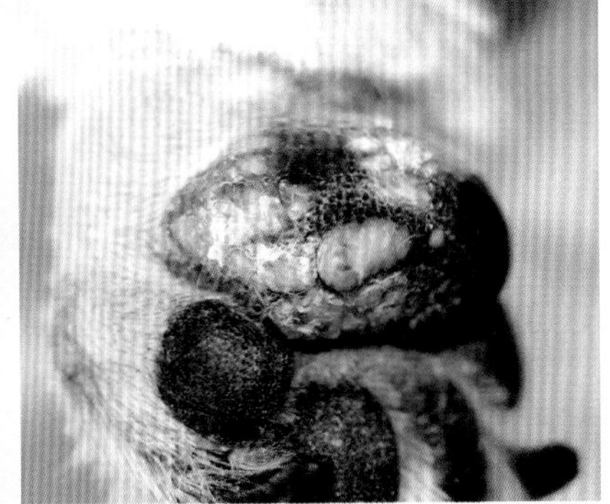

图 86–2

解答

（a）除感染症之外，需要进行血液检查和血液生物化学筛查及全身详细检查。此外，有必要进行患部的病理组织学检查。

（b）皮肤钙沉积症、肉芽肿、肿瘤、感染症等。

本病例为由于神经机能不全而引起的皮肤钙沉积症（转移性皮肤钙沉积症）（图 86–3）。

（参考血液检查结果：BUN 93.6mg/dL，Cre 5.9mg/dL，Cal 1.0mg/dL，IP 8.4mg/dL）。

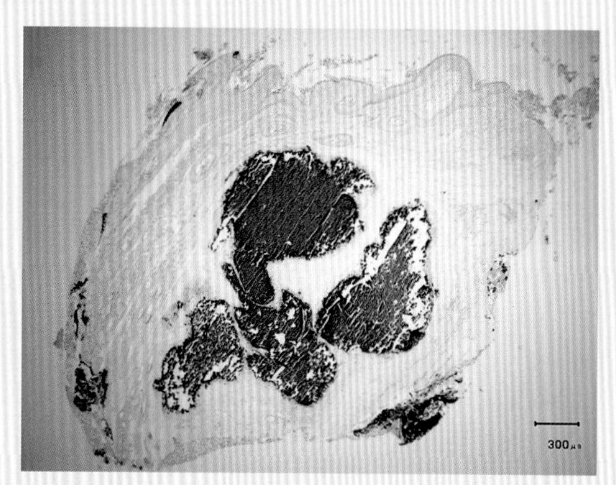

图 86–3

●要点

- 根据病因，可将皮肤钙沉积症划分为与钙磷代谢无关的伴发于糖尿病等的退行性钙沉积症、原因不明的本病理状态、医原性及像本病例这样的与钙代谢关联的转移性皮肤钙沉积症等。
- 皮肤钙沉积症是以表皮、真皮及皮下组织中沉积异常的无机质为特征，是偶尔可见代谢异常。其病因可考虑营养异常性、转移性、医原性、自身状态性等。
- 本病例可以认为是由于慢性肾功能不全而引起的，与钙磷代谢异常相关的转移性皮肤沉积症。
- 据报道，当血液中的钙磷的量达到 70 以上时，钙离子就会解析出来，就会高概率地在软组织中发生沉积而钙化。本病例中，在图 86–2 的时间节点上达 92.4。

●医嘱

- 本病例是由于慢性肾功能不全而在肉枕中钙沉积，引起疼痛和肿胀。对于慢性肾功能不全，如果考虑为 5 岁年龄，则认为可能为泌尿系统的先天性异常。
- 应向主人解释，该病源于慢性肾功能不全，预后不良。

病例 87 犬，未绝育雌性，爪过长，肿瘤

症 状

巧克力色拉布拉多犬，10 岁，未绝育雌性。因后肢爪异常而来医院就诊。与其他肢相比，左后肢的爪异常过长，特别是第 5 趾爪发生明显变质。在第 5 趾端的爪周围，呈现黑色无毛的肿瘤状（图 87–1）。

在全身检查中，触摸左膝窝淋巴结感知肿胀。没有发现明显的跛行，且全身状态无异常。对趾端肿瘤进行 FNA 时，检查到异常细胞（图 87–2）。

问题

（a）举两个具有代表性的易在犬爪床上发生的肿瘤。

（b）请描述在图 87–2 中观察到的细胞学诊断变化特征。

（c）可能的诊断病名?

（d）在爪床上特异发生时，如何预测这种肿瘤的预后?

（e）应进行何种检查?

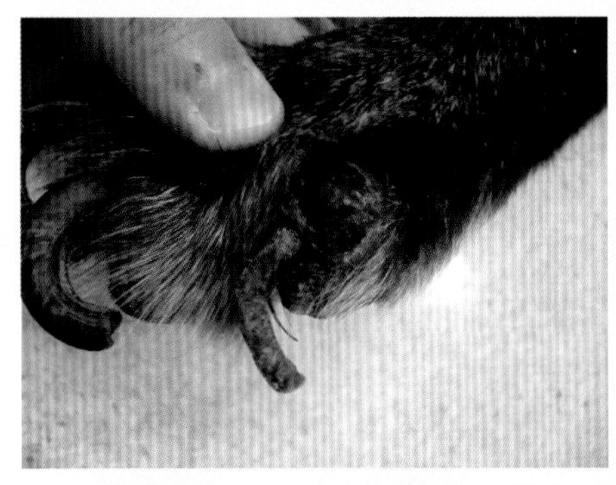

图 87–1

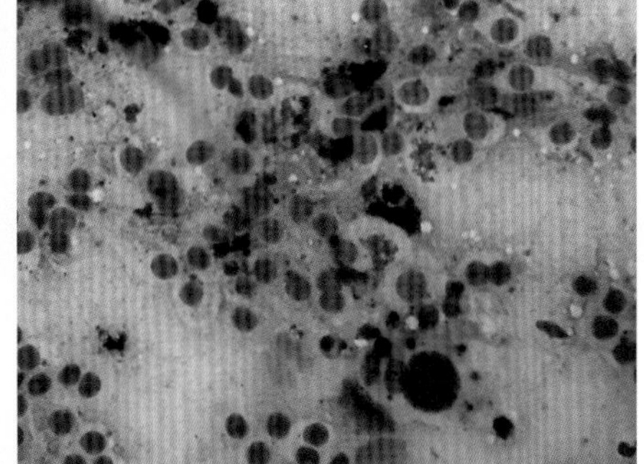

图 87–2

解答

（a）扁平上皮癌。黑色素瘤。

（b）采集获得具有类圆形核的单一大型细胞。这些细胞难以区分上皮性还是非上皮性。细胞质内时常可看到由黑色素凝聚的暗绿色颗粒。细胞核呈大小不一，有的具有清晰且多个核小体，或者具有散在的核分裂像。

（c）最可能是恶性黑色素瘤。在细胞学诊断中检查出大量具有黑色素的细胞时，其为恶性黑色素瘤的可能性最大。应注意，在分化程度较低而恶性程度高的肿瘤细胞中，含极少的黑色素颗粒，或者完全观察不到没有黑色素颗粒。黑色素细胞来源于神经嵴细胞，其形态呈多形性为其特征，即可呈现上皮样细胞，也可呈现非上皮样，有时呈现单独的圆形。黑色素瘤可分为恶性和非恶性情况，不过，本病例中，核的异型性较清楚，从细胞学上怀疑为恶性黑色素瘤。

（d）犬的黑色素瘤的表现和预后，与其发生部位存在很大差异。皮肤中发生的大部分黑色素瘤呈现阳性，一般情况下，经大范围的外科手术切除后预后良好。不过爪床的黑色素瘤大部分为恶性，由于具有较高的浸润性和转移性而预后不良。

（e）黑色素瘤是通过细胞学检查可以大致诊断的肿瘤。不过，为了更加准确确诊和需要获得有关肿瘤的恶性度和浸润度的信息，建议实施肿瘤组织生物学检查。

在一般检查中，经触诊可确认膝腘淋巴结重大，因此，必须进行淋巴结FNA。为了确认癌细胞是否转移至淋巴结，根据需要，也可考虑实施淋巴结切除生物学检查。在本病例的FNA中，可观察到被认为是肿瘤细胞的具有颗粒的细胞（图87-3）。

此外，为了确定转移范围，进行全身脏器的详细检查，特别希望实施影像诊断。

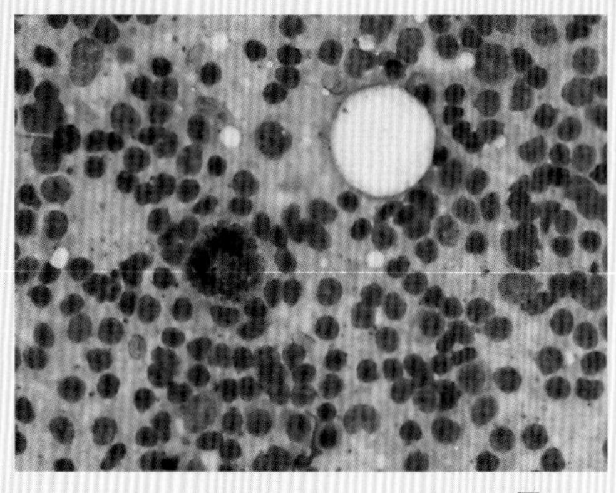

图 87-3

●要点

- 黑色素瘤是发生于犬的爪床的肿瘤，就扁平上皮癌而言发生率为第 2 位的高发肿瘤。
- 犬皮肤黑色素瘤的大部分为良性，不过，发生在爪床上黑色素瘤几乎都是恶性，其恶性度非常高，由于切除后可高概率再发和可转移至其他组织器官，因此，预后不良。
- 治疗可实施包括截趾术在内的，大范围外科切除术。也可采取辅助性实施放射疗法或化学疗法，不过其有效性尚不清楚。

●医嘱

- 它是预后严重不良的肿瘤，很难根治。
- 据报道，爪床黑色素瘤病例的 1 年生存率为 43%。另据报道，发生在趾部黑色素瘤病犬中，58% 病例的癌细胞转移至肺部，中间生存期间为 12 个月，2 年生存率不超过 13%。

拔毛检查

皮肤真菌	生长期毛根	休止期毛	黑色素块	断裂毛

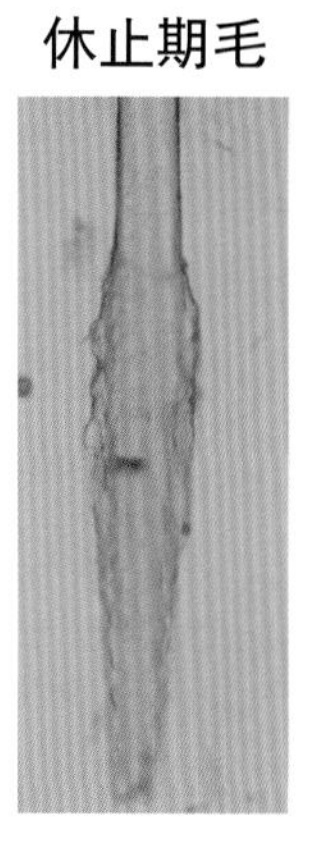
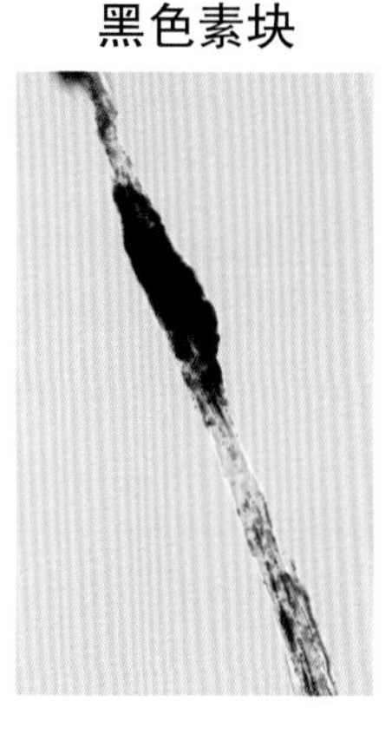
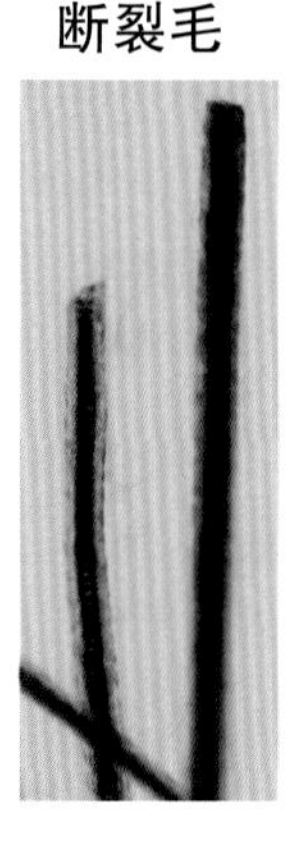

拔毛了可以检出蠕形螨，皮肤真菌等侵袭毛囊的病原之外，对毛根及毛干的形态变化等也可以做出评价。对脱毛部位毛的检查，主要看生长期与休止期毛的比例，色素块异常的有无，断裂毛的有无等。正常情况下，生长期和休止期的毛混在一起，其比例因犬种、季节、年龄、部位，生殖周期等不同而有差别。生长期的毛可见球状的毛囊，而休止期的毛根很细，周边附着有角化物质，呈有蒂状。被毛呈淡颜色（灰色，深灰色等）时，毛皮质上偶有黑色素块。这样的色素块蓄积多量时毛变脆弱，可能是淡色被毛脱落或是被毛形成异常。发生抓挠或有瘙痒的部位，摩擦发生的部位等物理性刺激可导致毛尖钝圆。因此，在拔毛检查时被毛尖端要与断裂毛区别。

皮肤活组织检查

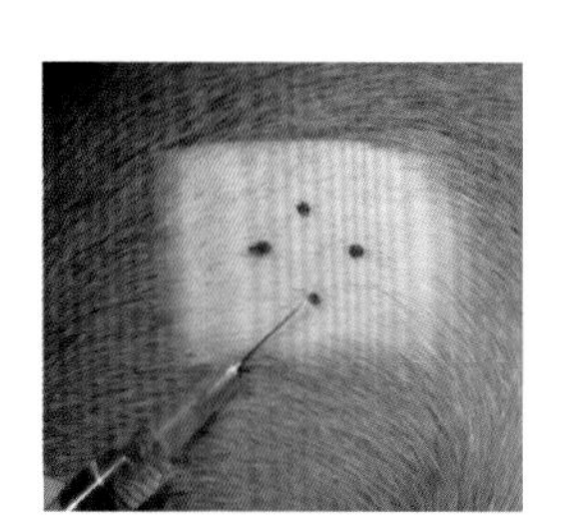
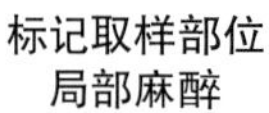

标记取样部位
局部麻醉

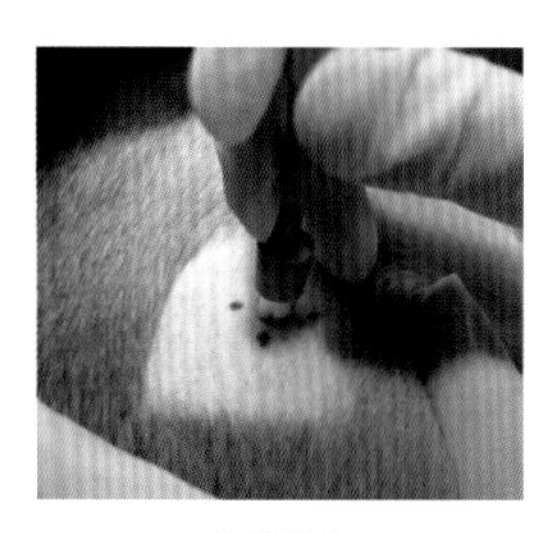

取组织

在滤纸上放置
记录被毛走向

皮肤活组织检查适用于皮肤基本检查难以确诊的病例，及某些病变部位需要外科切除进行治疗的病例。皮肤活组织检查法有图片取样法，楔形取样法，皮肤全层取样法等。与单一皮肤活组织检查相比，各种发病部位的材料等综合检查更好。例如，脱毛病变活组织检查时，脱毛部位，脱毛与正常部位交界处，正常部位，毛色异常部位等取样会更好。活组织检查时，需要慎重选择取样部位，取样时间（特别是正在用药治疗的病例）。皮肤活组织检查材料并非只是做病理组织学检查，其他如特殊染色检查，免疫组化，遗传基因检测，微生物学检查等也都是可能做的选项。在活组织检查前，必须对鉴别诊断反复推敲，必要的材料处理方法等预先确认。

病例 88　犬，绝育雌性，全身脱毛，脱屑

症　状

杂种犬，10 岁，已绝育，体重 16kg。浅在性脓皮症，用药敏试验阳性的抗菌素进行了治疗，但无效。在呈现浅在性脓皮症的皮疹以外的区域，也出现脱屑、被毛失去光泽甚至出现脱毛（图 88–1，图 88–2）。此外，在近一年间，出现活动性低下和体重增加。经身体检测，发现轻度的脉缓。经血液检测，呈现轻度非再生性贫血和高胆固醇血症。

问题

（a）考虑为何种疾病?

（b）需要何种检查?

（c）如何治疗?

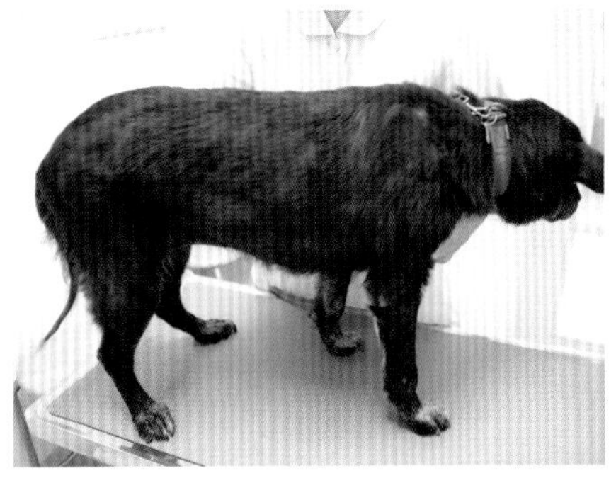

图 88–1

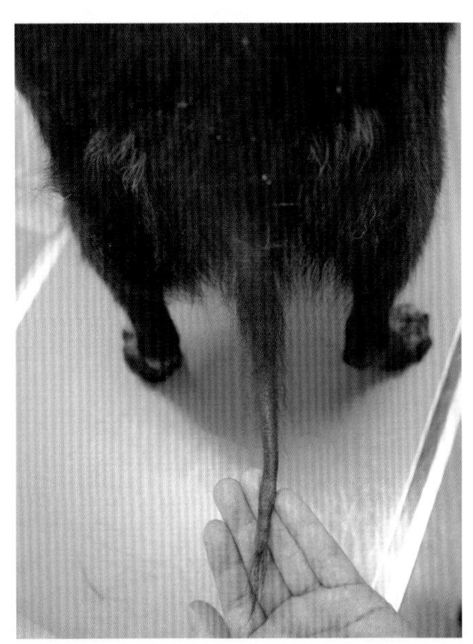

图 88–2

解答

（a）用抗菌剂治疗浅在性脓皮症无效时，应考虑①抗菌素不适合。②存在其他的原发疾病而导致免疫低下等诱发恶化要因。③患有与浅在性脓皮症的皮疹类似的其他皮肤疾病。对于本病例，根据使用与药敏试验呈阳性相关的抗菌素，可以排除①种情况，此外，根据活动性低下和体重增加等症状，结合脉缓、轻度非再生性贫血和高胆固醇血症等症状，可能与甲状腺机能低下性脓皮症有关。在患有甲状腺机能低下症时，由于免疫机能低下，浅在性脓皮症作为基础疾病，可成为浅在性脓皮症难以治愈和复发等原因。

（b）甲状腺机能低下症。测定促甲状腺激素（c-TSH），以确定甲状腺激素下降和促甲状腺激素升高。

（c）每隔12h投予作为甲状腺激素的左旋甲状腺素钠（0.02mg/kg），此外，对于浅在性脓皮症应继续使用适当的抗菌素和外用药（使用含2%洗必泰－氯苯胍亭和过氧苯甲酰的香波清洗）。

●要点

- 难以治愈的感染性皮肤疾病，首先确认用抗菌素是否得当，如果病情仍没有改善，则应考虑原发疾病，例如，当甲状腺机能低下症、库欣氏症候群（肾上腺皮质激素过多状态）、肿瘤性疾病等而引起的免疫机能低下时，感染症状难以治愈。

●医嘱

- 由于甲状腺机能低下症是难以治愈的疾病，因此，需要终生使用甲状腺激素制剂；
- 如果坚持使用适当的药物，预后良好。

病例 89 犬、未绝育雄性、躯干和大腿后侧脱毛

症 状

蝴蝶犬，8 岁，未绝育雄性，体重 2kg，室内饲养。一年前开始，腹侧部和大腿后侧的被毛逐渐变稀，近期脱毛逐渐变重，来院就诊。犬的健康状态良好，对脱毛部位并没有异常反应。

可见左右呈对称性的腹侧部、颈部、大腿后侧和腹部、会阴部的脱毛，其他部位未见有脱毛，不过被毛失去光泽且干燥（图 89-1，图 89-2）。

问题

（a）如何鉴别诊断？

（b）为了查找病因，在皮肤生物检测前，应进行何种检查？

（c）在（b）检查无异常时，最可能的诊疗是什么？

（d）主人不希望治疗时，预后如何？

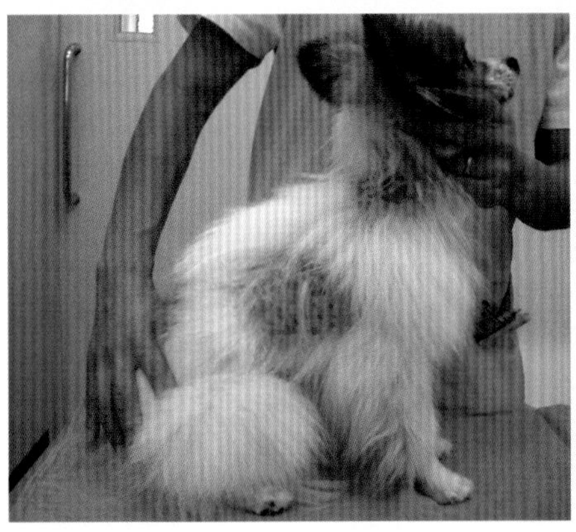

图 89-1

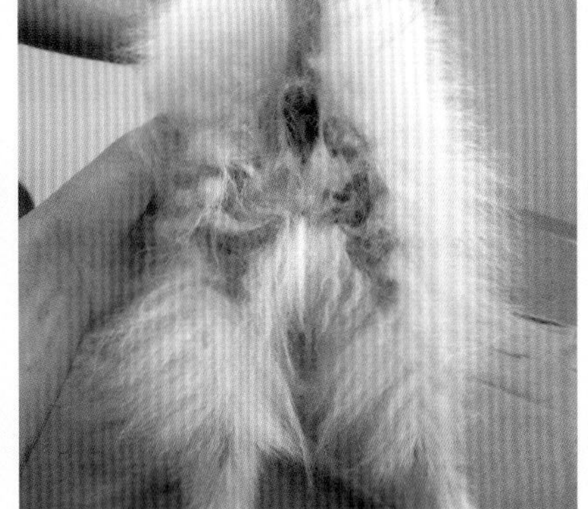

图 89-2

解答

（a）成年犬发生非瘙痒的左右对称性脱毛症时，可能是由于甲状腺机能低下或肾上腺皮质机能亢进症、性激素异常等内分泌疾病或脱毛症 X。

图 89–3

（b）了解病史、临床经过及进行临床检查，作为鉴别诊断进行血常规、生化和尿常规检查。如果在临床症状和所检查项目中发现可疑项目时，应进一步确认甲状腺、肾上腺激素和性激素是否异常。

（c）脱毛症 X。

（d）脱毛症 X 可见，躯干部、颈部、四肢近端部的脱毛进一步加重。脱毛部位可见色素沉积并变薄，可能出现轻度的脂溢症和浅在性脓皮症。由于患病犬除皮肤之外无其他症状，那么，只是外观的问题了。

●要点

- 脱毛症 X 是非炎症性对称性脱毛为特征的皮肤病。
- 绝育手术（图 89–3：手术后出现被毛）有一定效果。治疗松果体和肾上腺皮质机能亢进症的米托坦（抗肿瘤药）和曲洛斯坦等进行 4 个月治疗时，可以出现被毛重新长出。但是，大多数情况下即使病情有所减轻，但不能痊愈，或者出现复发。
- 由于脱毛症从健康角度上看没有问题。因此，当通过绝育手术后仍不见改善时，治疗费用和药物副作用等因素，停止治疗可能选择之一。

●医嘱

- 由于脱毛症 X 为非传染性疾病，因此，不必担心与其他动物或人进行接触。
- 本病具有一定的遗传特性和内分泌系相关性，但病因尚不清楚。

病例 90　犬，雄性，瘙痒，油性脂漏，全身脱毛和鳞屑

症 状

标准贵妇犬，6 岁，雄性，体重 23kg。3 年前开始背部出现油性脂漏，并且呈现轻度瘙痒症状。其后，从尾部开始被毛脱落，脱毛区域向背部、四肢逐渐扩展。使用了抗生素，但症状未见好转。

来院时全身被毛无光泽，颈部、躯干背部、四肢近端部位被毛稀薄（图 90-1），在皮肤表面覆有色素沉着的片状银白色鳞屑（图 90-2）。

问题

（a）据犬种和临床症状，可能为哪一种疾病?

（b）哪种犬最容易得此疾病?

（c）确诊需要何种检查?

（d）采取何种治疗?

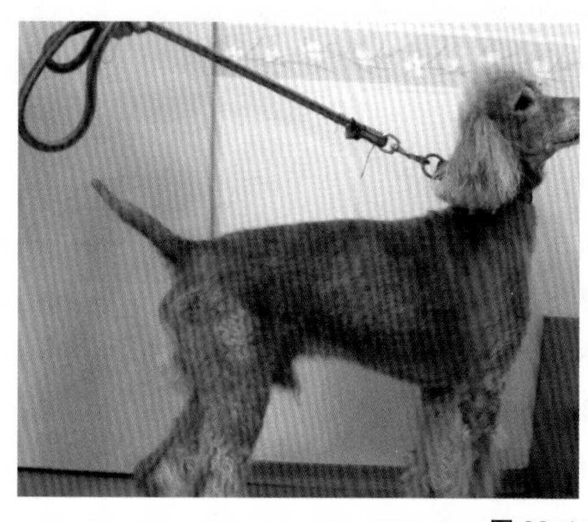

图 90-1

图 90-2

解答

（a）发生于成年标准贵妇犬，表现轻度瘙痒和角化异常的皮脂腺炎。作为鉴别疾病，可考虑继发性脂漏症、鱼鳞癣等角化异常疾病、细菌性毛囊炎、皮肤真菌症、蠕形螨症、毛囊异常和内分泌疾病等。

（b）据报道，除贵妇犬外，秋田犬等其他品种犬易发此病。

（c）为了观察不同的皮肤衍生物，用 6~8mm 的打孔器取不同部位的皮肤进行病理组织学检查。此外，如果去除了包括寄生虫和真菌的感染性疾病，为了确认是否感染细菌、马拉色菌，作为确诊检查还要进行皮肤搔扒检查、被毛检查和皮肤的细胞学检查。

（d）根据症状，用保湿作用和去除角质作用的药浴液。采用以 50%~75% 丙二醇作为保湿剂的外用疗法（每天 1 次，每周 2~3 次）。

对于重度病例，可以考虑用环孢霉素（5mg/kg，每隔 12h），并给予必需脂肪酸。当继发脓皮症或马拉色菌时，出现程度不同的瘙痒，因此，应使用适当的抗菌剂。

●要点

- 皮脂腺炎的症状主要开始于躯干背部、颈部、面部、耳廓。被毛干燥而失去光泽，并相继发生脱毛。鳞屑固着于被毛上，可见毛囊圆柱。症状虽然以依短毛种和长毛种而有所差异，但患此病的标准贵妇犬表现明显的角化亢进，此后开始脱毛。
- 根据犬种、症状的严重程度、病程不同，对于治疗的反应存在差异，不过早期诊断并开始治疗的话，可经长时间治疗其预后出现改善。对波尼松的疗效存在异议，在选择治疗方法时，有必要考虑病犬的症状、年龄、治疗效果和副作用及治疗费用。

●医嘱

- 由于皮脂腺炎为皮脂腺的炎症性疾病，因此，不存在感染同居动物和人的危险。
- 虽然病因尚不清楚，但无性别差异，主要见于幼龄和中龄犬。某些品种易发，表明具有一定的遗传因素，因此，应避免患病犬繁殖。
- 症状多为渐进性，有必要对其长期进行治疗和管理。

病例 91 犬，未绝育雌性，肉枕痂皮，糜烂

症 状

7 岁，未绝育的雌性西施犬，从两个前开始肉枕变硬而来医院。其他医院认为是特异性皮炎，使用了抗生素和低过敏性食物，但症状无改善，从 2 周前开始出现沉郁和食欲下降。四肢的肉枕被厚厚的痂皮覆盖，四肢端、口唇、眼睑和肛门周围出现脱毛、糜烂及渗出液（图 91–1，图 91–2）。经压挤涂片检查，见有大量的嗜中性白细胞和球菌。经血液检查，红细胞数下降（495 万 / μL），白细胞数增加（3 万 / μL）。血液生化检查结果，ALT 464 μmoL/L、AST 49 μmoL/L 和 ALP 1500 μmoL/L 的肝酶升高。此外，BUN 为 5mg/dL。

问题

（a）如何进行鉴别诊断?

（b）最可能是什么疾病?

（c）应追加何种检查?

（d）用何种方法进行治疗?

图 91–1

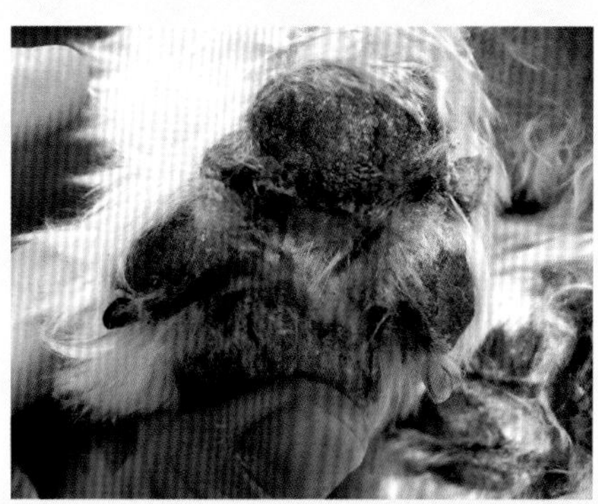

图 91–2

解答

（a）肉枕落叶天疱疮、浅在性坏死性皮肤炎、锌反应性皮肤病、肉枕龟裂、足底角化过度症、接触性皮肤炎、犬瘟热。

（b）浅在性坏死性皮炎（肝皮肤症候群）。大部分病例中出现代谢性肝机能不全的原发疾病，其诱发皮肤营养障碍，最终引起皮炎。从临床上可在肉枕及其周围、口唇、眼睑、爪床和肛门等皮肤黏膜交界处看到渗出液、脱毛、伴有厚痂皮糜烂或溃疡等。此外，肝酶升高。

（c）腹腔超声波检查、皮肤生物学检查、血清氨基酸检查。在腹部超声波检查时，肝脏出现散在的，呈现“蜂巢”状的空泡状病变。病理组织学检查中，呈现具有特色的，角质层、棘层和基层分别被染成红色、白色和蓝色的 3 层结构，被称为“法国国旗”。此外，血清氨基酸浓度呈现严重低值。根据上述结果，结合临床症状和血液检查可进行综合性诊断。在本病例中，经腹部超声波检查，肝脏出现多处低超声性的肿瘤（图 91-3）。此外，血清中支链氨基酸（77 μ moL/L；参考基准值：400~600）和酪氨酸（8 μ moL/L；参考基准值：20~50）含量降低。

（d）治疗原发病最为重要，不过经治疗仍不见起色时，往往预后不良。作为对症疗法，饲喂高品质的蛋白食，进行氨基酸输液。如果给予蛋白补充剂等，可用于治疗并发脓皮症的病例。

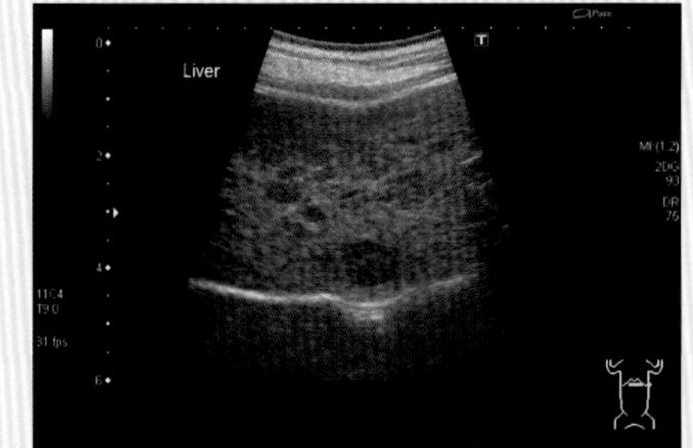

图 91-3

●要点

- 浅在性坏死性皮炎（肝皮肤症候群）的发生与血液中氨基酸浓度降低有关，大部分病例中，由于肝机能不全而发病。此外，治疗肝肿瘤、糖尿病、癫痫等药物也可成为诱因，因此，需要查明原发疾病。在本病例中，根据食前和食后的胆汁酸呈现升高（分别为 18 μ moL/L 和 72 μ moL/L；参考基准值为 10 以下），可以怀疑为肝机能不全。
- 生物检测最好选择固着有痂皮的红斑区域。应注意保留痂皮。最好采取肉枕的界面部位。
- 发病主要为高龄犬（中间年龄 10 岁），猫很少发病。

●医嘱

- 由严重的内脏疾病诱发的皮肤疾病，预后不良的可能性较高，常出现瘙痒和疼痛，对其也有必要进行缓解治疗。

病例 92　猫，雄性，被毛附着物

症　状

杂种猫，7 岁，5kg，自由出入室外。由于和其他猫争斗发生外伤而来院求治。

检查时发现被毛中附着有许多“白色物”（图 92-1）。拔毛后在显微镜下可观察到细长的东西固着在被毛上（图 92-2），详细观察可见有具有五角星颈部的，约 1mm 大小的黄褐色虫体（图 92-3）。

问题

（a）这种细长“瓷钵”物和黄褐色重提为何物?

（b）怎样考虑其感染途径?

（c）对人有影响吗?

（d）如何进行治疗?

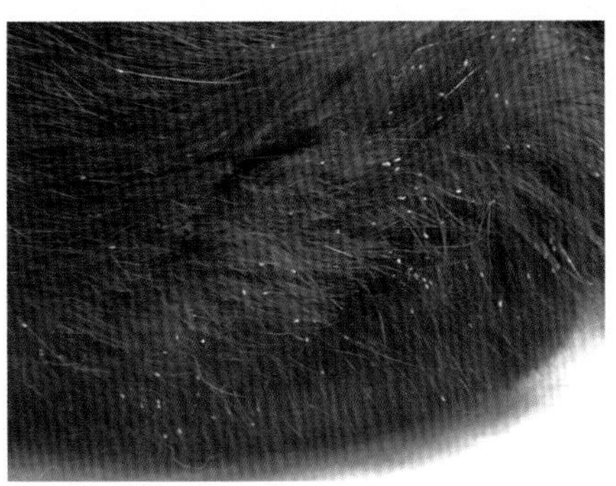

图 92-1

图 92-2

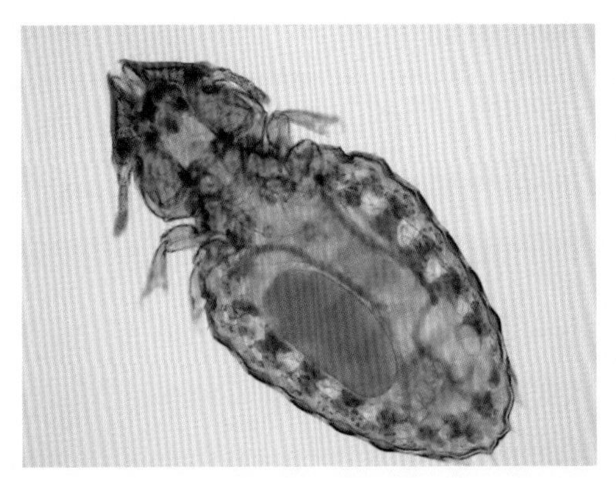

图 92-3

解答

（a）猫虱的虫卵和成虫。

（b）与感染有猫虱的病猫接触，或者接触病猫用过的猫床、餐具等用具而感染。

（c）由于猫虱对宿主的特异性强，所以，一般情况下不感染人。

（d）对于感染的病猫和与病猫接触过的猫均需要治疗。
应对猫用床、餐具和周围环境等进行彻底清洁消毒。
如果营养状态不良，则应进行适当饮食管理。如果被毛凌乱则用梳子梳理。
用 2% 石灰－浴液，每隔 2 周进行浴洗。
每隔 2 周，皮下注射伊维菌素（200 μ g/kg ）（尚没有确认猫可以使用，此外，用于仔猫可能出现副作用），或者使用非普及尼喷剂（6mL/kg）或滴剂等标准驱虫药进行治疗可获得满意效果。并不能仅通过一次治疗就能杀灭所有的虱，且为了去除孵化的虫卵，需要每隔 2 周，连续治疗 2 个月。

●要点

- 猫的虱寄生症是由虱亚目、无翅昆虫的猫虱科所引起。猫虱的平均生活史为 3~4 周，整个过程均在猫体表，如果离开宿主，仅能存活数日。
- 确诊通过虱的检查，种的鉴别通过镜检。
- 面部、耳廓和背部易感染，患猫的被毛失去光泽，常看到鳞屑、丘疹、痂皮，有时发展为粟粒性皮肤炎。肉眼可观察到附着在被毛中的白色虫卵，瘙痒程度因猫而异。

●医嘱

- 由于猫的虱寄生症是由猫虱感染所致，因此，应注意其传染给其他同居猫。由于宿主的特异性很强，所以，不必担心传染给人。
- 常发生于仔猫或营养低下的成年猫，因此，在清洁饲育环境的同时，需要进行适当的营养管理。目前，猫极少发生该病。
- 通常，通过使用常用的杀虫药治疗，即可获得良好的效果。

病例 93　犬，绝育雄性，脱毛

症　状

腊肠犬，3 岁，绝育雄性。在宠物市场购得生后 2 个月的幼犬。刚买来时，没有在意脱毛症状。6 个月时，发现腋部区域的蓝色被毛变得稀少，且逐渐加重，因此，来院诊治。到医院时，腋部区域的特定部位的被毛明显变稀，而黑色毛和白色毛及黄褐色区域的茶色毛无异常（图 93–1）。稀疏部位残留的被毛非常细且脆弱，在皮肤表面附有细小的鳞屑，并趋于干燥（图 93–2）。在显微镜下，可见被毛细而脆弱的毛干，在毛干中可见散在的色素颗粒（图 93–3）。患病犬无自觉症状，饮食上无任何异常。

问题

（a）最有可能诊断是什么疾病?

（b）怎样检查或化验?

（c）如何治疗?

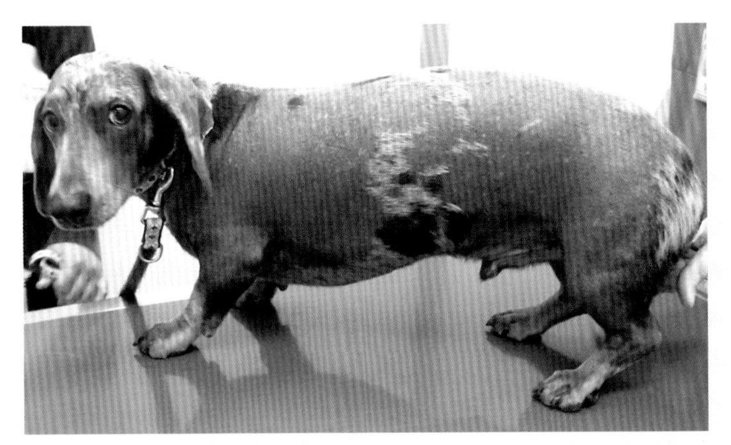

图 93–1

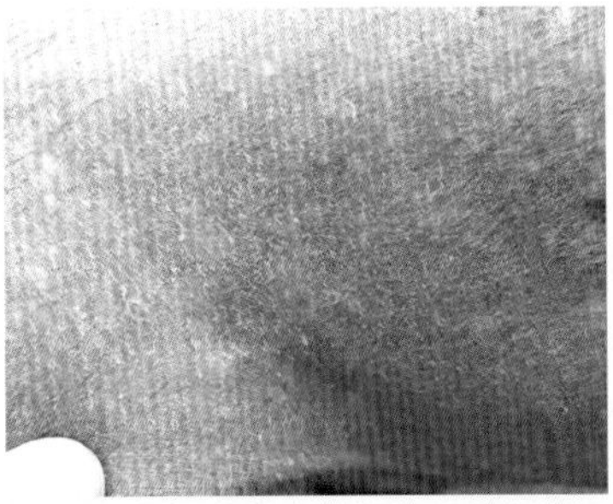

图 93–2

图 93–3

解答

（a）浅色被毛脱毛症。

（b）有必要进行被毛检查、皮肤搔扒检查、皮肤生物检查等。在怀疑是浅色被毛脱毛症等遗传疾病时，需要详细了解初发年龄和家族病史等情况。

（c）如果是浅色被毛脱毛症，因其为遗传性疾病，所以很难治愈，尚无有效的治疗方法。如果内服褪黑素（3mg/kg，每隔 12h），可能在某种程度上促进被毛或延缓症状加重。此外，从脱毛区域容易发生干燥的情况考虑，可防护紫外线。最后，发生继发性脓皮症（浅在性或深在性毛囊炎）时，有必要使用敏感性抗菌制剂，或者用抗菌制剂浴液。

●要点

- 浅色被毛脱毛症是蓝色，银色，灰色，褐色等带有稀释色被毛的犬均可发病。是常染色体劣性遗传而出现的非炎症性脱毛症。
- 一般认为，在生长时期，皮肤黑素细胞产生的黑色素发生运输或贮藏障碍，发生异常过剩的黑色素凝集，形成巨大的颗粒，从而导致毛囊机能发生障碍，其结果导致脱毛。
- 浅色被毛脱毛症会引起特定稀释色区域被毛完全脱落，尚没有有效的治疗方法。
- 仅黑色被毛区域脱毛的黑色被毛囊发育不良是具有与浅色被毛脱毛症极其相似发病机制的一种疾病。

●医嘱

- 浅色被毛脱毛症为遗传性疾病，因此，很难治愈。
- 浅色被毛脱毛症是仅仅在特定稀释区域出现的脱毛症，而其他区域不发生。
- 浅色被毛脱毛症仅影响外观，不会伴发其他健康方面的问题。
- 对于浅色被毛脱毛症病犬，应加强皮肤护理，并利用保湿剂或防护紫外线照射。当发生继发性脓皮症时，应根据情况使用抗菌制剂等。
- 患有浅色被毛脱毛症的病犬，不能用于繁殖。

病例 94 犬，绝育雄性，慢性皮炎，瘙痒

症 状

柴犬，3 岁，绝育雄性，室内饲养，已做过跳蚤预防。伴有眼周围、口鼻部、腋窝、腹股沟部、四肢等区域瘙痒的皮肤炎已持续 2 年（图 94–1，图 94–2）。由于瘙痒有时整夜不能睡。用肾上腺皮质激素后，瘙痒症状可减轻。此外，甲状腺激素水平正常。

问题

（a）说明诊断方法。

（b）图 94–3 表示的是什么？什么时候进行这种检测？

（c）应进行何种治疗？

图 94–1

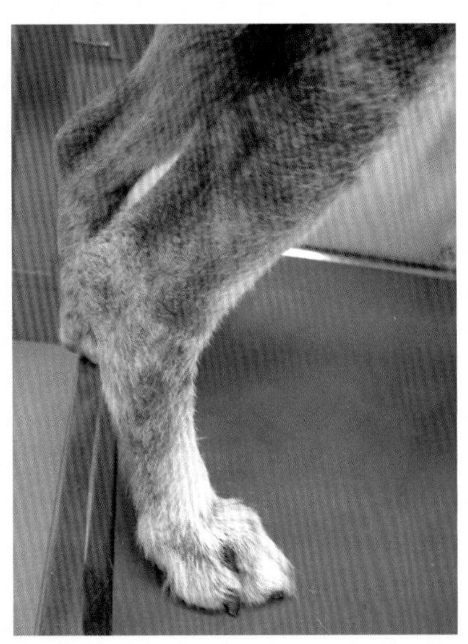

图 94–2

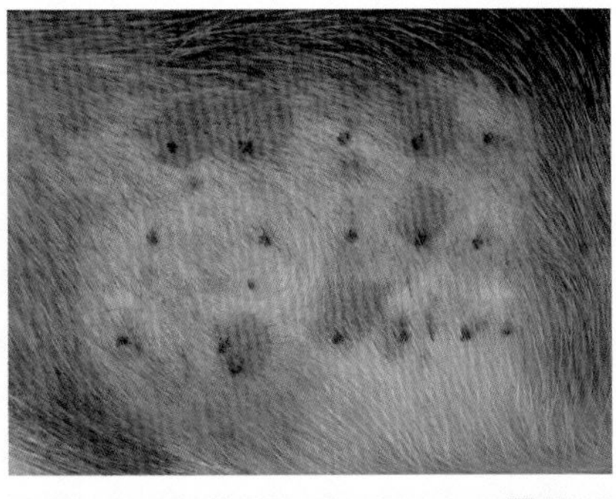

图 94–3

解答

（a）犬瘙痒症的一般原因是寄生虫性（跳蚤、虱子、爪螨、蠕形螨、疥螨）、感染性（细菌、皮肤真菌）。此外，过敏性皮肤疾病（特应性皮炎、跳蚤过敏性皮炎、食物过敏）也诱发瘙痒症。首先，通过皮肤搔扒、皮肤的细胞学和毛的显微镜等检查，排除寄生虫和感染性疾病。通过使用驱蚤制剂确诊跳蚤过敏。通过 2 个月的去除食实验（加水分解食物和仅给予水），排除食物过敏。如果仍瘙痒，则可怀疑为特异性皮炎。

（b）图 94-3 是在进行皮内实验。本试验时是通过将抗原注入皮内，以检测敏感抗原的体内检查方法。近年来，由于犬和猫的血清抗原特异的 IgE 抗体检测技术不断完善，已代替体内检查方法。

（c）如果症状较轻，在短期内使用肾上腺皮质激素可见效。如果是顽固性或长期患病者，考虑到肾上腺皮质激素具有副作用，尽量避免使用。在此时，使用环孢霉素（5~10mg/kg）或干扰素可见效。通过皮内试验或抗原特异的 IgE 抗体检测而确定了过敏抗原时，也可采取去过敏疗法。

●要点

- 即使长期患病犬，由于在高湿高温的季节其症状更加严重，在这种情况下，有时也有必要合用肾上腺皮质激素。不过由于并用药浴或保湿剂等其他治疗手段，有必要减少肾上腺皮质激素的使用量。

●医嘱

- 由于特应性皮炎不能完全治愈，需要长期治疗。
- 不要仅仅依赖某一特定的药物，应结合药浴或增补等，充分护理皮肤。此外，清洁室内卫生，避免接触过敏原等，进行综合治疗。

病例 95　犬，未绝育雌性，全身性皮炎

症 状

拉塞尔猎犬，3 岁，未绝育雌性。伴有严重的瘙痒。患有全身性皮炎而来医院（图 95-1，图 95-2，图 95-3）。在两年前患伴有瘙痒和脱毛的皮炎，在几所医院使用抗生素和肾上腺皮质激素进行了治疗，不见好转。

问题

（a）皮疹及其部位?

（b）怀疑是什么疾病及需要何种检查?

（c）如何治疗?

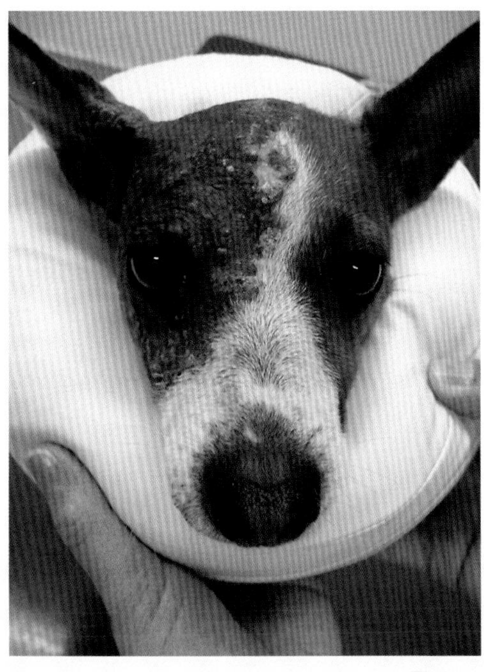

图 95-1

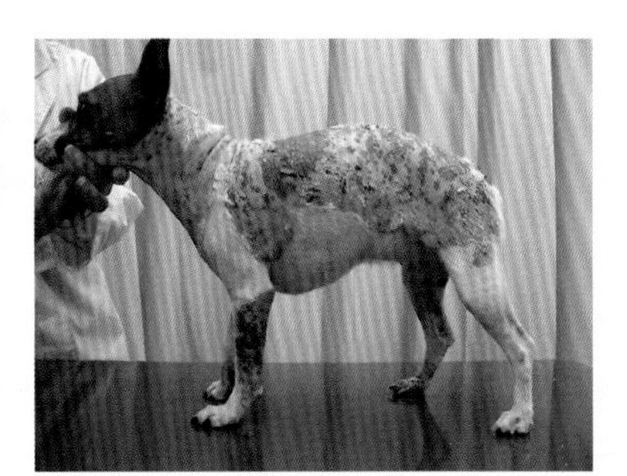

图 95-2

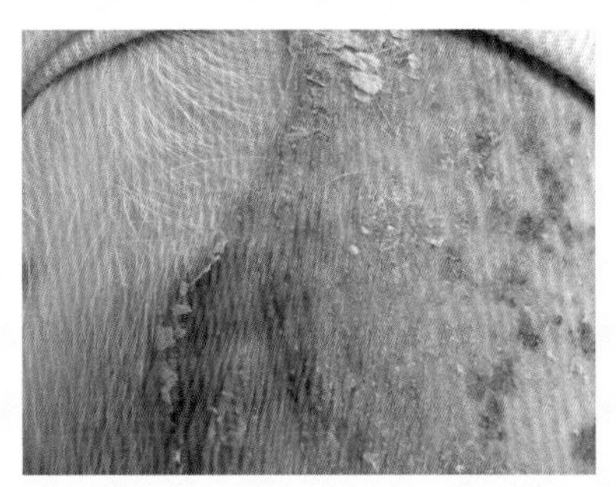

图 95-3

解答

（a）伴有红斑、丘疹、鳞屑和痂皮。可见界线明显的脱毛。如面部右侧出现的脱毛病变（图 95–1），皮疹呈左右非对称性出现为其特征。

（b）怀疑为感染症（浅在性或深在性脓皮症，皮肤真菌症等）及自身免疫性皮肤疾病（落叶状天疱疮等）。特别是从皮疹左右非对称性分布情况考虑，感染症的可能性更大。进行患部捏压涂片检查、皮肤挠痒检查、被毛检查和伍德氏灯检查等。为了避免漏检皮肤真菌症，追加进行被毛检查。通过挠痒皮肤角质寻找菌丝很重要。

将脱落的被毛和挠痒脱落的角质用 KOH 溶解后进行镜检。与毛干相比，部分的真菌在角质中菌丝更易看到。在本病例，从角质中发现菌丝，可以确诊为皮肤真菌症（图 95–4）。通过真菌培养，如果可以增殖真菌则诊断更加确切。

（c）由于全身感染有真菌，因此，需要抓紧治疗。用含有抗真菌制剂的溶液药浴（1~2 次 / 周）。进行药浴。与此同时，全身投予抗真菌制剂（酮康唑，伊曲康唑等）。通过这些治疗可以减轻症状，上述治疗要持续至培养结果呈现阴性为止。保持环境的清洁卫生也很重要。

若有可能，怀疑为感染源的动物（同居的猫等）也要进行治疗。应清洗或销毁患病动物周围或使用过的器皿和抹布等。

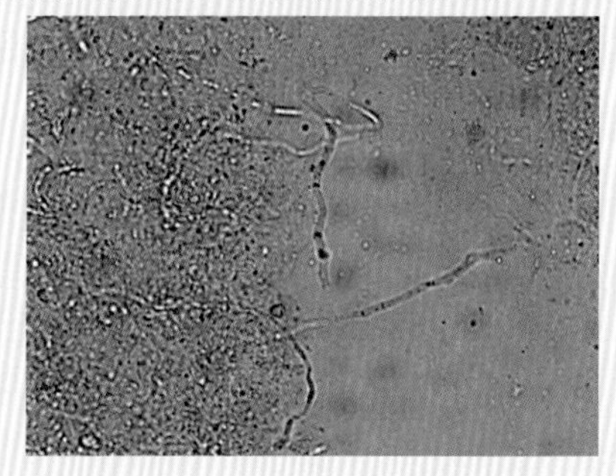

图 95–4

●要点

- 在治疗患有皮肤真菌动物的同时，对同居的动物也要进行真菌培养。为了预防，建议用含有抗真菌制剂的溶液进行药浴。此外，应消毒或销毁患病动物接触过环境和物品。不过，饲育多只动物时，培养检查和预防性治疗比较困难。对于环境清洁中，对沙发或地毯的消毒也较难，对其销毁也不现实。
- 如果对隐性感染的同居动物治疗和环境清洁不彻底时，可能还会复发，因此，根据人力和物力考虑，希望主人选择切实可行的方法。

●医嘱

- 皮肤真菌症是嗜角蛋白而增生。它是感染小孢子菌和毛发癣菌等真菌而发生的皮肤疾病。犬小孢子菌是最常见的病原真菌，不过毛发癣菌发生感染也可致病。由于各种不同的真菌为感染源，所以，通过进行真菌培养以确认是何种真菌感染，有时需要确认感染源。
- 从感染了犬小孢子菌和毛发癣菌的犬和猫直接或间接发生感染。毛发癣菌可能通过人感染。

病例 96 犬，绝育雄性，面部、四肢端、尾部皮疹和脱毛

症 状

雪特兰犬，2 岁，雄性。从 8 月龄开始面部、四肢端和尾端出现皮疹而来院就诊。初诊时，在两侧眼睑、口唇、四肢的趾关节伸侧及尾端观察到脱毛、红斑、鳞屑和痂皮（图 96–1，图 96–2）。大部分病变部位发生瘢痕化，无瘙痒症状。

问题

（a）可能的疾病是什么?

（b）举两个易患该病的犬种。

（c）如何诊断该病?

图 96–1

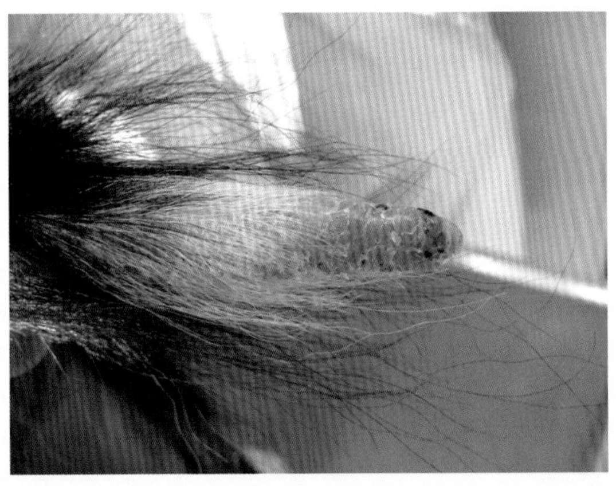

图 96–2

解答

（a）虚血性皮肤症（犬遗传性皮肤肌炎）。

（b）柯利犬和雪特兰犬。

（c）根据初发年龄、典型的临床症状及排除感染性疾病而推测该病。通过皮肤病理组织学检查对其进行确诊。

●要点

- 虚血性皮肤症是伴有皮肤供血不足的皮肤障碍的总称。可分为犬的遗传性皮肤肌炎、皮肤肌炎样疾病、接种狂犬病疫苗后的脂肪组织炎、泛发性狂犬病疫苗诱发性虚血性皮肤症、泛发性特异性虚血性皮肤症等。
- 犬性皮肤肌炎常见于柯利犬、雪特兰犬及其交配繁殖的后代。常见于幼犬，主要出现鼻部、眼周围、口周围、趾关节背面、尾端等处的脱毛、红斑、鳞屑、瘢痕化、溃疡甚至痂皮等。有时可见侧头肌等出现肌萎缩。
- 有关犬遗传性皮肤肌炎的预后，与患病犬的状况不同而异，有的仅留有瘢痕但不随年龄发展，有的由于出现严重的肌萎缩而采食和饮水困难、跛行等。
- 在治疗本病时，使用维生素、末梢循环改善药物和肾上腺皮质激素（口服）等。但这些治疗只能减轻皮肤症状，而对肌疾患无效。

●医嘱

- 尚无根治本病的方法，应在治疗之前对主人说明治疗本病的目的和可能的治疗效果、预后。

病例 97 家兔，6 月龄，四肢端及口周围瘙痒和疼痛

症 状

6 月龄长毛家兔，四肢端、口周围及耳廓出现显著的皮肤病变（图 97-1，图 97-2）。在病变部位好像有强烈的瘙痒和疼痛。这个家兔在 2 月龄时从宠物店购买，约在 3 个月龄时，主人注意到其啃咬前肢。经仔细观察，在其爪根部附有疮痂样的东西。其后，虽然进行可各种治疗，但是，病变部位继续扩大，病变扩大至整个四肢端，并引起运动障碍。此后，病变部位扩散至口周围和耳廓。

问题

（a）可能的诊断是什么?

（b）为了进行诊断应采取什么措施?

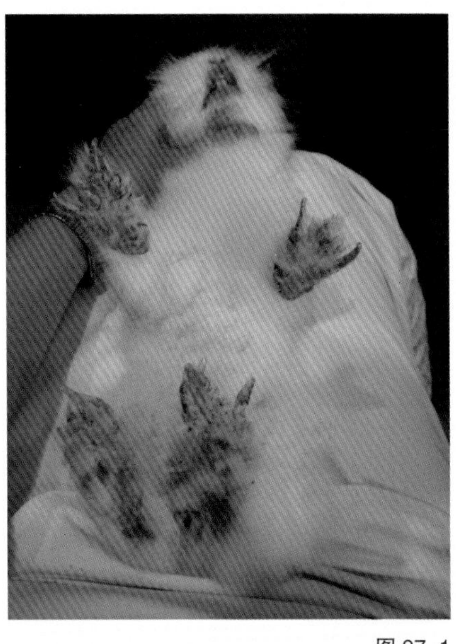

图 97-1

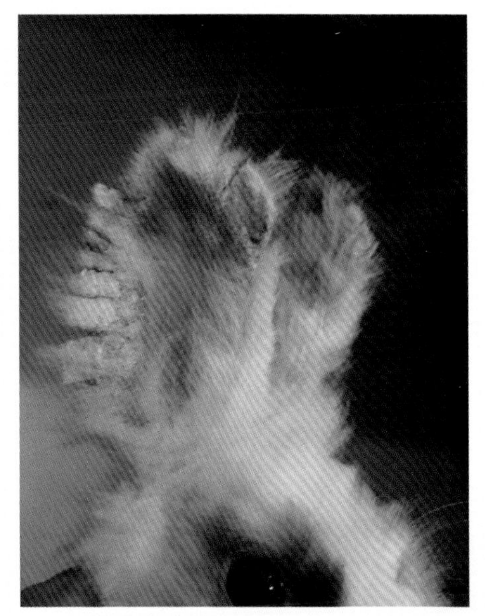

图 97-2

解答

（a）怀疑是疥螨。其理由是①分泌物堆积病变和病变分布。②明显的瘙痒和疼痛。

（b）①从病变部位采集样本中检出疥螨。

②鉴别诊断的疾病包括细菌感染症、真菌感染症、自身免疫性疾病等。但从本病的经过来看，上述疾病的可能性极低。如果检测不到疥螨可进行相应疾病的检查。

●要点

- 家兔感染疥螨或者猫耳螨可能性较高。
- 虽然家兔很少感染疥螨，但有时出现买来后不久就开始出现症状，或者饲养多只时均发生症状的情况。
- 可能通过兽医师或动物医院护士服装等发生院内感染，应引起注意。
- 用伊维菌素治疗家兔疥螨很有效，每周 3 次，皮下注射（400 μg/kg）或者口服（图 97–3 为治疗后的本病例），一般情况下，第 1 次给药后其症状就能减轻。
- 由于伊维菌素可能对幼龄家兔有副作用，因此，在 4~5 月龄前最好用赛拉菌素的滴剂。

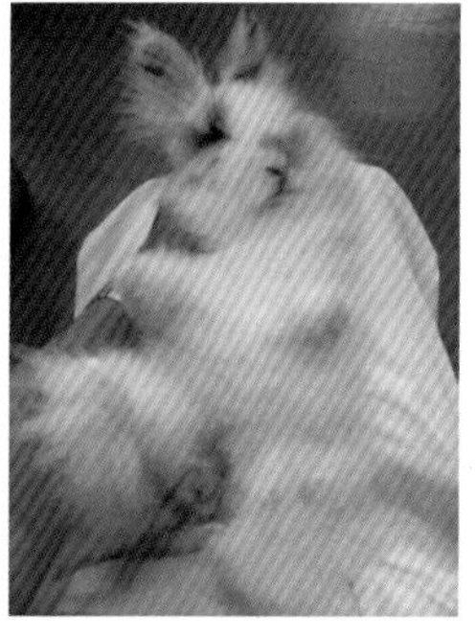

图 97–3

●医嘱

- 直接或间接接触的同居家兔，即使没有症状，建议应对其进行疥螨的驱虫。
- 应说明疥螨为人畜共患传染病。即使人出现症状，只要治疗了家兔，通常人的症状就会消失。
- 犬用和猫用的非普罗尼滴剂制剂，可能对家兔有副作用，因此，可能不适合用于家兔。

病例 98 犬，9 月龄，黑色被毛部脱毛

症 状

奇娃娃犬，8 月龄，雌性。5 月龄开始脱毛而来医院。初诊时，发现黑色被毛部出现裂毛，而白色被毛部正常（图 98–1）。

问题

（a）可能的疾病是什么?

（b）通过被毛检查可发现什么?

（c）举一个发生本病症时常见的合并症。

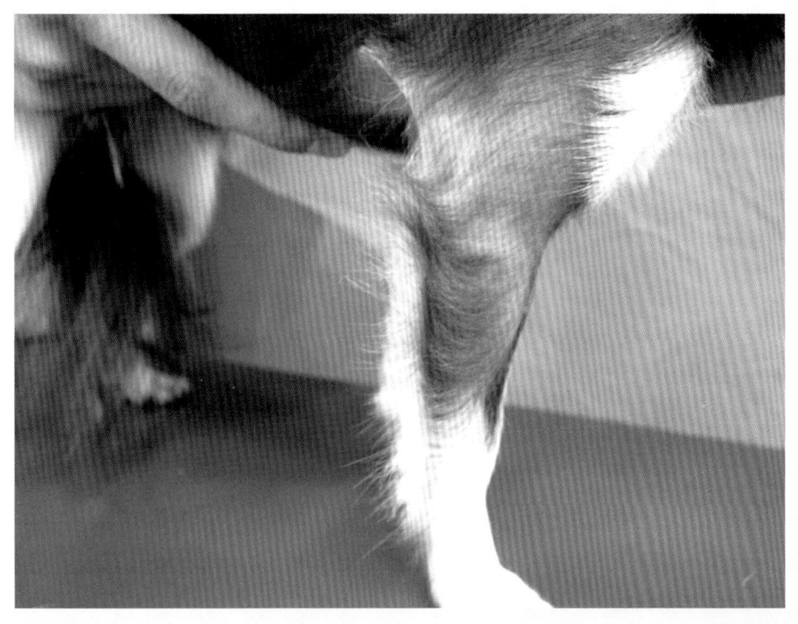

图 98–1

（a）黑色毛囊发育异常。

（b）存在于毛干（毛皮质）中的色素颗粒（图 98–2），

（c）细菌性毛囊炎。

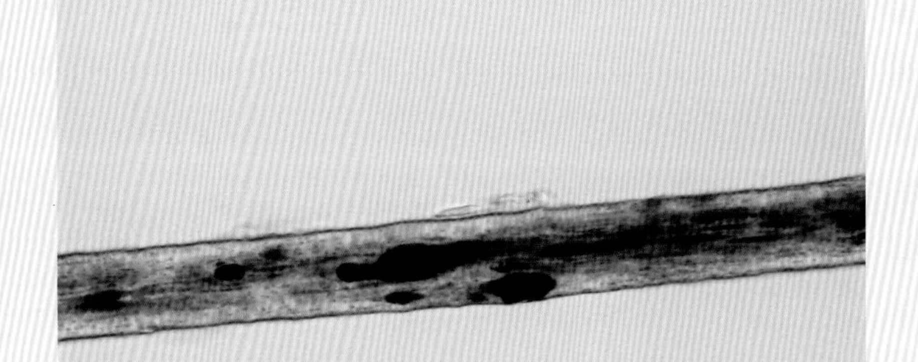

图 98–2

●要点

- 黑色毛囊发育异常是遗传性疾病。本病通常见于具有 2~3 种毛色的犬，从幼龄开始出现限于黑色被毛的毛裂。在毛囊检查时，毛干（毛皮质）中由黑色素形成的颗粒为其特征。此外，在本病中，已知裂毛部位易发生细菌性毛囊炎。

●医嘱

- 由于本病被认为是遗传性疾病，应说明其很难根治的同时，病犬应避免用于繁殖。

病例 99 犬、绝育雄性，鼻和肉枕鳞屑

症 状

雪特兰犬，8 岁，绝育雄性。约一年前开始，由于血清肝酶值升高而在附近医院进行过诊治。从 2 个月前开始，发现随食欲下降和体重减轻，在鼻镜、眼睑、口唇、肉枕中附着厚厚的鳞屑（图 99-1，图 99-2）。经腹部超声检查，发现整个肝脏结构不正常，多处呈现回波低下的巢状病变。

问题

（a）可能的疾病是什么?

（b）除上述以外还有其他的鉴别诊断疾病吗?

（c）如果是疾病（a），那么预后良好吗?

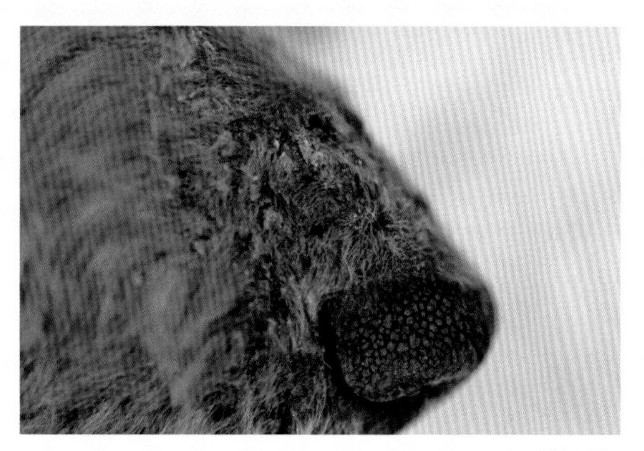

图 99-1

图 99-2

解答

（a）犬浅在性坏死性皮肤炎（别名：坏死性游走性红斑、肝皮肤症候群、代谢性表皮坏死症）。

（b）浅在性脓皮症、皮肤真菌症、锌反应性皮肤症、犬良性皮肤症、落叶状天疱疮等。

（c）预后不良。采用以保护肝脏为核心的支持疗法，但在发病时，呈现肝脏机能严重低下的症状，因此，很难看到病情发生缓解。

●要点

- 患有本病的病犬发生继发肝功能不全，偶尔继发高血糖性肿瘤的病例，多见于高龄犬。
- 皮疹主要见于被擦蹭的区域。鼻镜－鼻梁、黏膜－皮肤界限区域、肘、膝、肉枕等部位可见水泡、糜烂直至皮痂。
- 在诊断中，除对相似疾病进行鉴别诊断的同时，有必要进行皮肤生物学检查及作为原发疾病的内科疾病的确诊。

●医嘱

- 应说清楚，本病只要不能消除原发疾病，其预后不良。

病例 100　犬、5 月龄，面部和尾部脱毛

症　状

澳大利亚杰尔皮犬，5 月龄，未去势雄性。由于面部和尾部脱毛而来医院诊治。生后 2 个月开始发现尾部脱毛，其后脱毛部位逐渐扩大至耳廓、眼周围和鼻梁。四肢的端部可出现脱毛（图 100–1，图 100–2，图 100–3）。

问题

（a）举几种用于鉴别诊断的类似疾病?

（b）其治疗和管理方法有哪些?

图 100–1

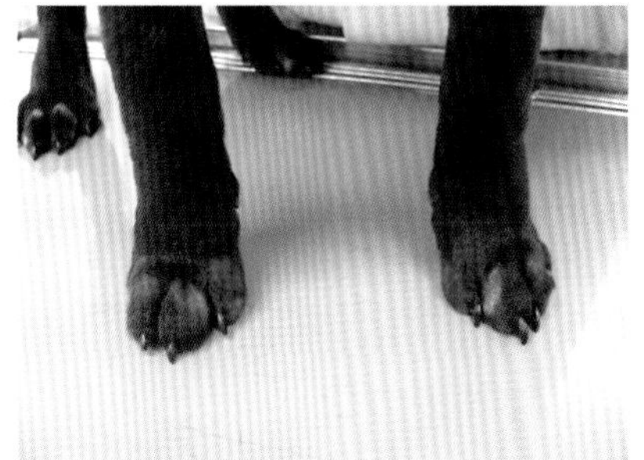

图 100–2

图 100–3

解答

（a）考虑发病年龄和症状部位，可以怀疑缺血性皮肤病 / 皮肤肌炎。此外，用于鉴别的疾病可列举为耳廓脱毛的血管炎，面部和肢端的脱毛感染症（浅在性脓皮症、皮肤真菌症）。对于本病，应在去除感染症等其他疾病的基础上，根据临床症状和发病特征进行诊断。有时在诊断过程中病理组织学检查作为辅助的诊断手段，可见表皮基细胞的变性和毛囊萎缩、缺细胞性血管炎等，怀疑为缺血性皮肤症 / 皮肤肌炎（图 100–4）。

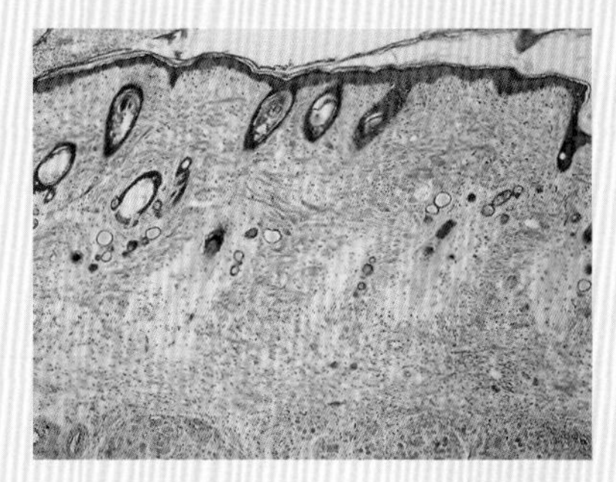

图 100–4

（b）对于轻度的皮肤肌炎，有时即使没有治疗其皮疹也自然消失。有些病例，其脱毛则永久残留。在治疗时，使用以末梢血液循环改善为目的的维生素 E 和苯基啉等。出现急性红斑和肌肉机能障碍的病例，在症状发生减轻之前，口服强的松（每日一次，每次 1~2mg/kg），其后逐渐减量。不过由于存在肾上腺皮质激素副作用诱发的肌萎缩可能，应注意避免长期使用。

●要点

- 犬的缺血性皮肤病 / 皮肤肌炎是由微循环出现障碍而引起的缺血性的皮肤障碍。在耳廓、鼻梁、眼周围、口周围、尾端和四肢的骨隆起部位出现红斑、脱毛、鳞屑、糜烂、溃疡、瘢痕等。
- 柯利犬和雪特兰犬容易得此病，在其他犬种也可见到发此病的病例。发生肌肉障碍的病例并不多见，但可见咬肌和侧头肌发生萎缩的病例。此外，严重病例有时出现身体虚弱、发育障碍、跛行等症状。

●医嘱

- 由于本病的预后依严重程度不同而异，根据动物的临床症状判断预后，有必要与主人有效地沟通和理解。
- 轻度病例可能仅仅残留瘢痕而治愈，但是，重度病例因肌的病变的恶化而出现全身症状，有时出现难以维持生命的情况。

病例 101 猫，耳廓痂皮

症 状

波斯猫，10 岁，绝育雌性。从 5 个月之前开始，在耳廓和鼻镜部位发现黄色皮痂，且出现爪周围炎症而来医院（图 101-1）。根据皮肤搔挠检查没有发现外部寄生虫和真菌。

利用痂皮下的渗出液进行的细胞学检查结果，可见大量的未变性嗜中性白细胞和肌溶解脓疱。渗出液的细胞培养和真菌培养均呈阴性。

问题

（a）可能的疾病是什么？

（b）如何进行治疗？

（c）能期待治愈本病吗？

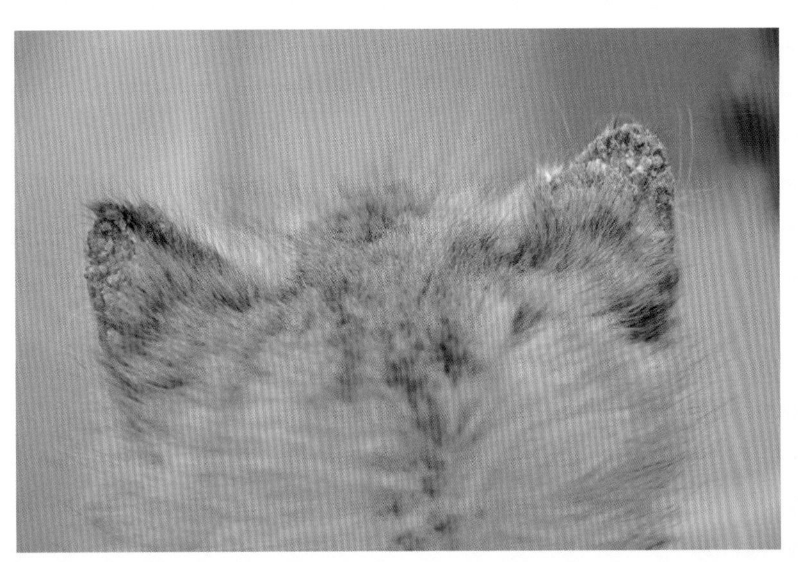

图 101-1

解答

（a）猫落叶天疱疮。

（b）口服波尼松（每隔 24h，3~6mg/kg）、曲安奈德（每隔 24h，0.5~0.75mg/kg）、（每隔 24h， 5~10mg/kg）等进行治疗。

（c）本病通过治疗，其症状能够缓解，但多数病例很难完全治愈。

●要点

- 落叶天疱疮是由自身抗体引起的表皮细胞间接出现障碍及嗜中性白细胞的浸润而出现肌溶解性脓疱，其结果出现皮肤脓疱、糜烂、痂皮。此外，在猫有时也发生爪周围炎。
- 对于猫禁止使用硫唑嘌呤。

●医嘱

- 对于落叶天疱疮，大多数病例终生需要免疫抑制治疗，因此，应对主人详细说明确诊的重要性、所能预测的治疗效果等。

病例 102 犬，6 岁，背部正中至尾脱毛

症 状

金毛犬，6 岁，雄性，从 3 年前开始被毛变得稀薄，毛色变坏。无瘙痒症状。脱毛部位从肩部至尾的正中区域，特别是尾的脱毛更加严重（图 102–1，图 102–2）。此外，部分脱毛部位出现面疱（疙瘩）（图 102–3）。除此之外，随着被毛发生变化呈现运动不耐性。

来院时，体温 38.4℃，脉搏 138 次 / 分，血液检查时，见正色素性贫血（PCV32%），其他正常。

问题

（a）怀疑为何种疾病?

（b）如何诊断?

（c）怎样治疗?

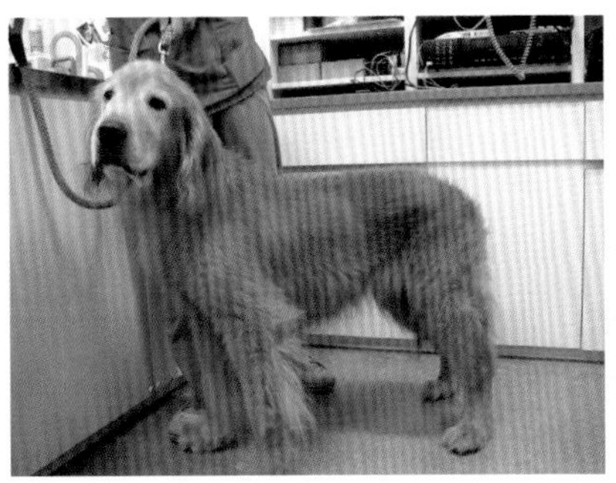

图 102–1

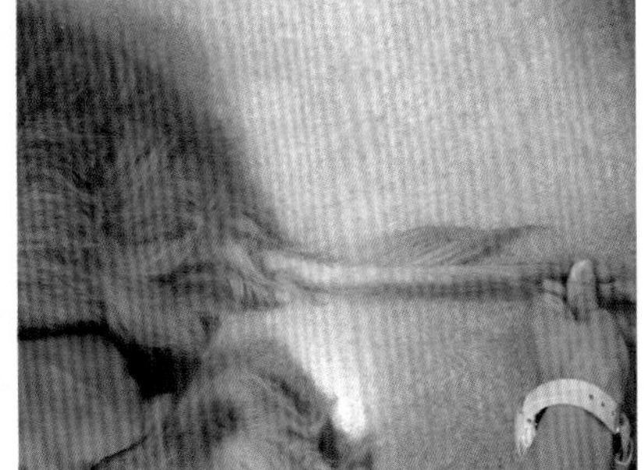

图 102–2

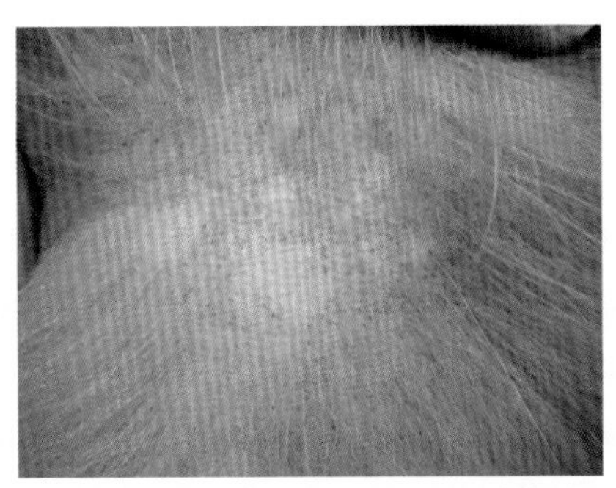

图 102–3

解答

（a）根据犬种、发症年龄、呈现无光泽且干燥被毛及尾部脱毛、贫血等症状怀疑甲状腺机能低下症。此外，从部分的脱毛部位见有面疱，有必要鉴别是否为蠕形螨症。

（b）甲状腺机能可根据血清甲状腺激素（T4，fT4）或内因性促甲状腺激素（TSH）浓度来检测。

由于本病例的 T4 浓度 < 0.5 μ g/dL（正常范围 0.9~4.44 μ g/dL），fT4 < 2.6pmol/L（正常范围为 9.0~47.4 μ g/dL），TSH 为 0.89 μ g/dL（正常范围为 0.02~0.32 μ g/dL），结合临床症状可确诊为甲状腺机能低下症。

（c）给予左旋甲状腺激素（合成 T4 制剂）。最初每隔 12h 给予 10~12 μ g/kg，之后每隔 24h 给予 10~12 μ g/kg 就有可能维持正常的血中 T4 浓度和身体状态。

●要点

- 犬的甲状腺机能低下症是由于淋巴细胞性甲状腺炎或者特发性甲状腺萎缩而引起。一般多半为原发性甲状腺机能不全。
- 通常本病常发于中型至大型犬。几乎都是 2 岁以后发病，诊断时平均年龄约 7 岁。
- 为了诊断，如果单独检测 T4，则 T4 值低于正常范围病例中 25% 为非甲状腺疾病。因此，最好同时检测 T4，fT4 和 TSH。

●医嘱

- 用左旋甲状腺激素疗法后，从精神上的灵敏度、活泼和饮食上立刻见效。在 1 个月以内可见毛发再生。皮肤和被毛发生明显改善约需 2 个月时间。
- 偶尔发生过度使用左旋甲状腺激素而发生的中毒。甲状腺激素中毒时出现哮喘、攻击行为、多饮、多尿、多食、体重减轻等症状。此时，希望减少左旋甲状腺激素量或次数，或者两者均进行调整。
- 终生需要左旋甲状腺激素的补充治疗。

病例 103 犬，雌性，面部和躯干脱毛

症 状

日本中犬，7 月龄，雌性，体重 4.2kg。从 1 个月前开始鼻周围等面部出现脱毛。在附近医院使用抗生素进行治疗，不仅没有见到效果，脱毛区域不断扩大。

来院时，发现面部、四肢、腋窝、胸前部、腰背部等处脱毛、发红、脓疱、痂皮和鳞屑等变化（图 103–1，图 103–2）。呈现中度瘙痒。有 1 条同居犬，但没有发现有皮肤症状。

问题

（a）如何进行鉴别?

（b）采取何种检查?

（c）可能为何种疾病？有效治疗方法是什么?

图 103–1

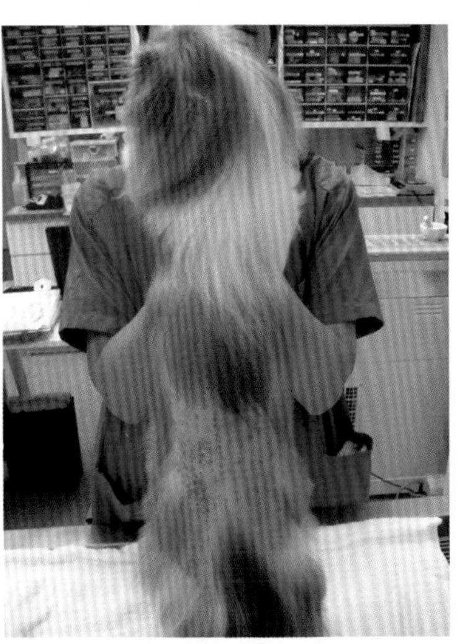

图 103–2

解答

（a）根据患部出现脱毛、发红和脓疱，怀疑为炎症性疾病。作为幼龄犬易发的疾病，应考虑与蠕形螨病、皮肤真菌症、脓痂症等进行鉴别。

（b）通过皮肤搔挠、细胞学和伍德氏灯等检查，以鉴别幼龄发病的蠕形螨病、皮肤真菌症和脓痂症等。

图 103-3

对于本病例，经肤搔挠检查，检查出了蠕形螨的虫体及其卵，因此，可诊断为蠕形螨病（图 103-3）。此外，在脓疱的细胞学检查中，发现了大量的嗜中性白细胞和球菌，可以推测脓皮症是由蠕形螨症引起的继发感染。

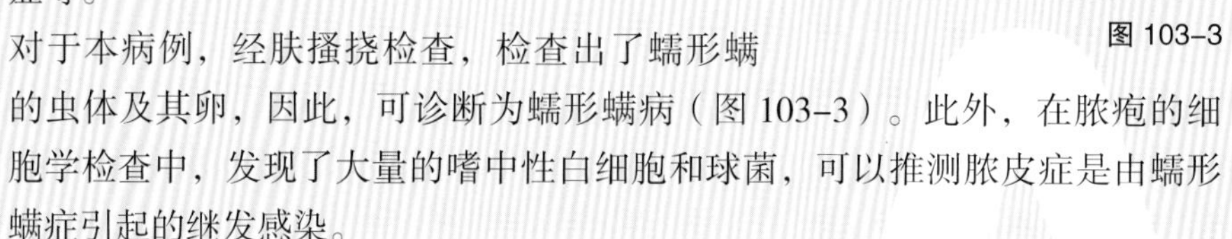

（c）作为治疗犬蠕形螨病的有效方法，使用伊维菌素（0.3~0.6mg/kg，每隔 24h 口服）、米尔倍霉素（1~2mg/kg，每隔 24h 口服）、莫西克丁（0.3mg/kg，每隔 24h 口服）及用含有 0.025%~0.05% 的双甲咪每隔 1~2 周进行药浴。

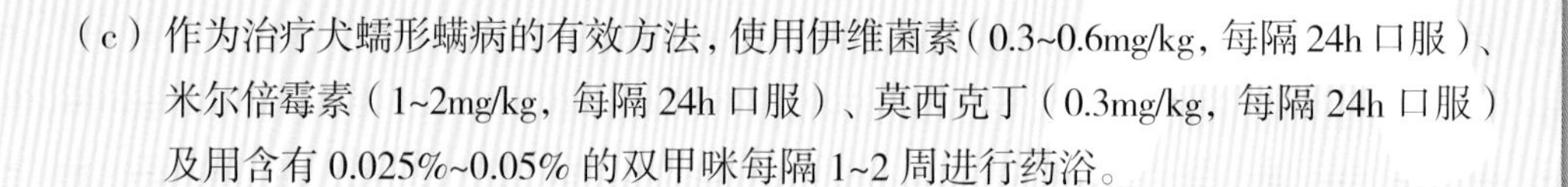

●要点

- 即使在宿主健康的情况下蠕形螨也会在其皮肤中寄生，通常不表现症状。
- 可分为幼龄型和成年型两类。
- 幼龄型见于 3~18 个月龄的幼犬，多数经 6~8 周可自愈。一般情况下，主要在局部出现症状，偶尔向全身蔓延。
- 成年型通常见于原发病引起的处于免疫低下状态的壮年至老年犬。作为原发病有内分泌性或医原性的肾上腺皮质机能亢进、甲状腺机能低下、糖尿病和肿瘤等。成年发症型难以自愈，因此，有必要进行治疗。
- 柯利犬，澳大利亚牧羊犬，雪特兰犬等具有共同起源的牧羊犬种，由于 MDR1 基因的发生突变而引起伊维菌素中毒的可能。对于这些犬，在用伊维菌素治疗前需要进行基因检查。确定用药是否安全。

●医嘱

- 由于蠕形螨具有很强的宿主特异性，不感染人。
- 通常生后由母犬直接垂直感染幼犬。在哺乳时由母犬感染幼犬，感染虫体可在其皮肤中终生寄生，通常不传染其他犬。
- 幼犬型对治疗的反应良好，而成年型对治疗的反应差，通常治疗的周期较长。

病例 104 家兔，跳蚤感染

症 状

发现身上有跳蚤的 3 岁零 6 个月的家兔来到医院就诊。当翻开被毛时发现有许多跳蚤粪便（图 104–1），而且可看到虫体。这个家兔是由在独户建筑中生活的主人所饲养，没有犬和猫等其他动物同居，且也没有带其到屋外散步。不过曾经短期在别屋中护理过流浪动物。

问题

（a）感染源是什么?

（b）在治疗中应使用何种药物?

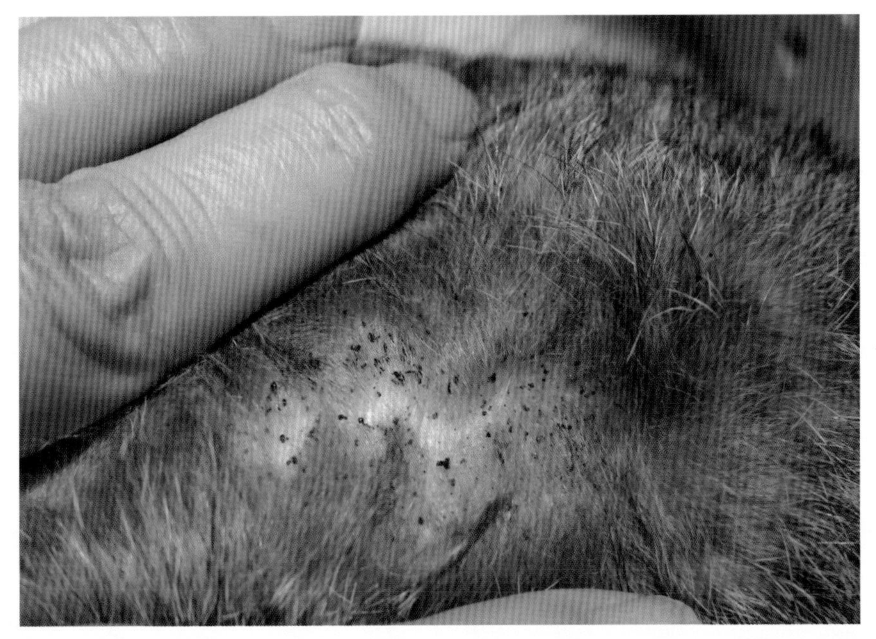

图 104–1

解答

（a）虽然没有在屋外散步过家兔感染跳蚤很少见，但偶尔能见到。由于这个家兔的主人独居，因此，可以考虑可能是户外的猫身上掉落的虫卵孵化后，传染给了屋里的家兔。不过，进一步了解是否和其他动物有过接触时，主人说曾经在其他屋里护理 3 天捡来受伤幼猫（后来死），但它和家兔完全没有接触。恐怕本病例是由寄生有跳蚤的幼猫，在其死后从身上掉落，并转移到家兔中寄生。

（b）驱除寄生家兔的跳蚤，使用吡虫啉滴剂比较安全和有效。对于家兔禁止使用非普罗尼制剂。

●要点

- 寄生在家里的家兔跳蚤多半为猫蚤，主要的感染源为猫，偶尔通过犬感染。通常同居的猫和犬从屋外感染后带回屋里，再传播给家兔。家兔即使不和犬或猫直接接触，也能被传染。
- 也有被称为家兔跳蚤的种类，这些寄生于野兔，家兔中几乎很少寄生。但是，如果将家兔带到野兔生活区域进行散步，则有可能被传染。
- 尽量确定感染源，避免再次被感染。

●医嘱

- 如果同居的犬或猫为感染源时，只要对犬或猫实施预防措施，可杜绝家兔受到危害，因此，建议对犬或猫进行预防。
- 认为是在屋外散步时发生了感染，则应停止散步，或者对家兔进行跳蚤预防处理。可以确定被感染的场所时，如果不去那种地方就能避免再次感染，不过很难做到万无一失。
- 市售跳蚤的驱虫药为犬用或猫用，目前，还没有家兔用驱虫药。因此，对于家兔使用这种驱虫药时，应说清此为无奈之举。不过，吡虫啉制剂、赛拉霉素制剂允许用于家兔，其安全性很高。
- 由于犬用和猫用的非普罗尼滴剂制剂对家兔有副作用，应告知不能用。

病例 105 犬，瘙痒，毛囊性脱毛，痂皮

症 状

美国可卡犬，1 岁零 10 个月，雌性，体重 6.6kg。本病例从 2 个月龄开始，就发现耳和颈部出现瘙痒症状。从 1 岁开始，腹部出现带有瘙痒的丘疹。病变部位逐渐扩大至背侧面、大腿和四肢（图 105-1），由于强烈瘙痒而出现自咬，甚至严重到自咬区域的被毛完全脱掉。

皮肤病变部位出现红斑、毛囊性脓疱、痂皮和鳞屑等（图 105-2，图 105-3）。血液检查及基础 T4 值无异常。

和本病例犬同居的还有 2 只犬，均不表现皮肤症状。

问题

（a）鉴别有哪些疾病?

（b）应采取何种检查?

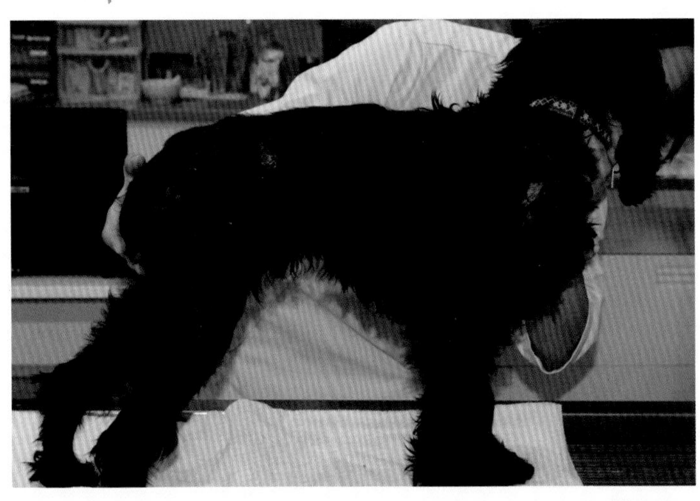

图 105-1

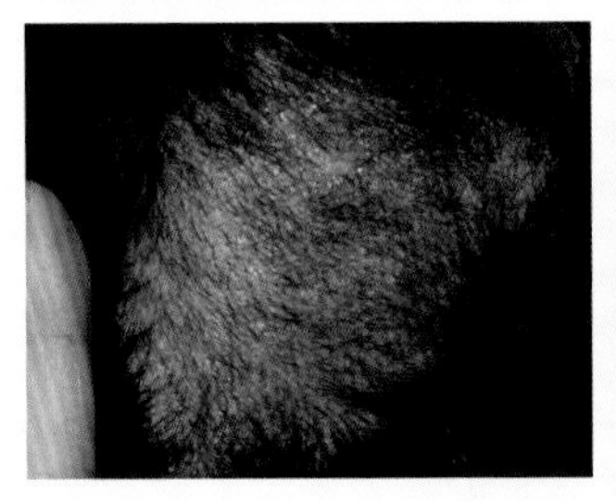

图 105-2

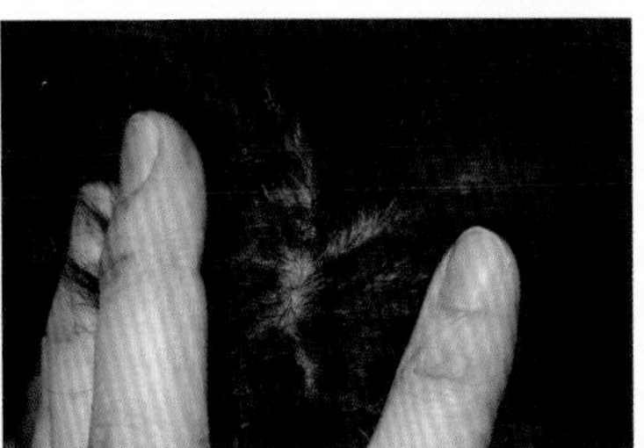

图 105-3

解答

（a）见于幼犬出现瘙痒的疾病有脓皮症、疥螨、皮肤真菌症等感染性疾病和食物过敏及特应性皮炎等非感染性疾病。本病例在 2 个月龄的非常幼小时期出现瘙痒，因此，与特应性皮肤炎相比，食物过敏的关联更高。

（b）为了鉴别感染性疾病和非感染性疾病，有必要进行皮肤搔挠、皮肤细胞学和伍德氏灯等检查，以检查是否感染细菌、马拉色氏菌、皮肤真菌、疥螨等。此外，如果认为是在 6 个月龄以前的幼犬发生症状时，应通过食物排除试验检查确定食物过敏原。

本病例的皮肤搔挠试验呈阴性，皮肤细胞学检查中发现大量的球菌和变性的嗜中性白细胞。此外，皮肤生物学检查结果，诊断为并发深在性脓皮症和过敏性疾病等引起的皮炎。

●要点

- 从病变部位主要检测出的细菌为伪中间型葡萄球菌，不过有时也能检出绿脓菌。在检查深在性脓皮症时，需要进行细胞培养和敏感性试验。
- 长期使用抗生素制剂（最少 6~8 周），即使从外观上已有疗效，也要坚持用药。

●医嘱

- 当不能确诊原发病时应对症治疗。在使用抗菌制剂的同时，积极采取含有抗生素液体的外用疗法。

病例 106 犬，雌性，肘、大腿瘙痒和丘疹

症 状

小型雪那瑞犬，10 个月龄，雌性，体重 7.1kg。7 个月龄时购于宠物店，皮肤的发红和瘙痒区域逐渐扩大。腹部及背部中可见红斑性丘疹（图 106-1）。使用阿莫西林进行 17 天的治疗。虽然红斑性丘疹有所改善，但瘙痒症状没有减轻。耳廓后部（图 106-2）、肘部、大腿部（图 106-3）及肢端的瘙痒更加严重。

和本病犬同居的还有 2 只犬，没有出现皮肤病变和瘙痒症状。

问题

（a）应进行什么检查？

（b）能考虑到什么治疗方法？

（c）这种疾病传染人吗？

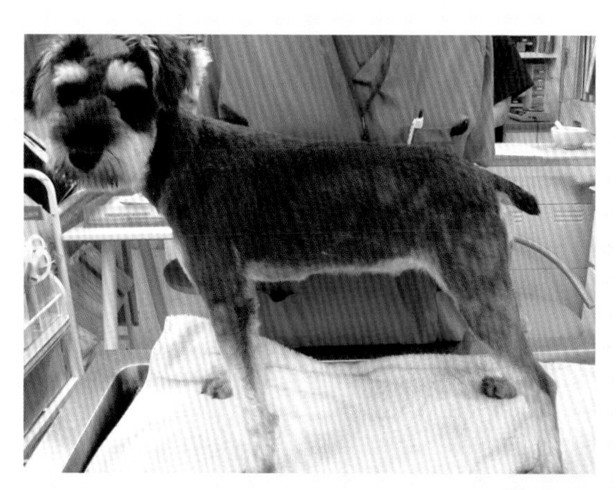

图 106-1

图 106-2

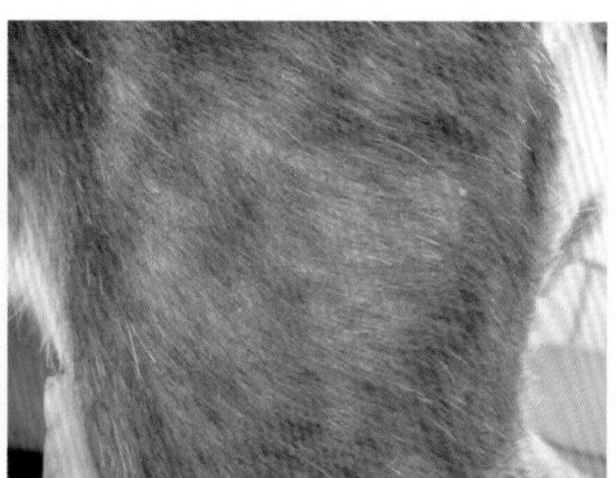

图 106-3

解答

（a）幼犬发生瘙痒的疾病有脓皮症、疥螨、皮肤真菌症等感染性疾病和食物过敏及特应性皮炎等非感染性疾病。由于本病例用抗菌制剂治疗了 17 天，虽然皮疹有所改善，但瘙痒症没有发生改变，因此，可以认为即使继发了脓皮症，但其并不是出现瘙痒的主因。对于这样的病例，为了鉴别脓皮症以外的感染疾病，需要再次进行皮肤搔挠、伍德氏灯、真菌培养等试验，以检测出疥螨或真状菌。当检测不出病原体时，首先针对疥螨冲用疥螨驱除剂进行试验性治疗。这样治疗后仍持续瘙痒时，应怀疑是食物过敏或特发性皮炎。此时，通过食物排除试验确定过敏源。由于本病例通过皮肤搔挠检查出疥螨及其虫卵，因此，可以确诊为疥螨。

（b）作为主治药品，可给予赛拉菌素滴剂（6~12mg/kg，每 2~4 周 1 次，共计 4 次），也可外用。赛拉霉素对柯利犬，雪特兰犬，澳大利亚牧羊犬等犬种安全性要比其他大环内脂类高。除此之外，还有使用伊维菌素（0.2~0.3mg/kg，每周 1 次 PO 或者每隔 2 周皮下注射 2~3 次）和米尔倍霉素（2mg/kg，每隔 7 天，PO，3~5 次）的治疗方法。

（c）犬疥螨可引起人易接触犬的躯干前部和手腕的弯曲部位等，出现伴有强烈瘙痒的红色丘疹。但是，由于人不是犬疥螨的终宿主，因此，即使给人带来损伤，但其不能在人的皮肤中长期生存。

●要点

- 犬疥螨是由于感染而发生的病症，该症无季节性，不论何种犬，也不分雌雄，伴有强烈的瘙痒症状为其特征。
- 犬疥螨的感染能力极强，很容易通过直接接触进行传播。因此，在诊断时，应详细询问同居的其他犬是否出现相同的症状，发病前是否去过宠物商店、宠物寄养场等，与不特定多数犬发生过接触。
- 对于犬来说，有时很难检查出疥螨。有时即使没有检查到虫体及其虫卵，当怀疑为疥螨时，应采取试验性治疗，根据其效果进行诊断。

●医嘱

- 犬疥螨可能对人也带来危害。因此，如果主人出现瘙痒症状时，应及时到医院进行就诊，并说明家里患有疥螨的动物。
- 当家里饲养多只犬时，所有的犬都要进行治疗。由于犬疥螨在离开宿主后可短时内存活，因此，建议在饲养环境中撒布合适的疥螨驱虫剂。

病例 107 犬，绝育雌性，环状红斑

症 状

约克夏㹴，3 岁，绝育雌性。为治疗细菌性膀胱炎而口服一次抗生素，在用药后不久除黏膜之外全身出现如图 107-1，图 107-2，图 107-3 的多形性红斑。无瘙痒症状，病变区域在短时间内扩大，皮疹逐渐融合。

问题

（a）列举临床上鉴别诊断病名。

（b）列举问诊时需要了解的事项。

（c）列举进行身体检查时除皮肤以外的所要关注的要点。

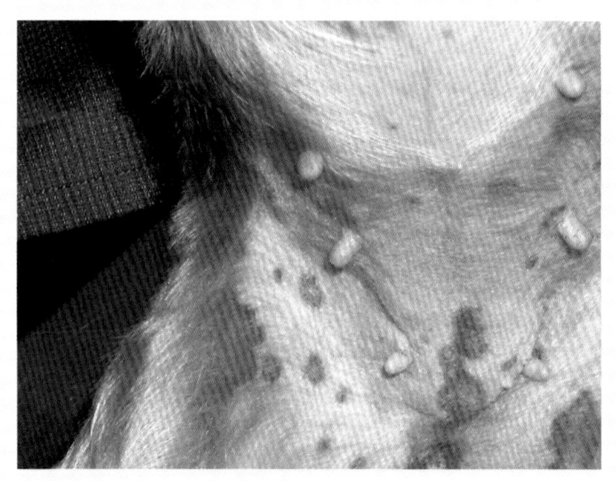

图 107-1

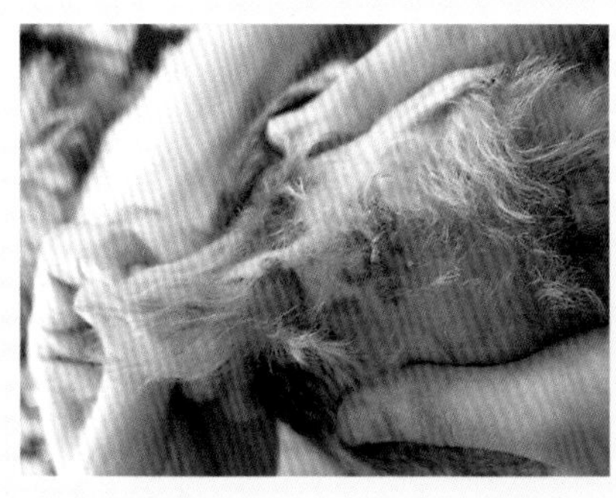

图 107-2

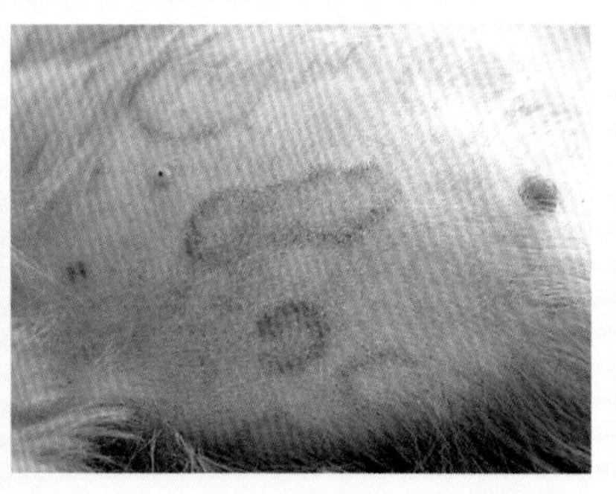

图 107-3

解答

（a）需要鉴别的疾病有多形红斑、荨麻疹、浅在性扩大脓皮症、真菌、蠕形螨症、自身免疫性水泡性皮肤疾病的初期等。

（b）注意了解所使用过的抗生素的种类及过去的用药史、饮食情况和其他动物有无接触等。

（c）从临床症状上看，可能是多形红斑。由于黏膜病变的有无与判定病的严重程度有关，因此，应详细观察除皮肤以外的口腔内、生殖器、肛门等区域黏膜是否有病变。

●要点

- 多形红斑是由药物、感染、肿瘤等引起的皮肤的一种过敏症。
- 磺胺类、青霉素类及头孢类是引起多形红斑的代表性药物，除此之外，其他的染料、食物中的防腐料和镇静剂等也能引起多形红斑。
- 在人常见由疱疹病毒引起的多形红斑，有关动物的病毒感染引起的报道非常罕见，据报道细小病毒感染能引起多形红斑。

●医嘱

- 如本病例这样轻度的多形红斑，只要消除病因，则可在数周内自然治愈。
- 据说有时发展为重症型。
- 应说明。为了确诊有必要进行负荷试验，一般情况下主人不一定接受。
- 如果是医生用药出现这类反应，主人常会抱怨。因此，对于药物处方或投药后可能出现副作用应预先向主人详细说明。

病例 108 猫，绝育雌性，面部肿胀和丘疹

症 状

杂种猫，8 岁。2 个月前发现面部肿胀和一过性发热。1 个半月前开始出现颈部和肩部发疹，并逐渐向下腿扩展。在其他医院用过多种抗生素（阿莫西林 / 克拉维酸，麻佛霉素等），期间每隔两周换一种抗生素使用，但没有见效。为了咨询来院。刚来医院时，发现躯干背部及耳廓内侧散在有附鳞屑的大型丘疹，其部分自溃后形成痂皮（图 108–1）。此外，鼻梁的部分区域出现肿胀（图 108–2）几乎没有自觉症状。皮肤搔挠和被毛检查结果呈阴性，挤压涂片检查中发现许多嗜中性白细胞和吞噬细胞。血液一般检查无异常，精神和食欲也正常。为了详细检查，对躯干背部的丘疹进行了生物学和病理组织学检查，其结果，丘疹为充满大型吞噬细胞的肉芽肿，肉芽肿中散在有 PAS 染色呈强阳性的大型酵母样菌体（图 108–3）。

问题

（a）诊断是什么?

（b）需要进一步检查或了解的是什么?

（c）需要何种管理和治疗?

图 108–1

图 108–2

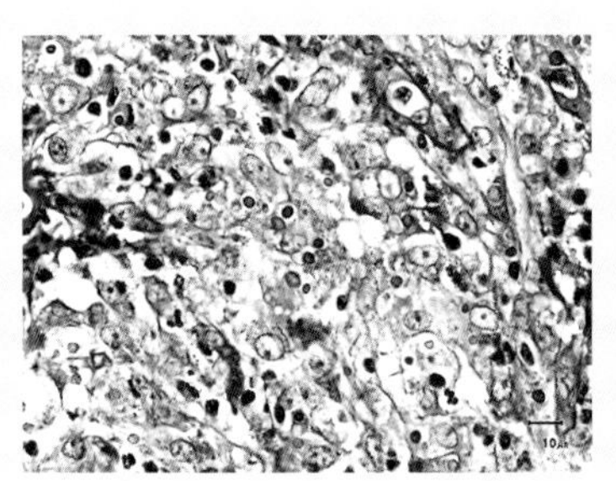

图 108–3

（a）隐球菌症。

（b）隐球菌症不仅在皮肤，而且也引起鼻腔、口腔、肺、眼、中枢神经、淋巴结等出现症状，因此，应详细观察这些部位是否出现病变或发生什么症状，除此之外，还需要进行眼底检查、透视、神经学检查、浅在淋巴结触诊等。由于隐球菌症常发生在免疫低下状态的动物，因此，需要详细了解既往史、治疗史（特别是肾上腺皮质激素制剂、免疫抑制剂）。也有必要调查是否感染FIV/FeLV。此外，为了与其他酵母样真菌症的鉴别和确认药物的敏感性，建议进行培养鉴定试验和敏感性试验。

（c）全身性投予抗真菌制剂。作为抗真菌制剂使用伊曲康唑（5~10mg/kg，每隔12~24h）、氟康唑 5~15mg/kg，每隔 12~24h）等。对人的感染能力较低，但是，从人畜共患病的角度，特别是免疫机能低下人和动物，应避免与病猫接触。

●要点

- 隐球菌症的主要病原菌为隐球菌。
- 该菌存在于含氮较高的碱性堆积物（例如，被鸡粪污染的土壤），由此通过吸入感染上呼吸道或者通过外伤口经皮肤感染。
- 隐球菌症诱发鼻腔和口腔等的呼吸器官和眼、中枢神经、皮肤等处发生病变。约40% 病例呈现皮肤症状，特别是常发生于头部、颈部和耳廓。
- 出现神经症状的病例，一般预后不良。

●医嘱

- 虽然认为隐球菌的感染能力较弱，但根据其为人畜共患病情况，应向主人交代，免疫机能低下人和动物，在其免疫力没有获得改善之前，应避免与病猫接触。
- 隐球菌症的治疗，主要采取全身投予抗真菌制剂，有必要预先说明治疗可能需要数个月，如果症状或感染严重时，可能需要更长的时间。
- 当出现神经症状时，应说明预后不良。

病例 109 犬，小型雪那瑞红斑

症 状

小型雪那瑞，9 岁，未绝育雌性。从傍晚开始全身出现红斑。一般检查没有发现异常，也没有发现发热症状。全身出现多形性的红斑，其在各处融合，形成局部浮肿（图 109–1，图 109–2，图 109–3）。病变也稍微波及肛门或会阴部。据说在附近的美容店第 1 次进行了洗澡。CBC、血液生物化学检查均正常，CRP ＞ 20mg/dL。

问题

（a）能想到与何种疾病进行鉴别？此外，这个情况严重吗？

（b）这样的病例来院后，应采取何种措施？

（c）如何进行治疗？

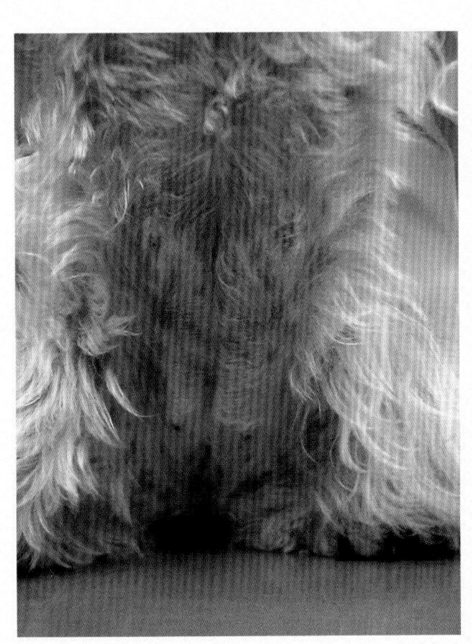

图 109–1

图 109–2

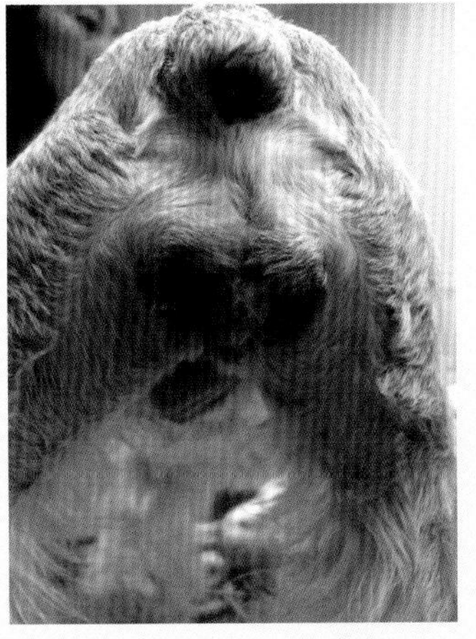

图 109–3

解答

（a）作为鉴别诊断可列举的疾病有无菌性脓疱性红皮疹、多形红斑（EM）、中毒性休克症候群、斯伟特症、荨麻疹等。它们均为急性疾病，应及时早诊断并进行治疗。

（b）首先应向主人说明病情紧急，然后说明鉴别疾病，即使现阶段一般状态无异常，但在数小时内病情会恶化，有时可能会死亡。只要得到主人同意，应尽早进行 CBC、血液生化、CPR 测定和尿液等检查，以了解全身状态。此外，应尽早进行皮肤生物学检查，以弄清病原体。由于常伴发 DIC，因此，也要测定 PT、APTT、AT Ⅲ、血纤维蛋白原和 FDP。根据生物学检查结果，本病可以诊断为小型雪那瑞的无菌性脓疱性红皮症。

（c）几乎所有的鉴别诊断疾病都需要使用波尼松等免疫抑制剂的疾病。不过，由于中毒性休克症候群是由于细菌感染引起，所以，禁止使用免疫抑制剂。为此，首先尽早检查病例是否存在严重的感染病灶（向本病例的未绝育雌性，必须鉴别是否存在子宫蓄脓症），当中毒性休克症候群的可能性很小时，开始给予波尼松。

在没有得到生物学检查结果之前，最好不要控制使用免疫抑制剂。也有必要进行输液疗法或投予抗菌制剂。本病多伴发低白蛋白血症和 DIC，由于这些变化可在数小时之内进一步恶化，因此，需要认真监视。对于本病例，在当天的检查中没有发现异常，但从第 3 天开始出现低白蛋白血症（1.1/dL）。

●要点

- 本疾病是小型雪那瑞特发的疾病，其病因尚不清楚。
- 本病与洗澡用香波有关，通常在洗澡后的 24~48h 发病。
- 病变初期，主要呈现红斑或红斑性局面，进而不能伴发融合后形成的糜烂、皮痂和溃疡等。
- 常并发低白蛋白血症、嗜中性白细胞升高、发热、DIC 等全身症候群等，死亡率也很高。

●医嘱

- 如果怀疑为本病，应向主人说明其严重状态、病情发展迅速及高死亡率等情况。
- 应说明即使对治疗有反应，仍需要住院治疗数周。
- 康复后，应避免使用发病前接触过的药品、香波等。

病例 110 犬，颈部和前肢环状肿瘤

症 状

杂种犬，12 岁，绝育雄性。因颈部和左前肢皮肤出现硬结（图 110-1）而来院咨询。在活动性和食欲等方面无异常。除左肘外侧发现直径约为 6cm 的肿瘤和颈部右侧出现皮肤隆起外，没有发现其他异常。

将颈部被毛剃掉后观察时，出现皮疹的区域呈现隆起的环状紫斑，而其中央部位呈正常的皮肤颜色。肘部的肿瘤也是大小不一且呈现相同病变。对肘部的肿瘤进行穿刺生物学检查结果，可见具有活跃的增殖像和核异型的圆形细胞（图 110-3）。

问题

（a）可能为什么疾病？

（b）B 淋巴细胞和 T 淋巴细胞的哪个类型更多？

（c）如何治疗？

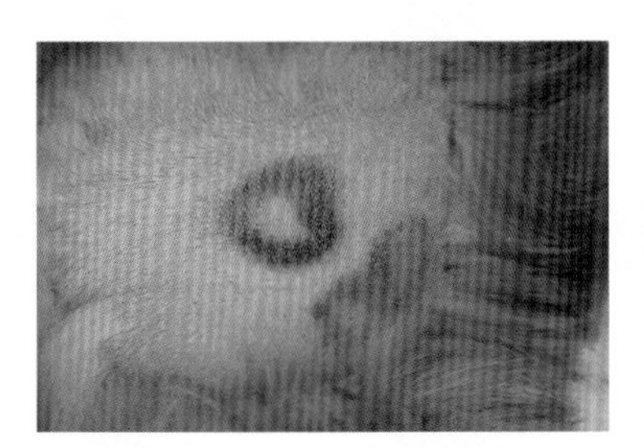

图 110-1

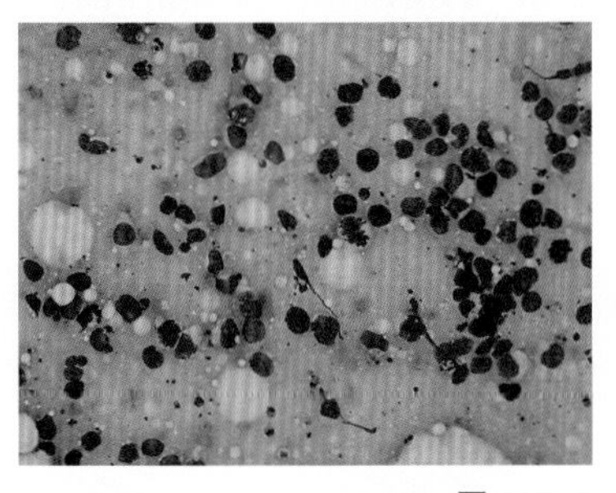

图 110-3

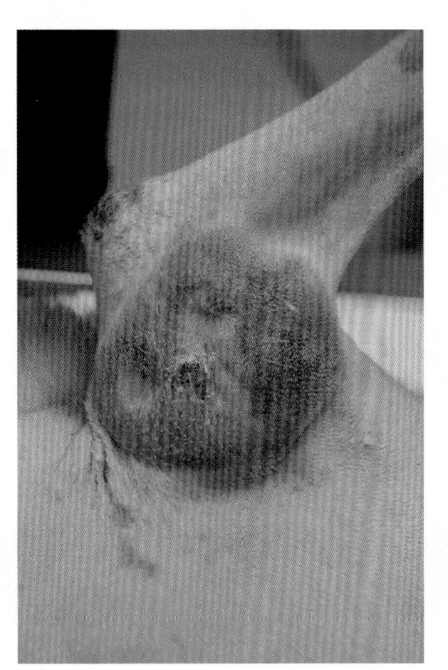

图 110-2

解答

（a） 皮肤淋巴肿瘤。本病例通过生物学检查、染色性分析和免疫染色，确诊为B淋巴性非上皮性淋巴肿瘤。

（b）通常认为大多数为T淋巴细胞性。B淋巴细胞的皮肤型淋巴肿瘤如本病例一样多呈现空心形或飞镖形的外形。

（c）并不仅仅是皮肤疾病，而应看作是全身性疾病。在通过CBC、血液生物化学和尿液等检查，以把握全身状态的同时，通过胸腹部X光线检查、腹部超声波检查（根据情况进行骨髓检查）等确认是否转移到腹腔脏器，并进行严重程度分类。如果是孤立性病变，则可通过完全切除或放射线治疗，使动物能够长期存活。通常化疗，如果是B淋巴细胞型时按化疗常规并用，而T淋巴细胞型时也可用CCNU进行治疗。应该和肿瘤科专家会诊治疗。

●要点

- 非上皮性淋巴肿瘤不仅原发，也可继发。
- 生物学动态变化多样。
- 孤立性或多发性、真皮或皮下发生结节和浸润性的斑块是其主要病变。有时也伴有中心部的溃疡或淋巴结肿胀。

●医嘱

- 应说明其不单纯是皮肤肿瘤，而是全身性疾病。
- 基本上预后不良，如果是独立性病变，则可通过外科切除或放射线治疗，及化疗等配合治疗后，有的病例可维持生命30个月以上。
- 由于在日本CCNU尚未获得使用许可，因此，使用个人买来的CCNU时，应预先获得主人的同意。

病例 111 家兔，雄性，脱毛鳞屑

症 状

荷兰耷耳兔，8 个月龄，雄性。由于出现瘙痒而来医院。在生后 3 个月时购于宠物市场。约在 1 个月后，出现瘙痒症左右耳根部及耳廓出现脱毛及轻度的鳞屑（图 111–1），此外，发现颈背部出现少量的鳞屑和发红。外耳道内未发现显著病变。在兔笼中单独饲养，和其他动物没有接触。在主人的腕部也出现带有瘙痒的丘疹（图 111–2）。

问题

（a）如何鉴别诊断？

（b）可能的疾病是什么？确诊应采取什么检查项目？

（c）如何进行治疗？

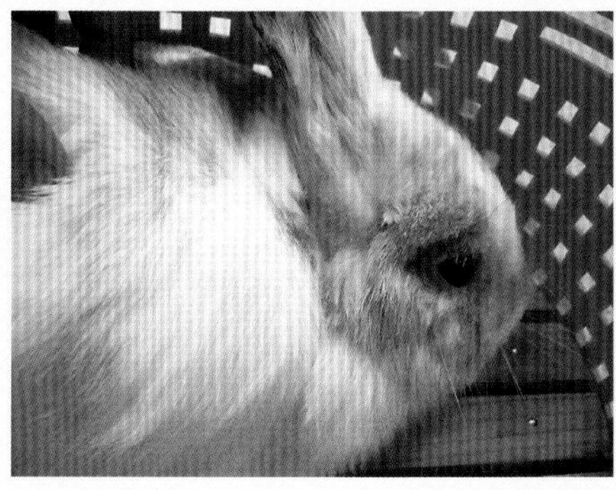

图 111–1

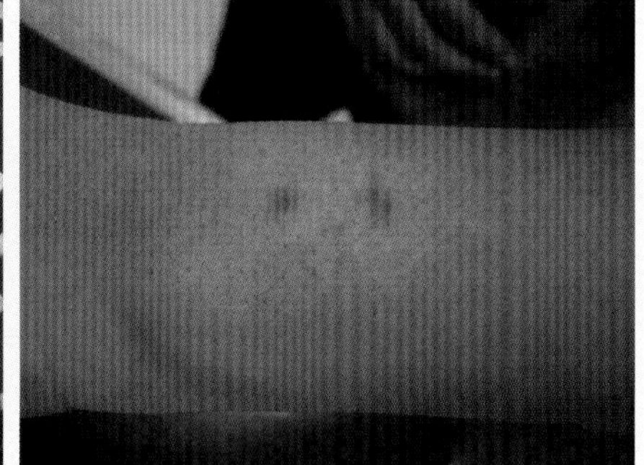

图 111–2

解答

（a）可列举的鉴别疾病有爪螨症、痒螨症，皮肤真菌症、耳螨症、疥螨等。主要症状为瘙痒、脱毛和鳞屑，可做鉴别诊断。

（b）最可能为爪螨症。为了确诊应进行透明胶带法检查。

根据颈背部病变、接触的人出现瘙痒和丘疹及上述的鉴别诊断疾病中的爪螨症特点，首先怀疑为爪螨症。疥螨也能引起人出现同样的丘疹，但家兔极少患此病。

用透明胶带法可简便有效地获得皮肤最表层和被毛的检验样本。通常很容易通过此法检查出爪螨和痒螨。

皮下注射伊维菌素（200~400μg/kg），通常每隔 2 周注射 1 次。此外，外用吡虫林系和有机磷杀虫剂，近年来认为，赛拉霉素滴剂点滴也有效。

对于本病例，即使采用透明胶带检查和皮肤搔挠检查等检测了爪螨为首的病原体，但均没有检测到。因此，试验性皮下注射了伊维菌素，其结果，家兔和人的症状均消除。通过诊断性治疗，最可能为爪螨症。

●要点

- 家兔爪螨是家兔外寄生虫的一种。
- 病变主要在颈背部好发，虽然伴有发红和鳞屑的脱毛是其典型的症状，但有时也出现其他症状。
- 通常通过透明胶带采集到落屑，或者被毛样本的镜检也很容易进行诊断。

●医嘱

- 和患病家兔接触的人其腕部等出现伴有瘙痒的丘疹。
- 当通过各种检查查不出虫体时，有必要进行试验性治疗。
- 即使驱虫，也可能无法完全驱除螨的寄生，也常见复发。
- 由于爪螨摄食宿主的角质而生存，因此，通过梳理清除落屑，或清洁饲养环境可促进治疗效果。

病例 112　玩具贵妇犬，脱毛和色素沉积

症 状

玩具贵妇犬，3 岁，绝育雄性。躯干部、腰背部和大腿部后缘出现脱毛（图 112–1），病变部周围的被毛结构严重受损及色素沉着（图 112–2）此外，没有发现皮疹，也没有瘙痒症状。脱毛是从 1 年前从躯干部开始发生的，此后逐渐向背腰部扩展，但没有向其他部位继续扩展。没有季节性变化。

问题

（a）列举呈现这种症状的鉴别疾病。

（b）为了确诊应考虑实施何种检查？

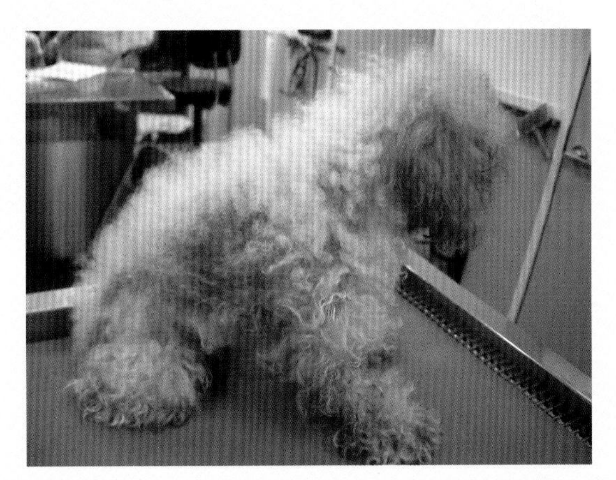

图 112–1

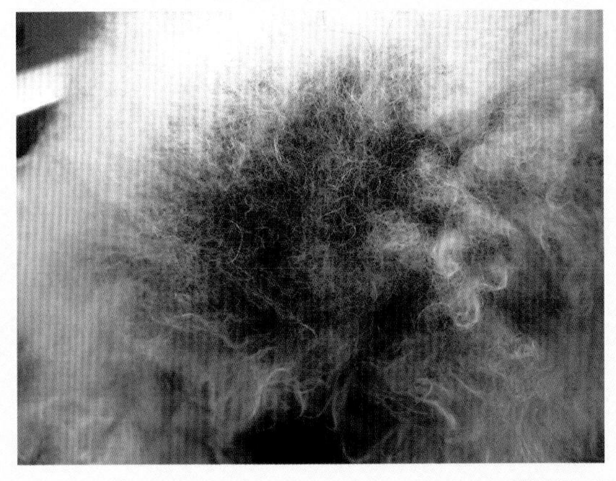

图 112–2

解答

（a）毛囊发育异常、脱毛症 X、季节性（再生性）腹侧部脱毛症。此外，虽然从年龄和犬种考虑可能性很低，也可纳入甲状腺机能低下症和肾上腺皮质机能亢进症。如果是未绝育雄性，支持细胞瘤等也可纳入鉴别诊断。

（b）开始进行挤压涂片和皮肤搔挠检查及被毛显微镜检查。特别要注意观察毛轴是否存在黑色素颗粒。然后，通过 CBC、血液生物化学和尿液检查，进行全身状态普查。通过这些检查，如果没有发现异常，内分泌疾病和睾丸肿瘤等的全身性疾病的可能性很低时，最终通过皮肤生物学检查进行确诊。本病例的生物学检查结果，呈现明显的毛囊漏斗部的角化亢进、毛轴内的黑色素凝集、毛囊的弯曲等。此外存在许多生长期毛囊，根据这些诊断为毛囊发育异常。在毛囊发育异常时，萎缩性变化较小，主要变化为黑色素凝集和毛囊弯曲，且具有很多生长期毛囊。

●要点

- 毛囊发育异常具有毛质低下（图 112–2）、被毛色泽变化、不同程度的进行性脱毛等特征。
- 病因尚不清楚。
- 虽然发病年龄与犬种不同而异，不过一般 3 岁之前发病。
- 躯干为好发区域，不过头部和四肢远端以外的所有部位也有可能也发生脱毛。
- 在治疗时，首先给予 1 个月褪黑素（3mg/ 只，每隔 24h），并观察对于药物的反应。当没有反应时，再给予 1 个月褪黑素（3mg/ 只，每隔 12h），并观察其反应。

●医嘱

- 有必要向主人说明，本病仅带来外观上的问题，并不对健康带来危害。
- 对于治疗的反应没有达到脱毛症 X 等的程度，不过，其中有的病例呈现抵抗性。
- 应说明被毛再生后可能发生毛色变化（图 112–3）。

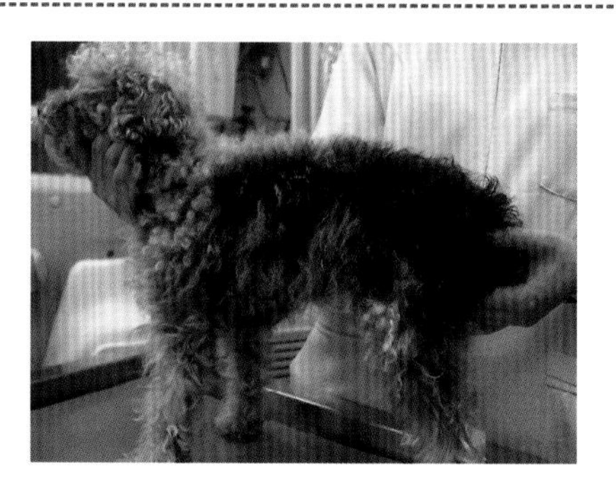

图 112–3

病例 113 犬，绝育雄性，色素性沉着

症 状

吉娃娃，2 岁，绝育雄性。发现颈前部（图 113–1）、腹股沟部（图 113–2）和后肢内侧（图 113–3）出现直径为 5mm 以下的伴有色素沉着的症状。病变部位的界限清楚，表面稍微不整。病变是从 1 个月前开始发生，然后逐渐扩大。本病例犬从 8 月龄开始患上全身性蠕形螨症，不过对于药物的反应极差，尚未痊愈。经 CBC 检查诊断为淋巴细胞减少症。血液生物化学和尿液检查的结果未发现异常。

问题

（a）对于经历这样的病变，应考虑和何种疾病进行鉴别，应通过什么程序进行诊断?

（b）为了诊断进行生物学检查时，应注意什么事项?

（c）今后可能有何种过程?

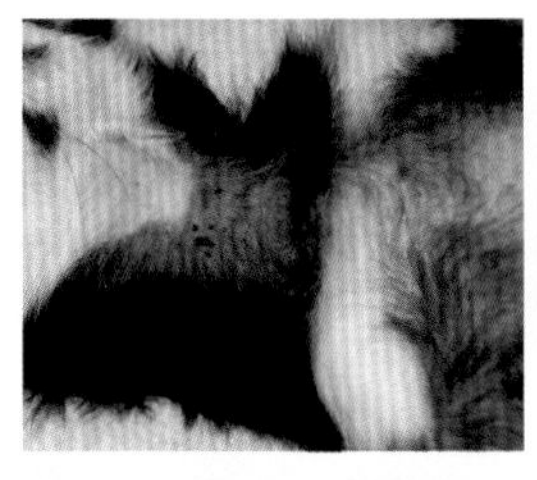

图 113–1

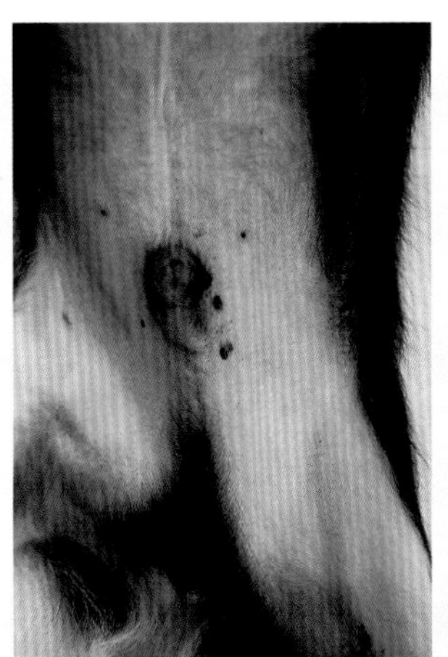

图 113–2

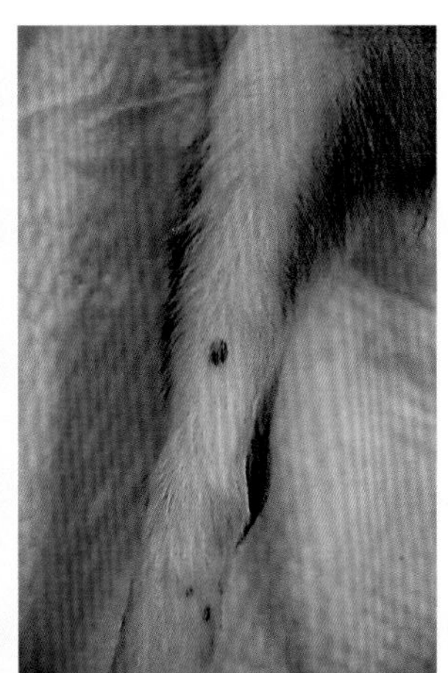

图 113–3

解答

（a）从肉眼可观察到的鉴别疾病有黑色素瘤、胎记、色素性病毒性病变等。这样快速发展的隆起性病变，不必观察过程，而应尽早进行生物学检查。

（b）如果怀疑为肿瘤性疾病，为了判定浸润程度应采集一定的病变边缘进行生物学检查。此外，为了诊断病毒性，应在发生后尽快采集病变样本。如果采集陈旧病变，有可能观察不到病毒。为了检测病毒，有时考虑采用 PCR 或电子显微镜进行检测，因此，用于这些检查的样本最好一同采集。

本病例的生物学检查结果，对乳头瘤病毒的免疫染色呈阳性，因此，可以确诊为色素性病毒性病变。

（c）对于色素性病毒性病变而言，经过一段时间其局部生长，不过多数其后达到平衡状态。但是，由于存在转变为扁平上皮癌的可能，因此，应注意观察其病程发展。

●要点

- 色素性病毒性病变是由犬乳头瘤病毒引起的疾病。
- 通常 1cm 以下、伴有色素沉着的卵圆形及圆形多发性病变为其肉眼观察特征。
- 好发部位为腹侧面、四肢近端内侧。
- 一般认为在甲状腺机能低下症、肾上腺皮质机能亢进、低血清球蛋白症、使用免疫抑制剂期间等免疫抑制状态下容易发生此病。对于本病例而言，由于其从幼龄时患有全身性蠕形螨病，因此，可能处于免疫抑制状态。
- 已有报道称，每隔 24h 给予阿奇霉素（10mg/kg），经 2 周治疗病变可消失。

●医嘱

- 应说明，虽然不会继发严重的疾病，但有可能发生癌变。
- 考虑到可能处于严重的免疫抑制状态，因此，说明必须注意其他的感染症。

病例 114 犬，绝育雄性，脱毛，瘙痒，多饮多尿

症 状

杂种犬，12 岁，绝育雄性，由于额、前后肢、腹部出现脱毛和瘙痒（图 114–1）及多饮多尿而到医院。6 年前由其他医院确诊为落叶天疱疮，开出的处方是波尼松龙（0.6mg/kg，每隔 24h）、头孢（25mg/kg）和甲状腺激素制剂等。

在其他医院，6 个月之前 ALP 呈现升高，因此，降低了波尼松龙量，其结果，最近其面部、手足的瘙痒逐渐变得严重（图 114–2，图 114–3）。主人建议增加药量以减轻瘙痒。主人说由于容易发生出血，一直用手工制的套子裹着跗部和肘部。

问题

（a）从病史和身体检查，可能为什么疾病？

（b）初诊时需要检查什么？

（c）为了避免出现这种情况，应采取何种措施？

（d）瘙痒的原因是什么？

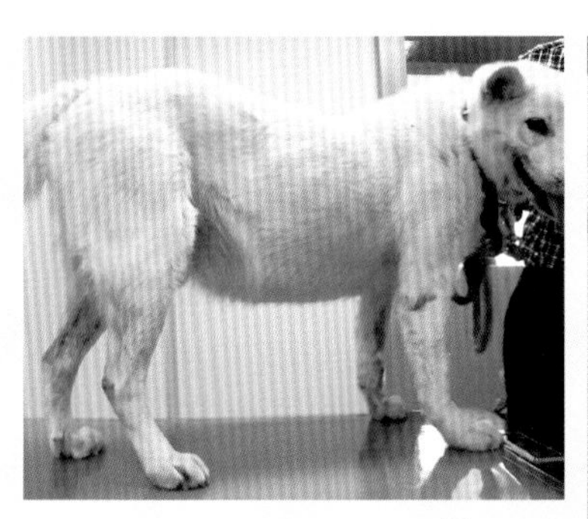

图 114–1

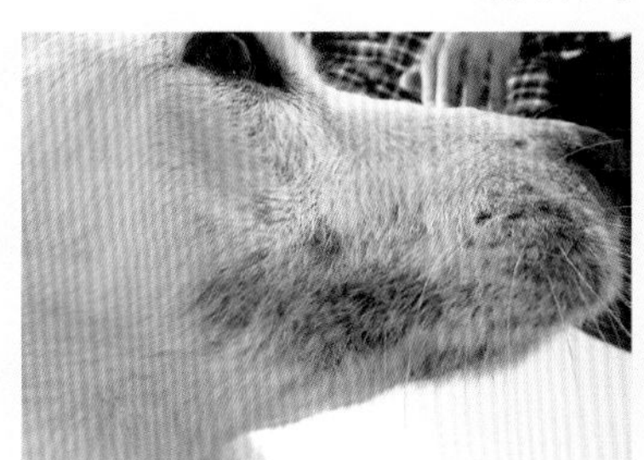

图 114–2

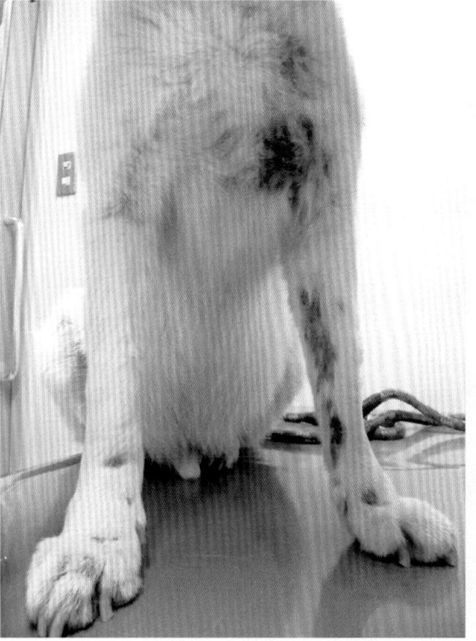

图 114–3

解答

（a）怀疑为医源性库欣氏症候群。从病史中注意到，本病例被诊断为落叶天疱疮，6年期间使用了高剂量的波尼松龙。此外，据说病犬多饮多尿，经检查腹部下沉，皮肤发生菲薄化，由于肌肉变薄，因此，肘部和脚后跟在微小的刺激下就会发生出血。

（b）进行挤压涂片检查、皮肤搔挠检查、CBC、血液生物化学检查、ACTH 刺激试验。本病例，在挤压涂片检查中发现球菌、皮肤搔挠检查中检测到蠕形螨。血液生物化学检查中，GPT 和 ALP（分别为 290IU/dL 和 1809IU/L）均呈现高值。ACTH 刺激检查中，皮质醇值由刺激前低于 0.2μg/dL，经刺激后提高至 0.50.2μg/dL。细菌鉴定检查中，检测出中间型葡萄球菌，但没有检查到药物耐药性菌。

（c）落叶天疱疮得到缓解后，应马上逐渐降低肾上腺皮质激素，并定期进行检查。

（d）认为伴发于医源性库欣氏症候群的蠕形螨症和脓皮症是瘙痒的原因。

●要点

- 在落叶天疱疮的病变接近治愈之前，有必要给予免疫抑制量的肾上腺皮质激素制剂。通常，在治疗落叶天疱疮时，给予波尼松龙（每隔 24h，2~4mg/kg），在症状发生改善或治愈后的几周或几个月之内逐渐减量，使药物剂量维持在不出现症状或症状为可容忍程度的最低剂量。
- 在 6 年间，剧烈瘙痒是在最近出现，皮疹的种类和分布与落叶天疱疮不一致。此外，在挤压涂片检查中也没有观察到肌溶解细胞。根据这些情况，认为这次的皮肤症状与落叶天疱疮没有关系。
- 为了检测准确的甲状腺激素值，应停止使用肾上腺激素制剂后再检查。由于急停药物会出现危险，因此，在比较长的时间内逐渐减量。

●医嘱

- 为了抑制瘙痒，不必增加肾上腺皮质激素制剂的剂量，而是通过抗生素或驱虫药治疗细菌和寄生虫。
- 应告诉主人，由于蠕形螨症和脓皮症可能由医源性库欣氏症候群诱发，患病动物处于药物依赖型体质，因此，不能马上停止肾上腺皮质制剂。
- 首先，有必要治疗医源性库欣氏症候群。由于是该病，通常与感染疾病相比治疗期间需要较长。

病例 115 猫，9 岁，耳廓和鼻出现痂皮

症 状

杂种猫，9 岁，体重 3.7kg。由于耳廓形成皮痂而来医院诊治。病变从数年前就已发现。体温 40.4℃，精神和食欲等一般状态无异常，不过发现头部的瘙痒。耳廓（图 115–1）及鼻梁（图 115–2）上附着有厚厚的皮痂，爪床上附有奶油样的渗出物（图 115–3）。此外，虽然量很少，但在耳廓中散在有微小的脓疱。其他的一般检查未见异常，CBC、血液生物化学、尿液及 FIV–FeLV 等检查中，也没有发现特别的异常。

问题

（a）对于这样的病例，首先应走何种诊断途径最为适当?

（b）为了确诊，在进行皮肤生物学检查时应注意什么?

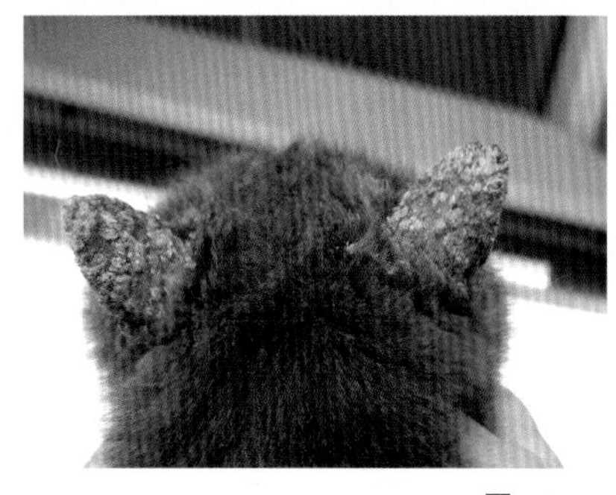

图 115–1

图 115–2

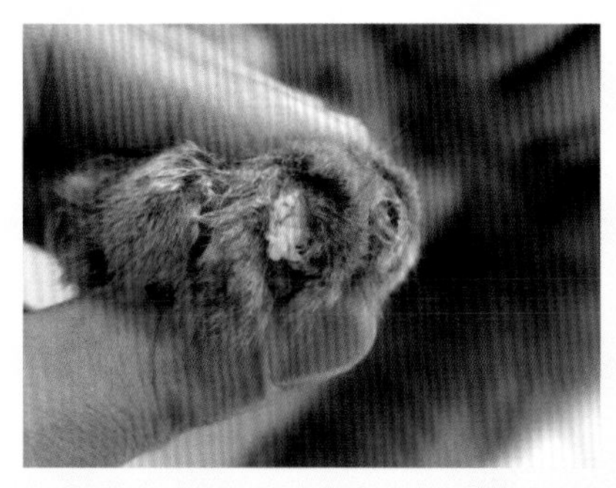

图 115–3

解答

（a）应立即戴上项圈，获得主人对生物学检查的同意。

从临床症状上看很像落叶天疱疮(PF)。为了采集用于PF诊断的生物检查样本，应采取无伤脓疱。但是，脓疱极易受损，像本病例这样耳廓上的散在的脓疱极其“珍贵”。有时候由于脓疱被破损，则至形成新的脓疱需要数天的时间戴上项圈。

经问诊得知，该病例出现瘙痒，因此，需要马上给药治疗，以保护脓疱免受破损。然后，由于有时经数小时其脓疱破损，因此，应尽早获得主人对生物学检查的同意。在进行鉴别诊断时还有必要进行挤压涂片和皮肤搔挠检查，但由于临床上怀疑为落叶天疱疮，因此，在想获得用于生物学检查用病变样本时，可以省略。

（b）在采集生物学检查用病变样本时，对于所要采集的部位仅仅喷洒消毒液即可，绝不能擦蹭，以防止脓疱破损。此外，避免消毒液进入外耳道内。必须嘱咐采取生物学检查用样本时破坏脓疱。当怀疑像PF这样的免疫介导性疾病时，必须采集用于冰冻切片的样本，等等。以上为应注意的事项。

●要点

- PF是猫中最为常见的免疫介导性皮肤病。
- 临床上主要呈现脓疱性病变，不过脓疱极易受损。可见痂皮、鳞屑、脱毛及糜烂。此外，大部分病例出现瘙痒症状。
- 好发部位为鼻梁、耳廓、眼周围、肉枕和爪床等。也有报道称躯干、四肢和乳头周围等也发生病变。
- 应避免失去用于生物学检查样本的采集时机。采集时，尽量一次性采取所要进行生物学检查用的样本。
- 一般情况下，用于治疗的首选药物为肾上腺皮质激素制剂。由于给予氟米松（每隔24h，2~4mg/kg），当症状有所缓解时，根据状态逐渐减量。此外，有报道称，氟羟强的松龙也有效。
- 对于肾上腺皮质激素制剂无治疗反应病例，给予苯丁酸氮芥（每隔24h，0.1mg/kg，根据症状调整投予量），对其可单独或肾上腺皮质激素制剂合用。

●医嘱

- 预后良好，但需要长期（有时一生）治疗，对此应预先向主人说明。此外，需要说明在治疗过程之中复发，或者对于治疗可能呈现抵抗性。
- 存在并发其他免疫介导性疾病（肾小球疾病或贫血等）的可能性。

病例 116 犬，14 岁，不愿活动，被毛粗糙

症 状

杂种犬，14 岁，绝育雌性，体重 27kg。约 1 年前开始不愿活动，体重增加，活动性下降能力，并发现鼻部被毛逐渐脱落，为此来医院诊治。体温 37.2℃，脉搏 100 次 / 分。可在诊查台上站立，静立不动，在家里除吃食之外，几乎不活动。

全身被毛粗糙且无光泽（图 116–1），鼻部和尾部脱毛（图 116–2，图 116–3）。此外，鼻部有色素沉着。血液检查结果，PCV 33.0%，总胆固醇 400mg/dL，其他未见异常。

问题

（a）本病例的皮肤症状较轻，其他一般状态呈现内分泌性疾病特征，病名应该是什么？

（b）在诊断时，有必要检测甲状腺激素水平（基础 T4，fT4），对影响测定值（特别是基础 T4 值）主要原因是什么？

（c）开始治疗后，哪种症状能够较快而哪种症状需要较长时间才能缓解？

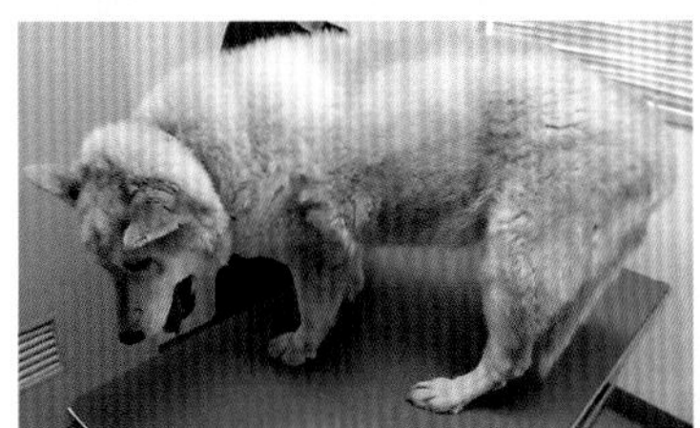

图 116–1

图 116–2

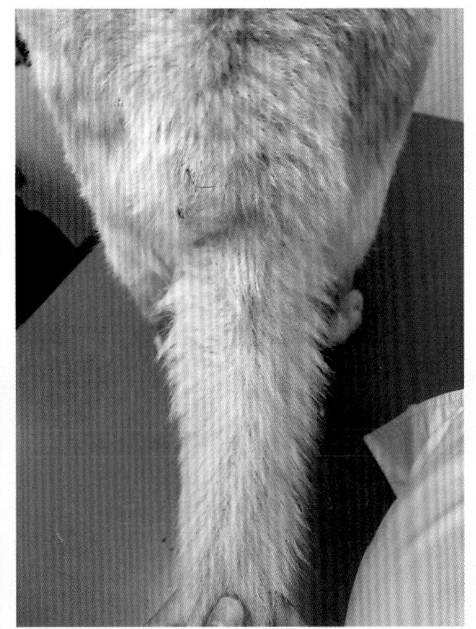

图 116–3

解答

（a）可能为内分泌疾病的甲状腺机能低下症。在本病例中观察到的伴有鼻部色素沉积的脱毛症，具有这种疾病的特征，但是，其他疾病中也出现这种症状，因此，确诊需要检查皮肤以外的其他症状。常见的症状为活动性下降、沉郁、体重增加、徐脉和体温降低等。不经治疗过程的病例有时出现神经症状。特别是重症病例，常俯卧在诊台上一动不动。

仅根据皮肤症状很难与其他的内分泌疾病进行鉴别时，可根据上述的皮肤以外的症状症状推测名很有意义。

（b）药剂（肾上腺皮质激素制剂、苯巴比妥、呋喃苯氨酸、NSAIDs 等）、心脏疾病、库欣氏症候群等成为降低基础 T4 值的诱因。因此，在测定基础 T4 值之前，有必要确认是否用过相关的药物和患有其他疾病。由于单靠基础 T4 值降低来确诊甲状腺机能低下症，会引起误诊，因此，并不要为了筛查而测定 T4 值，应为确定引发症状和基础 T4 值下降的诱因进行深入检查。

（c）如果用左旋甲状腺素钠进行治疗，可比较快的缓解活动性低下和体重降低、徐脉、体温低下等。但是，大多数病例的脱毛等的皮肤症状和神经症状需要数个月才能改善。对于神经症状不进行治疗，其症状可长期存在。

●要点

- 已知甲状腺机能低下症呈现左右对称性脱毛、悲痛的表情症状，不过，在临床上这种教科书中的典型性症状较轻，大多数情况下，根据其他症状怀疑为本病。此外，有时仅依据低下的基础 T4 值进行确诊，不过应注意明确各种的因素均可诱发基础 T4 值下降。

●医嘱

- 如果用左旋甲状腺激素进行治疗，则可出现快速过度兴奋的情况。所以，应告诫主人注意在散步等时发生撕咬或事故的发生。

病例 117 犬，15 岁，多发小型肿瘤

症 状

马尔洛斯，15 岁，绝育雌性。由于全身出现瘙痒而来就诊。整个躯干部出现丘疹和脓疱，怀疑为浅在性脓皮症，但又和其他皮疹不同，出现全身性多发小型肿瘤（图 117–1）。

据主人讲，这样的肿瘤从一年前开始尤为明显，在那之前也发现少数的肿瘤存在。肿瘤呈现扩散的趋势，其扩散速度较缓慢，病犬没有出现自己搔挠和感觉到的样子。经进行肿瘤 FNA 检查，采集到特异的细胞集块（图 117–2）。

问题

（a）叙述图 117–1 中观察到的肿瘤肉眼所见特征。

（b）叙述图 117–2 中观察到的细胞诊断所见特征。

（c）从肉眼和细胞诊断所见到的结果，可否给出病名。

（d）如何预测预后?

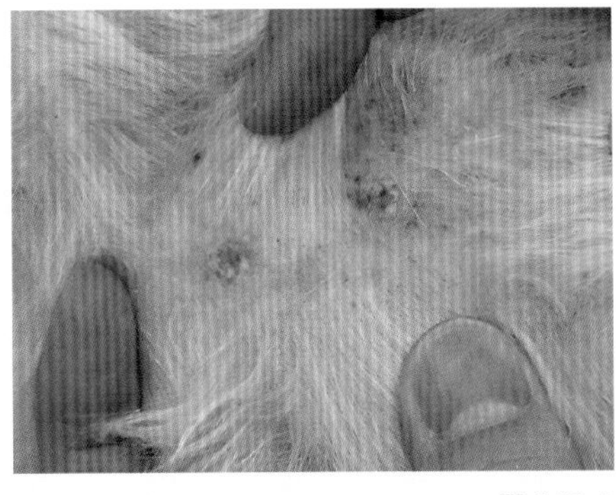

图 117–1

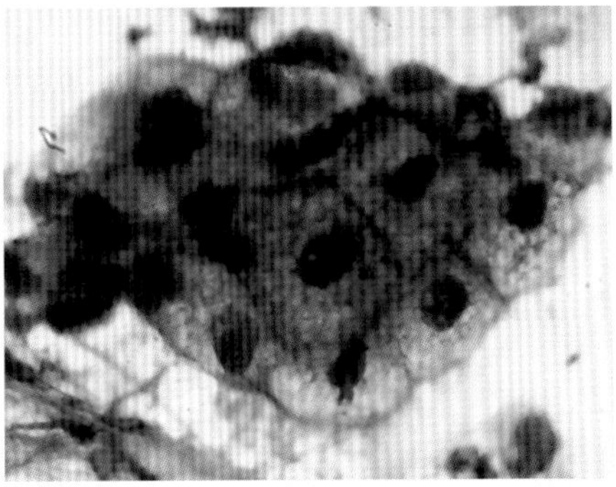

图 117–2

解答

（a）可见多个由复数小叶分隔的，呈现菜花样的小型无毛肿瘤。肿瘤的中心部位发生溃疡，附有脂性分泌物或皮痂。

（b）具有小且浓染的细胞核和泡沫状的细胞质的细胞呈房状排列。

（c）皮脂腺发育过度，或者怀疑为皮脂腺肿瘤。本病例的细胞学诊断中观察到，细胞间的连接紧密，细胞呈现细胞质中含有多个脂肪滴的皮脂腺细胞的形态。此外，呈菜花状的外观为特征。这种肉眼所见的肿瘤源于皮脂腺细胞的可能性非常高。当细胞学诊断以典型的皮脂腺细胞占大多数时，可以怀疑为皮脂腺发育过度或者皮脂腺肿瘤。另外，如果典型的皮脂腺细胞比率较低，而小型的基底细胞细胞样细胞为主时，称为皮脂腺上皮瘤，其具有潜在的恶性特点。（图 117–3）。

（d）皮脂腺发育过度和皮脂腺肿瘤，很难通过肉眼或细胞学角度进行区别，并且由于通过组织学也很难进行鉴别。不过这些均为良性病变，不必担心局部浸润和转移，多数不需进行积极治疗。为了需要治疗由于自溃或伤害而出现的溃疡时，如果进行适当的切除，就不会再发。

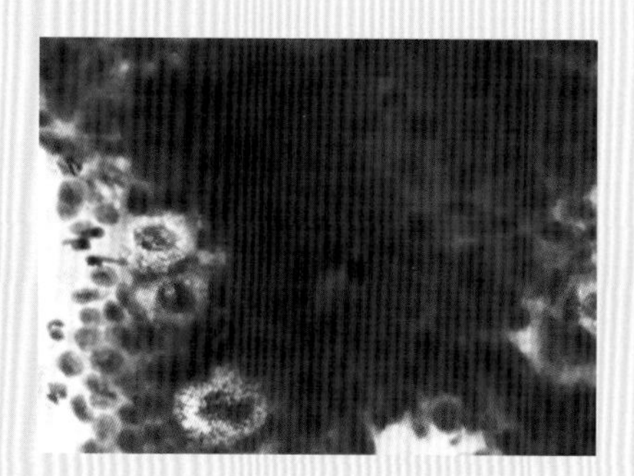

图 117–3

●要点

- 呈菜花状外形的小型肿瘤为皮脂腺肿瘤的可能性很高。
- 根据肉眼症状和细胞学观察很容易诊断。
- 当需要治疗时，除彻底手术切除之外，可选择冷冻外科或激光外科手术。

●医嘱

- 皮脂腺发育过度和皮脂腺肿瘤为良性病变，通常无须进行治疗。
- 特别是由于皮脂腺发育过度会逐渐向全身扩展，因此，外科去除之后在其他区域发生病变的可能性很高。

病例 118　犬，15 岁，鼻色素脱失，黏膜溃疡

症　状

杂种犬，15 岁，绝育雌性。4 个月之前颈部发疹，其范围逐渐扩大而来医院就诊。鼻镜出现色素脱失和溃疡，而口唇的局部和口腔黏膜出现了溃疡（图 118-1）。除此之外，眼周围出现红斑，并见有肿瘤。颈部至背部、躯干、前肢和后肢见有多个直径约 3~6cm，且中心区域发生溃疡的肿瘤。经挤压涂片检查，发现多个嗜中性白细胞和球菌及大型淋巴细胞样细胞。

问题

（a）如本病例这样在皮肤局部形成并渐进性的皮肤的鉴别疾病有哪些？此外，为了确诊应实施何种检查？

（b）鼻镜发生色素脱失，为什么发生这样的皮疹？

（c）本病的有效治疗方法？预后如何？

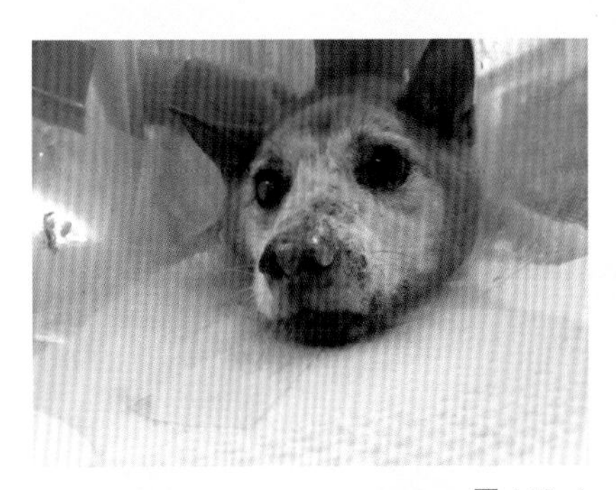

图 118-1

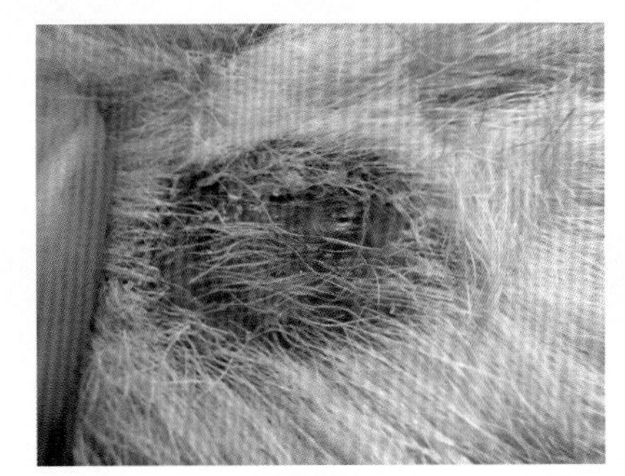

图 118-2

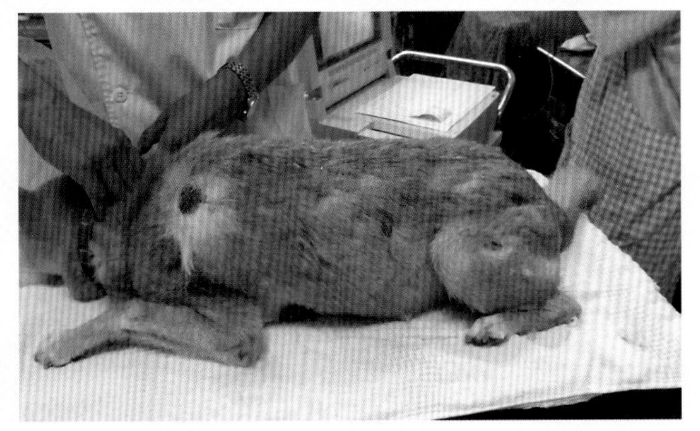

图 118-3

解答

（a）可考虑的鉴别疾病有上皮性淋巴瘤（菌状息肉症）、非上皮性淋巴瘤、组织细胞肿瘤等。确诊需要进行细胞学诊断和皮肤生物学检查。在进行细胞学诊断时，对于溃疡部分进行挤压涂片、局部或结节病变进行细针抽吸检查。即使经细胞学检查怀疑为肿瘤时，为了确诊还需要进行皮肤生物学检查。生物学检查时的取样不是在溃疡和糜烂部位，而是选择结节或局部的边缘，或者红斑部位。由于红斑部位更为初期病变，因此，很容易鉴别上皮性和非上皮性。此外，采取多个不同部位皮疹的样本很重要。

本病例中，从局部边缘采集的样本进行皮肤生物学检查的结果，从表皮至深部的真皮浸润有大型的淋巴细胞样肿瘤细胞，表皮和真皮组织被肿瘤细胞所置换。根据残留的毛囊上皮和顶浆分泌腺上皮内中浸润有肿瘤细胞，可以确诊为上皮性淋巴瘤。

（b）犬的鼻镜的表皮细胞中分布有大量的黑色素，因此，肉眼上呈黑色至褐色。上皮性淋巴瘤的初期病变是表皮至真皮界限部位中浸润肿瘤细胞，正常的基底层受到破坏。所以，位于基底层的黑素细胞和细胞中含有黑色素的表皮细胞落入真皮侧，被巨噬细胞吞噬。由此表皮内的黑色素减少，肉眼上色调发生变化。

（c）治疗方法，采用治疗多中心型淋巴瘤的多剂并用疗法有效。但是，与多中心型淋巴瘤相比，缓解效率非常低。近年来，采用罗姆氏疗法可在某种程度见效。用干扰素和强地松龙组合疗法在一定程度上可以缓解症状。不过无论如何，即使实施治疗，本病的预后非常不好。因此，是积极采用化学疗法和缓解疗法应预先和主人商量好后再选择。

●要点

- 在发病初期，有时对本病被诊断为浅在性脓皮症和过敏性皮肤炎。由于发生对治疗反应不良的皮疹而进行生物学检查，则可确认为本病，因此，需要在白天进行认真观察。
- 有时不能通过一次生物学检查即可诊断淋巴瘤，当皮疹扩大，进一步发展时，需要进行再次皮肤生物学检查。

●医嘱

- 预后不良，不过通过化疗和缓解疗法可出现某种程度的改善，因此，根据治疗费用、来院次数和主人想法，建议适合的疗法。

病例 119 犬，小型腊肠，1 岁，被毛稀薄

症 状

黑褐色小型腊肠犬，1 岁，绝育雌性。最近被毛变薄而来医院就诊。左右侧的耳廓外侧、前胸部至腹部、大腿尾侧、肛门周围及会阴部脱毛（图 119-1，图 119-2，图 119-3）。病犬没有表现瘙痒症状，不过躯干和大腿尾侧出现表皮小环，且全身出现鳞屑。从对表皮小环的挤压涂片检查中检查出球菌。对于被毛的检查结果，几乎所有的毛根处于间歇期。没有检查出外寄生虫，血液检查也没有发现异常。

问题

（a）对于幼龄的小型腊肠犬可考虑的感染症以外的脱毛症是什么?

（b）没有发现本犬呈现多饮多尿、徐脉、体温下降等，饮食正常。根据脱毛的部位等，应如何最终确诊?

（c）本病为特发性，那么，采取何种措施进行治疗和日常的护理?

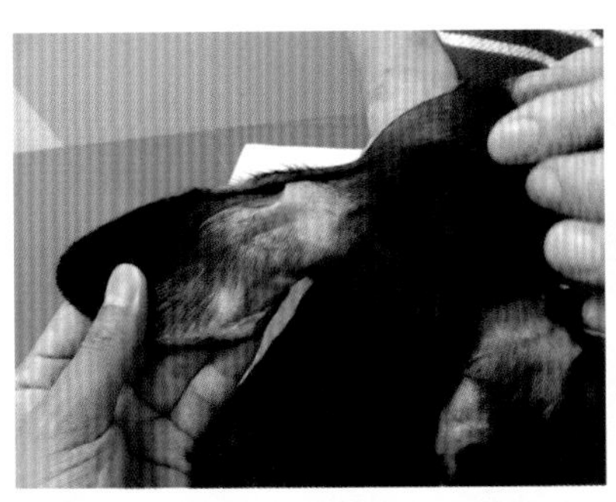

图 119-1

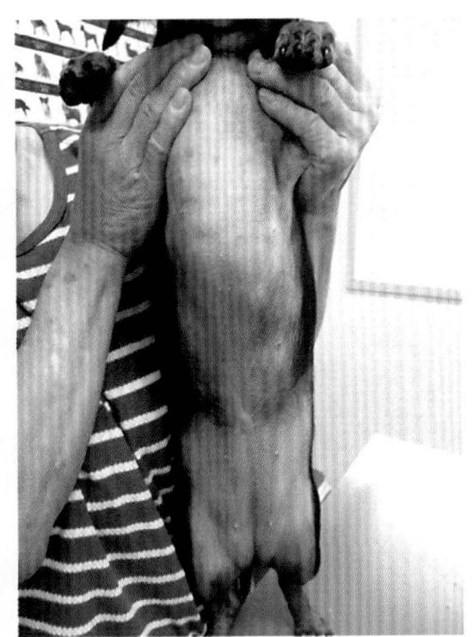

图 119-3

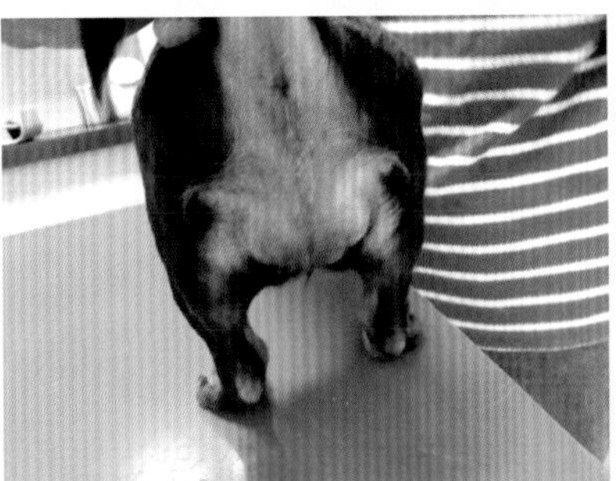

图 119-2

解答

（a）对于小型腊肠犬可考虑的非特异性脱毛症的疾病有特征性脱毛症、黑色毛囊异常发育（BHFD）、淡色被毛脱毛症（CDA）。

特征性脱毛症是脱毛部位的分布具有特点的特发性脱毛症，耳廓外侧、大腿部尾侧、前胸部至腹部等发生脱毛。病情逐渐发展的同时伴发色素沉着。

BHFD 是仅黑色被毛脱落的疾病，它是黑色素发生异常所致。对拔下的被毛检查时，可见毛轴中存在巨大的黑色素凝聚。CDA 为淡色被毛（黑色、灰色、银色、褐色）脱落的疾病，毛干中可见黑色素凝聚块。认为 BHFD 和 CDA 的毛轴中的黑色素凝聚块破坏毛轴而发生脱毛。

（b）根据皮疹以外无异常症状和仅为 1 岁的情况，首先，认为内分泌疾病的可能性很低。其次，从脱毛分布上看与特征性脱毛症相一致。脱毛发生在黑色和茶色的被毛，与毛色相关联的 BHFD 和 CDA 可能性极低。这一点和被毛检查中发现的毛干中无黑色素凝聚块相一致。

综上所述，诊断为特征性脱毛症。此外，本犬出现表皮小环，这是继发性的浅在脓皮症。脱毛部位的皮肤易造成防御机能下降，容易继发感染。

（c）对于特征性脱毛症使用抗黑变激素有效。投予 3 个月（每隔 12~24h，6~12mg/只）后，对于效果进行评估。当有效时，继续使用，当被毛不发生脱落时，停止治疗。不过，对于这种治疗的反应并不见得好。

由于本病极易继发感染，因此，通过保湿性的药浴可有效调整皮肤屏障。但是，由于处于被毛易脱落的状态，因此，仅仅轻轻喷洒即可。但发生继发感染时对其应进行治疗，例如，对于浅在性脓皮症使用头孢菌素，而对于过度增生马拉色菌采用抗真菌制剂进行治疗。

●要点

- 本病根据犬种和特征性脱毛部位的分布，诊断并不难。通过皮肤生物学检查的病理组织学检查，极易与其他疾病进行鉴别。在检查中可见毛囊比正常的要小，观察不到异常的黑色素凝聚块。

●医嘱

- 抗黑变激素几乎无副作用，先定治疗 3 个月，然后开始用药。
- 应解释清楚，即使抗黑变激素没有治疗效果，但其对健康无影响。

病例 120 猫，耳根部瘙痒

症 状

日本猫，7 岁，未绝育雄性。从一周前开始观察到出现剧烈的瘙痒而来医院诊治。耳廓至耳根部和颈部观察到脱毛、发红、鳞屑（图 120–1，图 120–2），仅仅触摸即可诱发瘙痒动作。

该猫常出入室外，在一年前也发生过相同症状，当时确诊为疥螨，经治疗得以痊愈。主人也出现伴有瘙痒的皮疹。在皮肤搔挠检查时，发现大量的外寄生虫虫体及其卵（图 120–3）。

问题

（a）这个猫的皮疹特点是出现强烈的瘙痒，且伴有厚厚的鳞屑和脱毛。此外，根据图中的虫体也可以进行诊断。这个病猫的诊断名是什么?

（b）本病的治疗方法和注意事项是什么?

（c）主人也出现伴有瘙痒的皮疹，对其应采取何种措施?

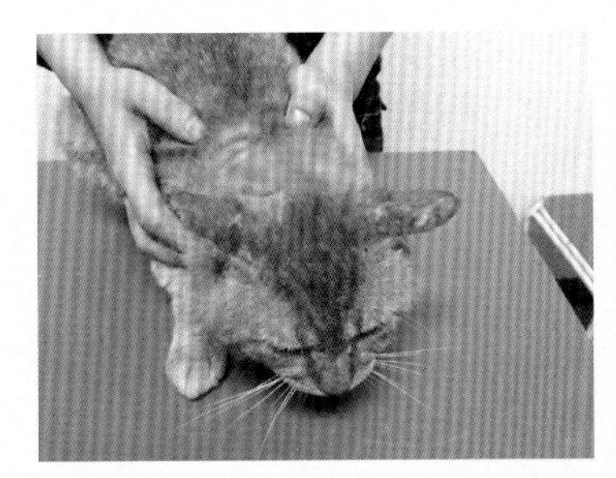

图 120–1

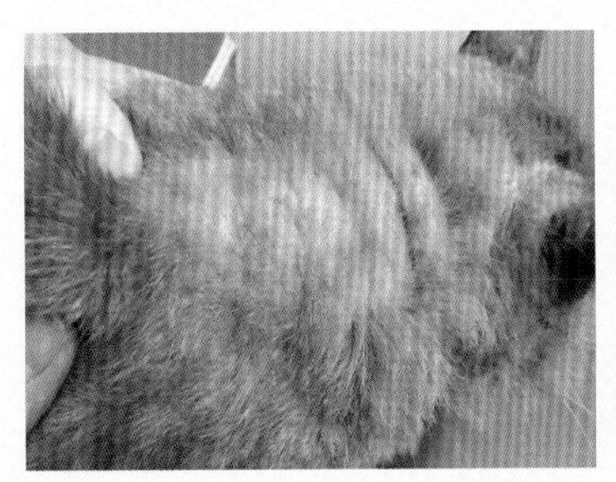

图 120–2

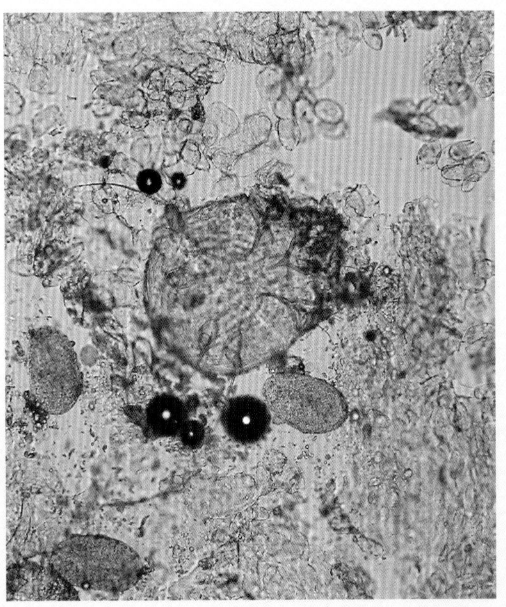

图 120–3

解答

（a）通过图 120-3，可以明确虫体为疥螨，所以诊断名为猫疥螨。本病的最大特点是出现强烈的瘙痒，即使触摸也可诱发瘙痒。初期皮疹出现于耳廓，以后逐渐向头部、面部和颈部等蔓延。

在猫形成鳞屑和皮痂区域，只需在比较浅部位进行搔扒，即可检查出虫体。有时仅能检查出虫卵，因此，在低倍显微镜下观察不到虫体时，应注意查找深部的虫卵。

（b）用依维菌素治疗猫疥螨有效，其用法和用量为每隔 1 周或 2 周，口服或皮下注射，200~300 μ g/kg，连用 3~4 次。此外，虽然尚未获得许可，赛拉霉素滴剂也有效，其用法和用量为每隔 2 周给予 2 次，每次 12mg/kg，或者每个月给予 1 次，每次 12mg/kg 。

对于本病例，每隔 2 周给予 2 次 即得到了治愈。根据对皮疹部位进行皮肤搔挠检查后，不出现虫体及其卵为止坚持用药。如果认为皮疹症状发生了改善而停止治疗，则可发生复发的危险。即使共同饲养的没有发生皮疹的猫，但其有时延迟出现症状，因此，同时进行治疗很重要。

（c）疥螨虫对宿主的特异性很高，通常猫的疥螨不会在人的皮肤上生存。但是，仅仅在人的皮肤上存在一段时间，有时也诱发皮疹。人的症状呈一过性，不过如果不见好时应及时到人医皮肤科诊治，并向医生说明家里有疥螨病猫的情况。应避病猫与免疫力低下的婴幼儿和患病老人的接触。

●要点

- 依维菌素制剂非常苦难喝，因此，通常饲喂病猫比较难，因此，常皮下注射方法给药。
- 赛拉霉素为滴剂，因此，其用法简便，这对不便到医院治疗的病猫来说尤其方便有效。

●医嘱

- 即使不出屋猫，与在外面活动的猫接触后，也有可能发生再次感染。
- 应向主人说明，当家中饲养多只猫时，可相互传染，因此，有必要同时对所有的猫进行治疗。

病例 121 犬，绝育雄性，皮肤肿瘤，紫斑

症 状

金毛犬，10 岁，绝育雄性。由于全身多发小型暗红色的皮肤肿瘤而来医院诊治。全身状态无大的异常。主人 3 天前注意到了肿瘤。还有一只同居饲养的犬，无既往史。

全身散在有与表皮固着，而游离于皮下组织的可动性肿瘤，其中，直径约为 3mm 的肿瘤数目最多，最大肿瘤直径超过 1cm（图 121–1，一部分用箭头标示）。对于身体的检查结果，在胸骨部等出现紫斑（图 121–2）。

血液检查呈现轻度的再生性贫血和严重血小板减少症，因此，追加进行了血液凝集试验。其结果，虽然 APTT 正常，但 PT 出现延长，且纤维蛋白原减少和 FDP 升高。

进行了肿瘤的 FNA，但由于采集的样本大部分为血液成分，未能检测出具有诊断意义的细胞。

问题

（a）应考虑存在何种全身性的病理状态?

（b）与肿瘤相关的诊断病名是什么?

（c）如何诊断？诊断时应注意事项。

（d）此外的还应追加的检查项目。

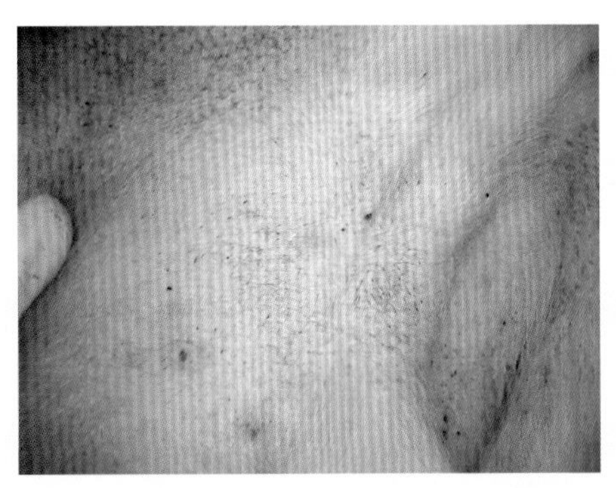

图 121–1

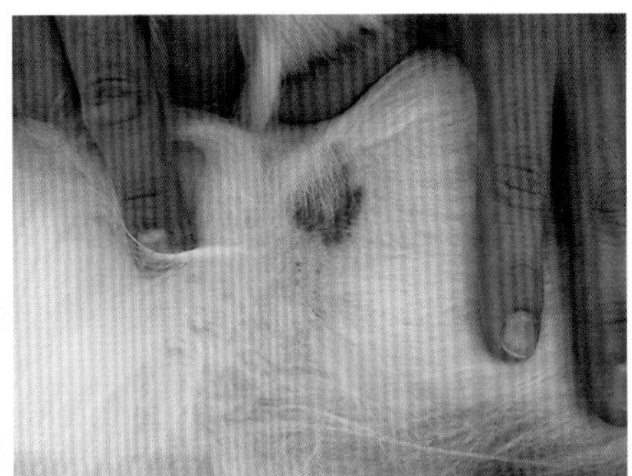

图 121–2

解答

（a）弥散性血管内凝血（DIC）。各种异常的血液凝集指标支持这一诊断。不过，在此时间点上，还没有确认以 DIC 作为前提的基础性疾病。为了纠正 DIC，治疗原发病很重要，此时应尽早诊断原发疾病。

（b）怀疑为血管肉瘤。已知该肿瘤是能够高比率引起 DIC 的原发疾病。根据肉眼的暗红色和细胞学检查结果，可与血管肿瘤、血管肉瘤等的血液系统肿瘤进行鉴别诊断。

（c）可通过肿瘤的生物学检查予以确诊。不过由于出现止血异常，因此，应预先清楚做生物学检查可能会带来持续性出血。此外，在血液滞留的情况下，DIC 成为形成微小血栓的恶化因子，因此，尽量避免镇静或全身麻醉引起的血压下降。

对于本病例，通过输血和给予肝素，在某种程度上改善了血液凝集能力的基础上，通过局部麻醉，采集后肢远端部位的肿瘤样本进行了生物学检查，对取样部位进行长时间的压迫绷带的包裹处置。从病理组织学上，诊断为限于真皮的结节性血管肉瘤。

（d）对腹部和胸部进行透视检查。一般认为，皮肤原发的血管肉瘤很少成为 DIC 的诱因。伴有 DIC 的血管肉瘤，大多数情况下，通过腹腔内脏器的详细检查，可以发现除皮肤以外的原发病灶。此外，当皮肤肿瘤呈现多发性时，应怀疑皮肤病变可能是转移病灶，即原发性肿瘤可能存在于其他部位。

特别是通过腹部超声波检查查找脾脏肿瘤，通过心脏超声波检查查找右心房肿瘤等，这些都很重要。目前，已知这些是犬的血管肉瘤的好发部位。

●要点

- 当皮肤中发生血管肉瘤时，可考虑其为原发病灶，或者由内脏原发的肿瘤转移而来的两种可能。
- 特别是内脏的血管肉瘤，往往成为 DIC 的原发疾病。
- 从细胞学检查中很少能够获得可用于诊断的病理变化。
- 与内脏原发肿瘤相比，皮肤原发的血管肉瘤的预后更好一些。特别是局限于真皮的肿瘤，很容易通过外科手术完全去除病变，其预后良好，但与其相比，发生于皮下组织的血管肉瘤恶性度更高，通常预后不良。

●医嘱

- 即使皮肤病变非常明显，但可能不是单纯的皮肤疾病，对此应向主人详细说明。不仅进行皮肤科相关的检查，还应进行全面的全身检查。
- 当脾脏和心脏等内脏中发现肿瘤时，其预后严重不良。
- 如果没有发现内脏的肿瘤，则认为是皮肤原发疾病，对其通过广泛的外科切除，以期获得良好的效果。

病例 122 家兔，雌性，脱毛，鳞屑

症 状

杂种家兔，1 岁，雌性。从 2 周前开始发现颈背部脱毛而来医院诊治。在屋里单只饲养，没有和其他动物接触的经历。全身状态未见异常，经身体检查，发现颈背部和耳廓背侧出现脱毛，并有轻度鳞屑和发红（图 122–1）。此外，可肉眼观察到全身被毛附着纤细“好像洒了胡椒粉”的附着物，经透明胶带粘取，采集附着物和被毛进行了显微镜检查，其结果，认为被毛的附着物为外寄生虫（图 122–2，图 122–3）。

问题

（a）这种寄生虫叫什么?

（b）这种寄生虫会引起什么疾病?

（c）应采取何种治疗?

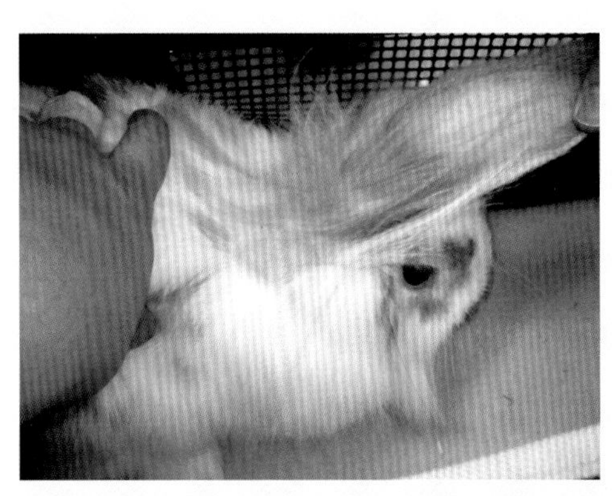

图 122–1

图 122–2

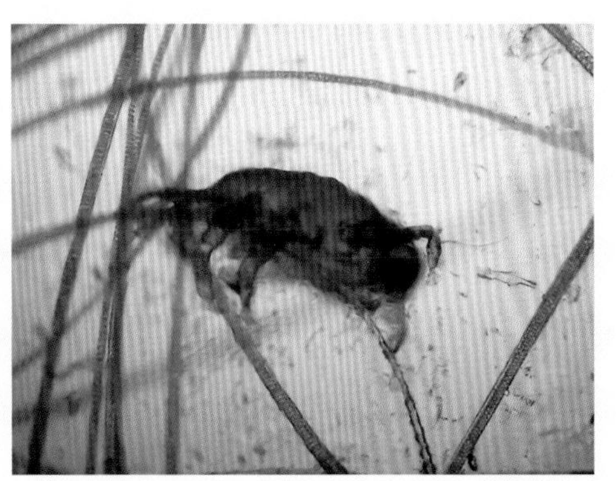

图 122–3

解答

（a）是兔痒螨。通过家兔的透明胶带粘取检查，能够检查出的代表性螨为家兔爪螨和痒螨。这些螨从形态上很容易鉴别。正像爪螨的名称那样，在触肢的末端有向内侧弯曲的大型爪和及其发达的口器为其特征。痒螨具有高密度的壳质而呈现茶红色，雌性呈卵形，而雄性虫体具有向后方突出尾叶等特征（图122-2）。由于呈现左右薄的扁平形态，因此，标本中多为横向摆放（图122-3）。

（b）一般不出现症状。一般认为，痒螨是非致病性的外寄生虫。不过从临床上讲，由于这种寄生虫的寄生，发生脱毛和鳞屑等症状的病例也不少。

（c）由于不是病原性较强的螨，因此，只要实施不出现副作用的驱虫即可。如果没有症状，继续进行观察也是一种选择。当进行治疗时，通常采用每隔 2 周反复皮下注射伊维菌素（200~400 μ g/kg）的方法。除此之外，吡虫啉和有机磷杀虫剂的外用，还有近年出现的赛拉霉素滴剂也有效。

●要点

- 兔痒螨是寄生于家兔的代表性外寄生虫。
- 据说，即使发生寄生，通常不表现症状。
- 据我的经验，伴有临床症状的病例也不少。
- 一般情况下，对采用透明胶带法采集落屑和被毛进行显微镜检查，很容易确诊。

●医嘱

- 很少感染人。
- 即使经过驱虫，有时很难彻底消除寄生虫。此外，也常复发。
- 在没有症状或者症状较轻时，对其进一步观察也是一种选项。

病例 123　犬，右后肢瘙痒，眼和口周围的痂皮

症　状

约克夏犬，7 岁。1 年前开始右后肢出现持续性瘙痒而来医院就诊（图 123-1）。在其他医院，使用抗生素和抗真菌制剂后，经病理组织学检查，诊断为过敏性皮炎，因此，给予了肾上腺皮质激素，但病情没有得到改善。病变和瘙痒是右后肢开始，最近向面部扩大（图 123-2）。经压挤涂片检查，观察到图 123-3 所示的细胞。

问题

（a）图 123-3 中观察到的是什么细胞?

（b）如果观察到这种细胞，能否列举需要鉴别的疾病?

（c）接着应进行何种检查?

（d）用什么方法进行治疗?

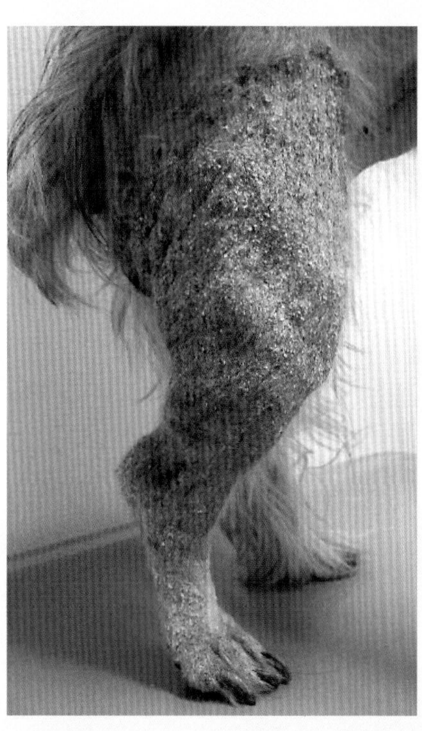

图 123-1

图 123-2

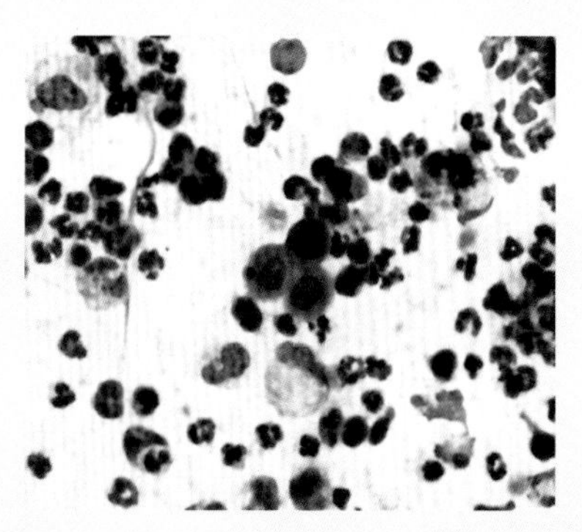

图 123-3

解答

（a）是肌溶解细胞。一般情况下，常见于犬和猫的落叶天疱疮，对没有受到破坏的脓疮或者剥离皮痂后的糜烂创面制作的皮肤压挤涂片标本中，可见有大量和非变性嗜中性白细胞一起的该细胞。不过在部分的细菌性脓皮症和皮肤真菌症的病例中也可检测到该细胞。

（b）可列举的疾病有落叶天疱疮、皮肤真菌症、脓皮症等。一般认为，在落叶天疱疮中，肌溶解细胞出现是由于产生对表皮细胞的桥粒粘合斑连接分子的自身抗体而引起。不过，这种肌溶解角化细胞和嗜中性白细胞的出现并不是犬的落叶天疱疮的特征，在犬和马的皮肤真菌症过程中也出现。认为在皮肤真菌症中，由皮肤真菌产生的角蛋白酶和其他的蛋白分解酶作用下，产生肌溶解细胞。此外，已知在浅在性细菌性毛囊炎中，嗜中性白细胞产生的水解分解酶的作用下棘发生溶解，从而可以观察到所形成肌溶解细胞。在犬的皮肤真菌症中观察到肌溶解细胞的报道见于毛发癣菌。

（c）进行皮肤的病理组织学检查。本病例中，即使在原就诊医院已做了病理组织学检查，但是，如果其检查结果与临床症状不相符时，最好再次做生物学检查。本医院的生物学检查结果，在增厚的角质层中，观察到 PAS 呈现阳性的菌丝样结构。经真菌培养和基因检查，检查出毛发癣菌。因此，确诊为由毛发癣菌引起的皮肤真菌症。

（d）每天一次，口服酮康唑（5~10mg/kg），并每周 2 次，用 2% 酮康唑香波进行清洗。

●要点

- 据北美的报道，全皮肤真菌症的主要病原菌为犬小孢子菌，可从约 70% 病例中分离。在剩下 10%~30% 的病例中几乎都是石膏样小孢子菌或者毛发癣菌，在毛发癣菌属中，须发癣菌最为常见，其次多的是另外两种毛发癣菌。其中的一种已知其可引起人的白癣。
- 有报道称，在毛发癣菌的感染病例中，菌仅发现于表皮角质，而在毛干部位观察不到。此外，约克夏犬是容易得皮肤真菌症的犬种。
- 对于本病例，虽然在原医院已做了病理组织学检查，但其检查是在一般动物检查设施中完成的，因此，建议皮肤组织学检查应委托给专门机构为好。

●医嘱

- 皮肤真菌症为人畜共患病，本疾病的感染源也可能是人。
- 应确认发生感染的可能场所。如果与其同居的主人为传播源时，不仅要清洁消毒环境，而且，有必要治疗感染了白癣菌的家庭所有成员。

病例 124　杂种犬，14 岁，被毛无光泽，运动性下降

症　状

杂种犬，14 岁，为绝育雄性。为了检查心丝虫而来到医院。当检查时发现犬在诊台上一动不动（图 124–1）。据主人说，发现虽然饮食不多，但比以前胖了，也不多活动，另外被毛失去光泽，以为这些都是年老所致。没有发现多饮多尿。体温 38.8℃，脉搏 90 次 / 分，体重 25.4kg，在一年间体重增加 6kg。心丝虫呈阴性，PCV 为 28%。

问题

（a）皮肤症状为鼻梁部位脱毛和色素沉着（图 124–2），背部由于脱毛和皮脂而发黏（图 124–3），根据皮肤以外的症状应考虑为何种疾病?

（b）在诊断甲状腺机能低下症的基础上，有必要将注意力放在是否存在真性甲状腺低下综合征上。那么，真性甲状腺低下综合征是什么?

（c）病犬用左旋甲状腺素进行了治疗，经 1 周后其活动性发生改善。如何对本疾病治疗进行评价? 此外，预后如何?

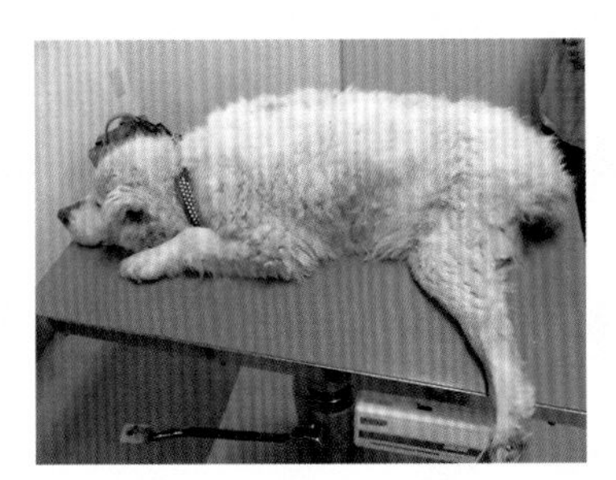

图 124–1

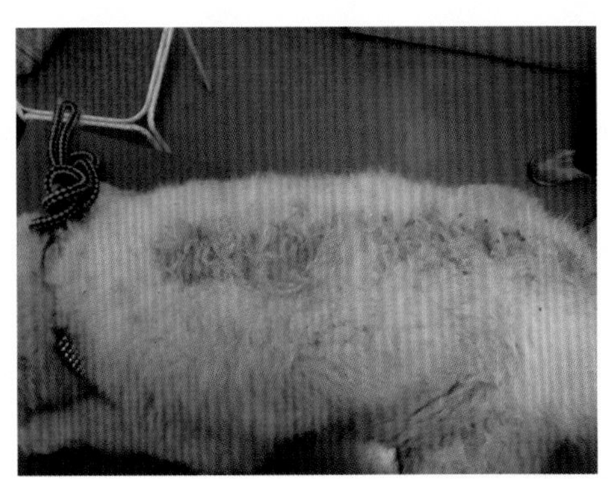

图 124–3

图 124–2

解答

（a）从图中可以看到，皮疹中鼻梁部位出现伴有色素沉着的脱毛、背部附有由脱落的被毛和过度分泌的皮脂构成的发黏污秽物。用手触摸被毛时，明显粗糙。根据这种皮疹，可以推测为内分泌性疾病。病犬为未绝育雄性，不过没有发现睾丸肿大，因此，可以排除性激素异常。此外，没有发现在库欣氏症候群中出现多饮多尿、皮肤变薄和钙沉积及腹围膨大等特异特征。因此，根据虽然活动性下降和饮食量减少、体重增加、PCV 下降、轻度徐脉等情况，最可能的疾病为甲状腺机能低下症。

（b）即使甲状腺机能正常，但由于甲状腺以外的疾病而引起的基础 T4 值的下降称为真性甲减综合征。认为基础 T4 值的下降是患上疾病后引起细胞代谢下降的生理反应。特别是在心脏疾病和库欣氏症候群时常常遇到的并发疾病。尤其后者发生脱毛，仅仅根据皮疹的印象所测定基础 T4 值进行诊断时，会出现误诊。本病例的基础 T4 值低于 0.5μg/dL，但是，由于没有发现并发疾病，因此，怀疑为甲状腺机能低下症。

（c）每天经口投与 2 次左旋甲状腺素钠（10~20μg/kg），经 4~8 周后检查基础 T4 值。如果临床症状发生改善，且基础 T4 值在正常范围以内，则可认为治疗获得成功。大部分病例的预后良好。

但是，发病后经过很长时间的动物，对于治疗的反应不良，达到症状发生改善需要较长的时间。此外，当出现神经症状时，即使治疗有的也很难完全康复。

●要点

- 像本病例一样，即便发生怀疑为甲状腺机能低下症的症状，有时主人还认为年龄和性格为其主要原因，因此，需要对此加以注意。

●医嘱

- 应说明甲状腺机能低下症只要进行治疗，则可预后良好。不过，由于病例不同可能存在对于治疗的反应差异。

病例 125 猫、雌性、躯干部脱毛

症 状

杂种猫，5 岁，雌性。由于出现大范围的脱毛而来医院就诊（图 125-1，图 125-2，图 125-3）。从一年前开始发现脱毛。白天家里没有人，还有一起养的 3 只猫，不过相互间很融洽。这个猫夜间叫，异常地舔皮肤。

问题

（a）作为皮肤检查进行了挤压涂片检查和被毛检查，从病例的被毛检查图中，其被毛的末端呈什么形态？此外，根据这个结果，认为猫的哪种行为是由这个症状引起的？

（b）为了确诊此病，如何进一步开展检查和排除诊断？

（c）能否举例说明可选择的治疗方法？

图 125-1

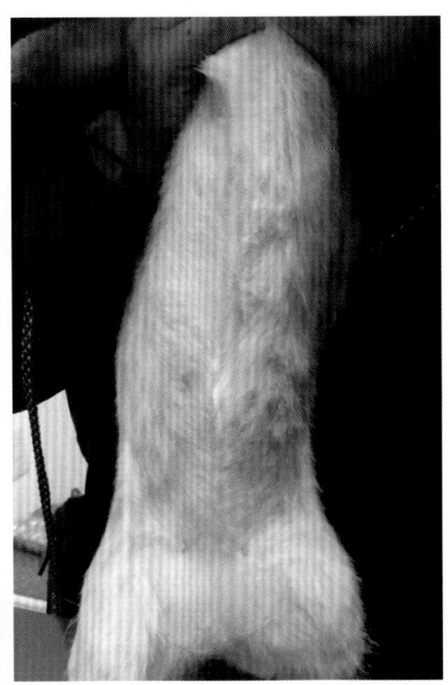

图 125-3

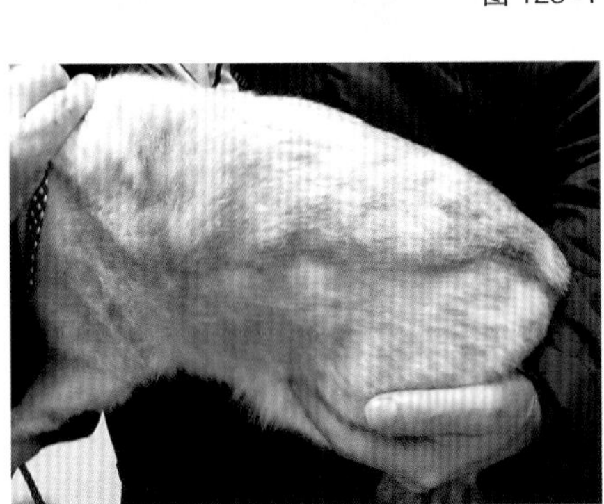

图 125-2

解答

（a）当仔细观察发病猫的皮疹时，短被毛部分的界限清晰。由此，经被毛检查，大部分的毛的顶端被切断发生断裂，而毛根混合存在于生长期和间歇期，即并不是所有脱毛为休止期脱毛。由此可以推测，由于病猫过度的梳理而舔食被毛，导致毛的尖端断裂，从而使短被毛区域的界限清晰。

（b）能列举的鉴别疾病有外寄生虫感染（蚤，螨）、食物过敏、猫特应性皮炎、猫的心因性脱毛等。根据本病猫完全在室内饲养和没有发现跳蚤粪便和虫体的情况，认为感染外寄生虫的可能性很小。此外，由于在被毛检查中也没有发现螨，因此，可以排除蠕形螨症。另外，在食物过敏或特应性皮炎中出现瘙痒症状，其可能导致舔食皮肤。在这次试验性投予了（2mg/kg，每隔24h），其结果，没有反应，因此，认为过敏性疾病的可能性很小。根据对上述的鉴别疾病的排除诊断，本病例为猫的新因性脱毛的可能性很大。

（c）本病例每隔 12h 口服阿米替林（10mg/ 只），连用 2 周后，逐渐出现新毛，约 2 个月后恢复至正常程度。但是，根据主人的判断停药的结果，前肢中出现斑状脱毛，且到夜间经常尖叫。当每隔 24h 继续给予服阿米替林（10mg 每隔 / 只）后，发现被毛再生，夜间的尖叫停止，保持良好的状态。对于本疾病治疗包括环境改善、戴项圈和穿带服装和药物等。对于环境的改善，主要是改变主人或同居动物的关系，改变可能为病因的因素。此外，戴项圈可能引起猫的应激反应，因此，给穿上外套后可能防止症状加重。药物除阿小咻、克罗卜拉敏等的三环系抗抑郁药物外，具有较强镇静作用的抗组胺制剂也可以试用。

●要点

- 猫的新因性脱毛为比较少见的疾病，通过临床表现进行判断。不过，诊断该病时，认真听取主人的描述和排除其他皮肤疾病很重要。
- 为了排除过敏性疾病，采取多处皮肤样本进行皮肤生物学检查也很必要。

●医嘱

- 猫的新因性脱毛引起的脱毛较轻时，通常不用药物治疗，而是通过改变环境了事。多数情况下，是由于与主人的过多接触或者与同居动物的关系引发，因此，需要考虑家里的环境。最好让猫呆在比较安心舒适的场所。

病例 126 犬，5 岁，严重瘙痒和皮炎

症 状

猎狐㹴犬，5 岁，未绝育雌性。由于伴有严重瘙痒的皮炎而来医院就诊（图 126-1，图 126-2，图 126-3）。从生后开始，在面部和腋窝呈现瘙痒症状，在几家医院进行了治疗，不但没有见效，反而病情逐渐加重。

问题

（a）发现的皮疹及其部位是哪些？

（b）怀疑的疾病及需要何种检查？

（c）有何种治疗方法？

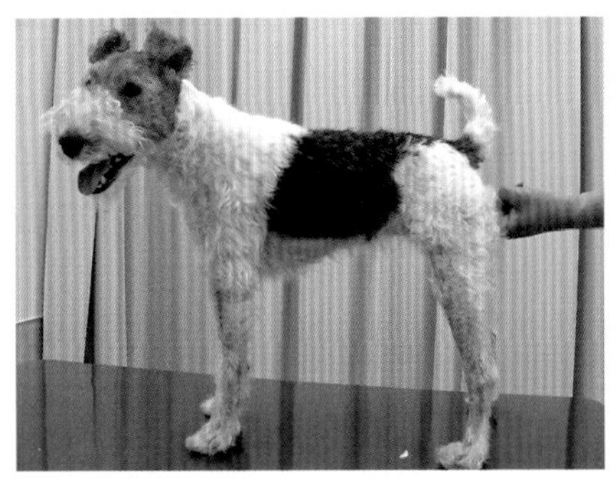

图 126-1

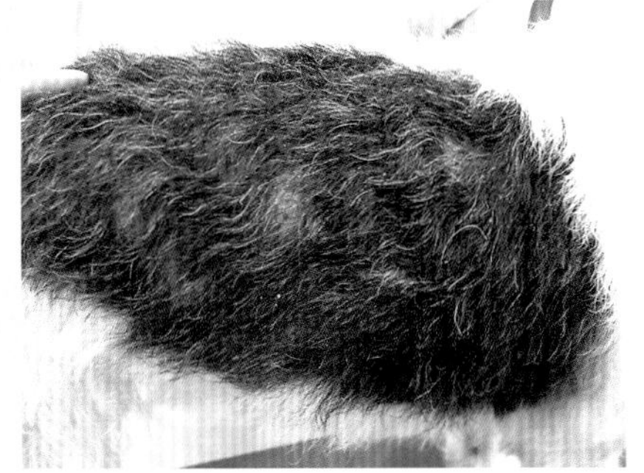

图 126-2

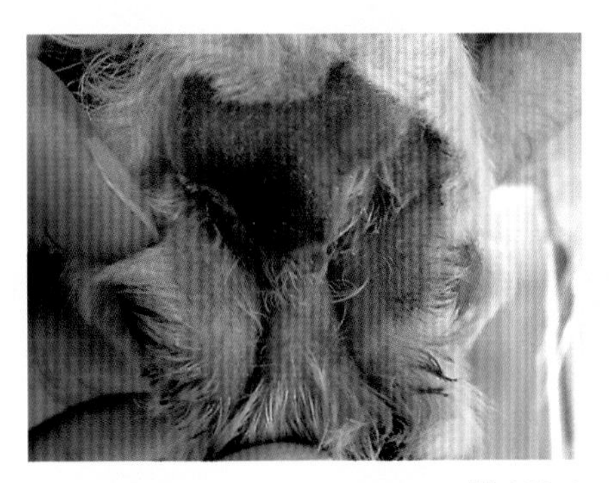

图 126-3

解答

（a）以眼周围和四肢为中心，出现伴有丘疹和红斑的脱毛（图 126–1）。在腹侧部多发性出现伴有红斑和鳞屑的脱毛（图 126–2），在趾间可见重度的红斑（图 126–3）。

（b）从病历和临床症状上可考虑的疾病有特应性皮炎、食物过敏、荨麻疹、感染疾病（浅在性脓皮症和马拉色菌性皮炎）、外寄生虫症（疥螨）、上皮性淋巴瘤（开始出现症状是在出生后半年开始，因此，本疾病的可能性很小）等。挤压涂片检查、搔挠检查、被毛检查、伍德氏灯检查等的一般性皮肤检查，排除感染性疾病。

（c）从出现严重的瘙痒来看，可能为疥螨，为此，用赛拉霉素和伊维菌素进行诊断性治疗。然后，针对继发的浅在性脓皮症或马拉色菌性皮炎等进行治疗。
本病例，在挤压涂片检查中，分离到葡萄球菌和马拉色菌。因此，对病犬进行抗生素和抗真菌性的药浴的基础上，全身给予抗生素和抗真菌制剂。
如果排除了疥螨的可能性，并对继发感染进行治疗后仍出现瘙痒症状时，根据幼年发病和所发生病变部位，应怀疑为特应性皮炎或食物过敏，并对此进行治疗。首先，通过 1~2 个月，对于怀疑与本病相关食物，采用排除法进行排查。当对于排除试验产生反应时，追加进行负荷试验，以确定食物过敏源。
当对于去除过敏原食物后，症状仍得不到改善时，使用免疫抑制剂（糖皮质激素、环孢霉素）或降低敏感性疗法，干扰素 等，进行复合治疗。

●要点

- 特应性皮炎为慢性的，症状重、轻反复的瘙痒性皮炎疾病。根据病历和皮疹的分布，并通过排除其他鉴别疾病后进行确诊。
- IgE 抗体与病理状态相关，不过在诊断过程中并不必要。有报道称皮肤屏障机能与病理状态存在关联。认为在初期，在抗原的刺激下产生 IgE 抗体，形成所谓的体液免疫模式的TH2优势，不过，进入慢性期后，则形成细胞免疫模式的TH1优势。

●医嘱

- 对于特应性皮肤炎需要进行长期（终身）治疗，因此，主人对于该病的理解是治疗本病的关键。在对继发感染进行适当治疗和预防的同时，选择免疫抑制剂进行单独或并用。
- 为了长期地对症状进行调节，需要掌握适合治疗各种各样症状的维持疗法。尽量避免副作用，曾经摸索的最有效的治疗方法，是长期保持高 QOL 的基础。
- 主人可能期待症状尽早发生改善，但希望主人明白，不管需要多长时间，摸索适当的治疗方法，从长远角度来说都是为了患病动物。

病例 127 犬，巴哥，瘙痒，类固醇反应不良

症 状

6岁9个月龄的巴哥。约1个月前开始面部出现瘙痒，在家附近医院就诊过。用过抗生素不见好转，皮疹逐渐向全身扩展（图 127–1，127–2）。

在初诊时，观察到以面部、头部和背部为中心的糜烂、溃疡、色素脱失、脱毛和痂皮，且明显看出瘙痒。在皮肤的细胞学检查和皮肤搔挠检查中发现少量球菌，除此之外没有发现其他显著变化。

当每天一次口服波尼松龙（1mg/kg）后可见瘙痒症状稍微减轻，但没有看到皮疹发生明显的改善。

问题

（a）鉴别诊断疾病有哪些?

（b）确诊最需要检查什么?

（c）对于（a）中最怀疑的疾病，应采取何种治疗?

图 127–1

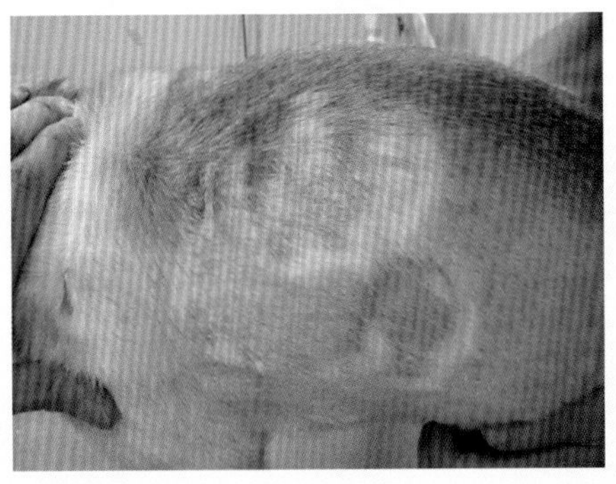

图 127–2

解答

（a）作为鉴别诊断可列举上皮性淋巴瘤（菌状息肉症）、多形红斑、药疹、过敏性皮肤疾病等。

（b）采取皮肤生物学检查的病理组织学检查。生物学检查适合用于比较新鲜的色素脱失或红斑的皮疹部位。在临床上或病理组织学上，上皮性淋巴瘤的初期病变与一般性的炎症性皮肤症状（脓皮症、特应性皮炎等）具有极其相似变化，在确诊之前，有时需要进行多次的病理组织学检查。除此之外，为了把握全身状态，还需要进行一般血液检查、血液涂片检查和胸部 X 透视。本病例诊断为上皮性淋巴瘤。

（c）上皮性淋巴瘤病犬来到医院后，多数病例的症状发展很快，因此，尽早实施病理组织学检查，以求尽快速确诊。确诊后，当期望改善皮疹症状时，可采取化疗进行治疗。

●要点

- 多数的上皮性淋巴瘤为源于 T 淋巴细胞的恶性皮肤原发肿瘤。在临床上呈现强烈的瘙痒为其特征，随着病情加重，出现糜烂、溃疡和局灶性。

●医嘱

- 本病为恶性皮肤肿瘤，因此，需要向主人说明即使治疗预后也不会很好。在多数情况下，患有本病的犬在诊断后 1~2 年内死亡。
- 需要治疗时，可选择化疗。

病例 128 犬，柯基，强烈瘙痒和红斑局灶病变

症 状

柯基犬，8 岁，未绝育雄性。由于出现强烈瘙痒而来医院就诊。1 年前开始，以面部、胸部和臀部为中心出现瘙痒，在附近医院用肾上腺皮质激素、环孢霉素等进行治疗后，瘙痒出现暂时性的减轻，但不仅没有完全治愈，反而逐渐加重（图 128-1）。在面部可见伴有皮痂和糜烂的脱毛（图 128-2），在腹部观察到形成的红斑性局灶病变（图 128-3）。

问题

（a）从临床症状和皮疹怀疑为什么疾病？需要什么检查?

（b）本病的治疗方法?

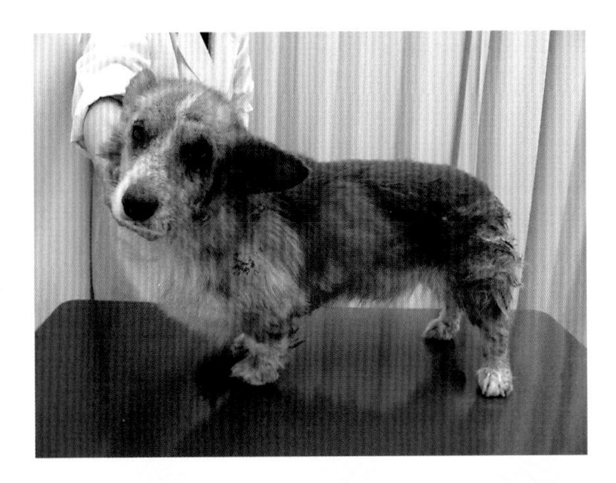

图 128-1

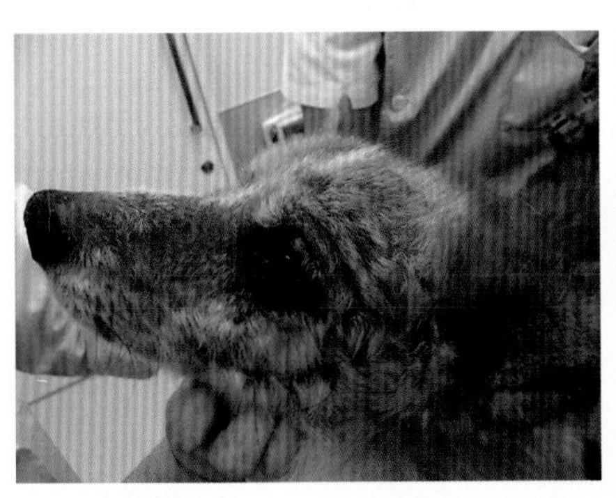

图 128-2

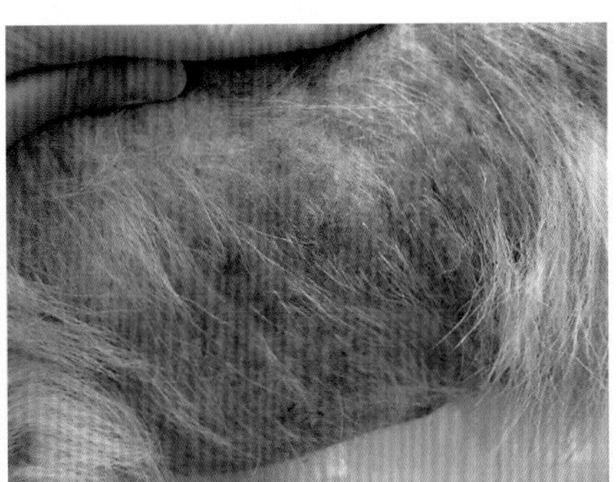

图 128-3

解答

（a）伴有瘙痒的疾病包括在具有相似症状的鉴别疾病中。可列举的疾病包括特应性皮炎、食物过敏、浅在性脓皮症、马拉色菌性皮炎、皮肤真菌症、蠕形螨症、疥螨、上皮性淋巴瘤等。由于免疫抑制剂对病犬的瘙痒无效，因此，更加怀疑感染症或外寄生虫症及肿瘤。要进行挤压涂片检查、皮肤检查等一般性皮肤检查。

在本病例中，一般皮肤检查中检查出细菌，但在皮肤生物学检查中没有发现特异性变化。此外，作为治疗性诊断，外用一次赛拉霉素滴剂制剂，但症状没有得到改善。由于在多次来医院时所做的皮肤搔挠检查中检查出疥螨虫，因此，诊断为疥螨（图 128–4）。

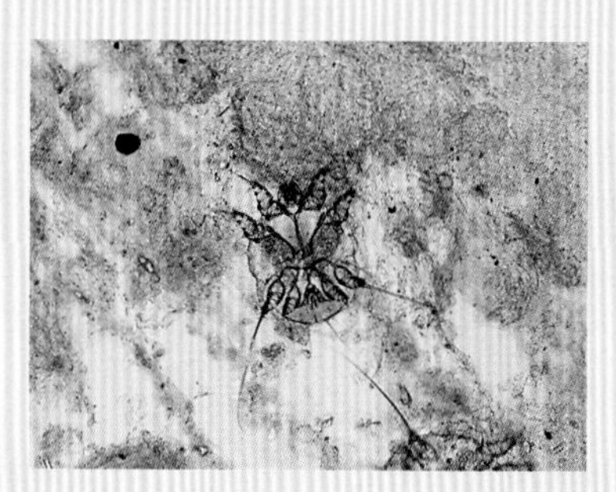

图 128–4

（b）治疗上，外用赛拉霉素滴剂制剂，或者口服或皮下注射伊维菌素。在外用赛拉霉素滴剂时，原则上每月用 1 次，但是如果每隔 2 周用 1 次的效果更好。对于伊维菌素，每周一次口服，每次 0.2~0.4mg/kg，或者每 2 周皮下注射 1 次。与此同时，用抗脂漏性浴液或抗生素浴液进行药浴。当发生了细菌感染时，给予适当的抗生素。通常症状出现好转至少需要一个月以上。

●要点

- 疥螨是由犬疥螨在皮肤发生感染而发生的疾病。一般情况下，出现对肾上腺皮质激素无效的剧烈瘙痒，不过有时出现对肾上腺皮质激素的暂时性反应。
- 由于病例不同其皮疹呈现多种多样，有的出现伴有红斑或丘疹、鳞屑或痂皮的脱毛，而有的甚至观察不到病变。
- 由于通过搔挠检查，查出虫体或虫卵的频率不高，因此，经搔挠检查即使没有发现虫体也不能说不是疥螨。此外，对于诊断性治疗，多数病例在经 2 周左右治疗也不能确定，本病例也是，再经 2 周的治疗也没有得到改善。为了避免对于疥螨的漏诊，有必要反复进行搔挠检查。

●医嘱

- 已知犬疥螨可以感染人，并诱发皮肤症状。通常引起腹部或上臂等皮疹，如果发现主人也出现伴有瘙痒的皮疹时，劝其到皮肤科检查。

病例 129　犬，脱毛，脱屑，皮肤苔藓化

症　状

病例为 13 岁的绝育雌性。对于瘙痒和皮肤脱毛及脱屑，已在其他医院给予了肾上腺皮质激素。约在 2 个月之前开始，皮肤发生显著的苔藓化，且色素沉着加重。此外变得逐渐衰弱，因此来医院就诊（图 129-1，图 129-2，图 129-3）。

问题

（a）鉴别诊断有何种疾病?

（b）采用什么检查进行诊断?

（c）治疗方法是什么?

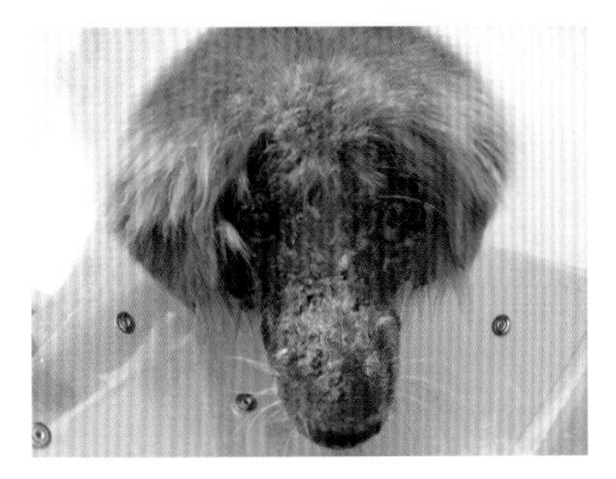

图 129-1

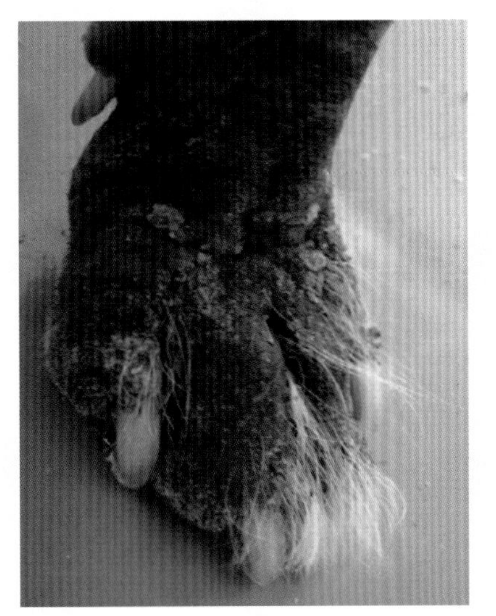

图 129-2

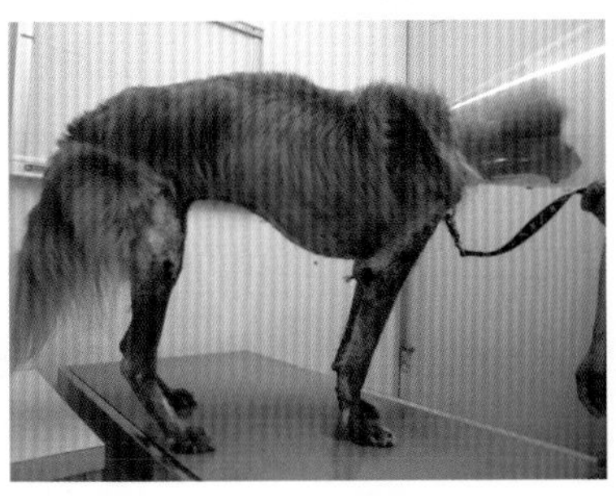

图 129-3

解答

（a）可以列举的疾病有脓皮症（浅在性或深在性）、皮肤真菌症、特应性皮炎、马拉色菌皮炎、落叶性或红斑性天疱疮、皮肤红斑狼疮、犬的症、疥螨等。

（b）将被毛拔出后进行被毛检查的结果，发现了蠕形螨体（图 129-4）。在皮肤搔挠检查中也发现虫体。

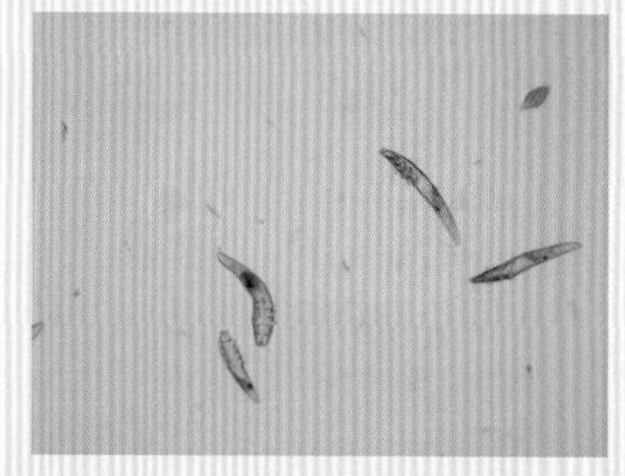

图 129-4

（c）1. 每隔 4h，给予伊维菌素 300~600μg/kg（PO）。开始时从 100μg/kg，经 1~2 周后逐渐增至最大量。不过由于伊维菌素可能对有 MDR1 基因突变犬的副作用，因此，在柯利犬，雪特兰犬等的大型犬种不用。

2. 每隔 24h 投予（0.75~2mg/kg），PO。

3. 用米尔倍霉素（600μg/kg），每周进行一次 SC。从 300μg/kg 开始投予，然后逐渐增量。

4. 每隔 24h 给予莫西克丁（400μg/kg），PO。和伊维菌素具有相同的副作用。

5. 每周一次，用过氧化苯进行清洗后，再用 0.025~0.05% 双甲咪的溶液进行全身药浴。

6. 对于继发性脓皮症应进行长期（最少 3~4 周）治疗。

7. 当动物没有绝育时，应采取绝育措施。

●要点

- 成犬型全身蠕形螨症见于 18 个月龄以上的犬。
- 与免疫的抑制治疗（特别是肾上腺皮质激素制剂）、内分泌疾病（甲状腺机能低下症、肾上腺皮质机能亢进等）、真性糖尿病、自身免疫性或肿瘤等的基础代谢性疾病相关。常见于处于免疫抑制状态的中年至高龄的犬。此外，据报道，病例中约 25% 的病例没有发生原发疾病。
- 虽然临床症状各种各样，但都伴有脱毛、鳞屑、脂漏症、红斑、脓疱、痂皮和溃疡等。瘙痒程度不尽相同。主要原因为犬蠕形螨，不过也有报道称其他种的蠕形螨和目前尚未命名的短尾蠕形螨种是本病的病因。

●医嘱

- 作为主要病因的犬蠕形螨在动物间进行传播时，仅仅是由母犬向幼犬传播，不存在传染同居犬的危险。
- 由于幼年型的蠕形螨症具有遗传因素，因此，病犬不能用于繁殖。
- 其预后呈现良好至稍微良好，由于存在复发、临床上症状出现了改善等情况，但仍能检查到蠕形螨种。所以，必须向主人说明病犬需要进行周期性，或者终身需要治疗。

病例 130 家兔，雄性，腹后部和后肢糜烂

症 状

后躯瘫痪的 9 岁雄性家兔，由于其由会阴部至后腹部及后肢出现糜烂而来医院就诊（图 130-1）。在 1.5 个月前发现后肢麻痹，其后逐渐加重。

问题

（a）可能的疾病是什么？

（b）应采取何种检查？

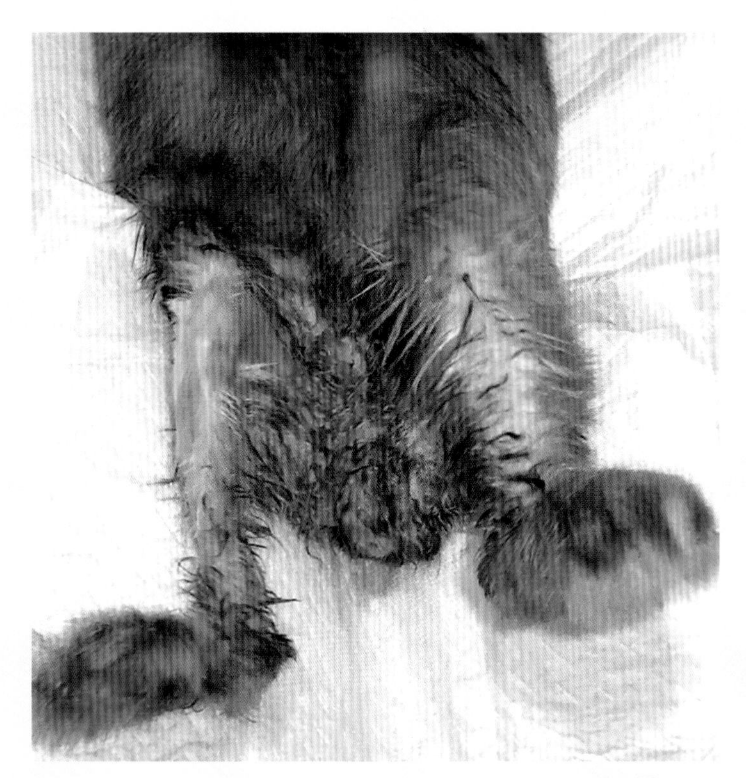

图 130-1

解答

（a）由于脊髓发生障碍而引起所谓尿失禁，即由尿液引起的湿疹。

（b）1. 通过触摸膀胱，了解尿的潴留程度和膀胱壁的紧张度。如果是由于脊髓障碍而引起的后躯麻痹，则通常不仅后驱麻痹，膀胱也出现麻痹，在膀胱中充满有尿液而膨胀，多数呈现松弛状态。当膀胱中潴留有大量尿液时，对其进行压迫时可促进尿液排出。

2. 进行尿液检查和血液检查。在血液检查中应注意是否存在肾机能障碍。

3. 通过 X 拍片，确认是否发生脊髓损伤。

●要点

- 当家兔的皮肤被弄湿时，容易得脓皮症（湿性皮肤炎）。
- 当膀胱出现麻痹后，膀胱逐渐变得松弛，膀胱呈现充满尿液的状态，会引起尿失禁。如果这种状态持续存在，不仅诱发湿性皮炎，而且，会导致肾机能损伤，陷入肾后性肾机能不全的状态。
- 作为根本性病因的脊髓障碍，通常对治疗无反应。此时，最少每天挤压膀胱一次，进行人工排尿，其对预防肾功能不全和尿失禁，从而防止湿性皮炎很重要。将压迫排尿法传授给主人，让他在家里坚持对病兔实施人工排尿。
- 常用抗生素或口服消炎制剂对湿性皮肤炎进行治疗。对于本病例，使用了氧氟沙星和美洛昔康。由于在内服治疗期间其主人顺利进行了压迫排尿治疗，因此，经 2 周后停止使用药物。

●医嘱

- 对主人来说，在家里进行压迫排尿是个很大的负担，但必须解释清楚，压迫排尿不仅在治疗皮炎方面，而且在预防肾机能不全上发挥重要作用。
- 当开始抱着家兔进行压迫排尿时，往往出现反抗，引起精神上的刺激，但是，大多数个体经过一段时间会适应。在排尿完成后，可以给一些病兔喜欢的东西。
- 在完成压迫排尿后，可以用药液对后躯进行药浴。不过，清洗后应及时吹干，否则湿性皮炎会加重。此外，被毛中形成的毛结（疙瘩）吸水会很难变干，会进一步弄湿皮肤，因此，在清洗之前，应将毛结剪掉。

病例 131 犬，12 岁，鼻梁和尾脱毛、色素沉着

症 状

腊肠犬，12 岁零 10 个月的绝育雄性。3 年前开始发现鼻梁（图 131–1）和躯干的被毛逐渐脱落，尾毛（图 131–2）几乎全脱落。此外，其运动变得迟钝，行走时四肢变得有些僵直，前肢趾甲脱落。由于这些情况而来医院就诊。

问题

（a）鉴别诊断有哪些?

（b）在本病例的血液检查中，呈现正球性色素性的轻度贫血（Ht27.5%）和总胆固醇值（T–Cho）升高（361mg/dL）。在（a）鉴别诊断中哪种疾病的可能性最高?

（c）确诊要追加何种检查?

（d）有何种治疗方法?

（e）开始治疗后的激素测定，希望在给药后的什么时间进行?

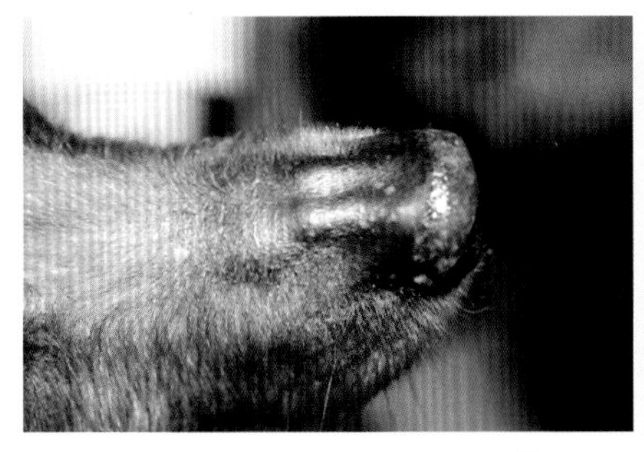

图 131–1

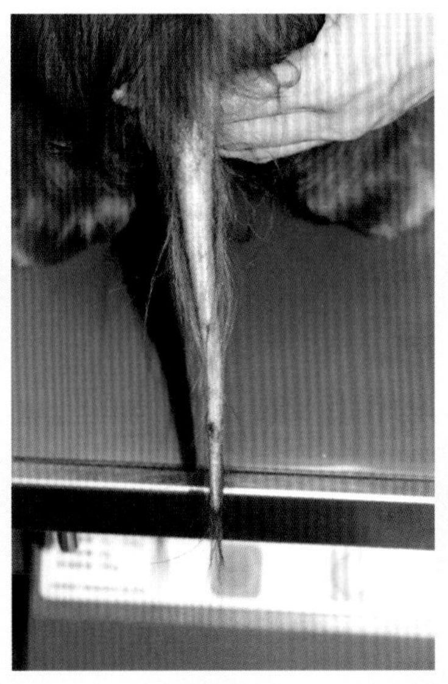

图 131–2

解答

（a）可列举的疾病有甲状腺机能低下症或肾上腺皮质机能亢进症等能够引起脱毛的疾病、马拉色菌性皮肤感染症、蠕形螨症、浅在性脓皮症、皮肤真菌症等。

（b）甲状腺机能低下症。

（c）应测定基础 T4、fT4、c-TSH（犬甲状腺激素）、TgAA（血清球蛋白自身抗体：在淋巴细胞性甲状腺炎时产生）等。本病例，基础 T4 和 fT4 呈现降低 0.3μg/dL（参考值为 1.1~3.6μg/dL）和 0.3μg/dL（参考值为 0.9~2.6μg/dL），而 c-TSH 呈现升高的 1.70ng/mL（参考值为 0.03~0.32μg/dL）。从临床症状和问题（b）的血液检查结果，可以诊断为甲状腺机能低下症。

（d）每隔 12h 给予左旋甲状腺素（0.02mg/kg），当症状消失后（约 8~16 周），改为每天 1 次。当患有心脏疾病时，1 天 2 次，每次 0.005mg/kg。当同时患有浅在性脓皮症、马拉色性皮炎等疾病时，应对其同时进行治疗。

（e）在投药后经 4~6 周，测定基础 T4 值，希望能够维持正常范围上限或者稍微高的值。开始治疗后经 1 个月进行测定最好。

●要点

- 甲状腺激素的缺乏是由于甲状腺自身的障碍（原发性甲状腺机能低下症）、TSH（在腺垂体产生）或者 TRH（在下丘脑产生）的缺乏而引起。
- 构成甲状腺机能低下症，通常主要由原发性甲状腺机能低下引起，淋巴细胞性甲状腺炎和特发性萎缩是其原因。一般中年至高龄的中型至大型的纯血种（拉布拉多犬、金毛、杜宾犬、可卡犬、雪特兰犬等）易发该病，不过像本病例这样的腊肠等小型犬也发病。有时大型犬在幼龄成年犬也发此病。
- 由于体内几乎所有的脏器受到甲状腺激素的影响，因此，当缺乏时会诱发出现各种各样的临床症状。
- 在临床症状上主要表现在代谢和皮肤异常，由于代谢异常引起体重增加、嗜睡、疲惫（运动不耐性），而皮肤出现鼻梁和尾脱毛及躯干部呈现左右对称性脱毛。
- 作为发病后期的临床症候，有时出现地毯样被毛或黏液水肿（在真皮层中蓄积葡萄糖胺聚糖）。由于出现黏液水肿的结果，皮肤变得肥厚而下垂，但指压后不留指压痕。这些变化，在面部最容易发生，眼睑下垂，口唇和额的皮肤变厚，由于出现这些变化而呈现的非常悲惨的表情是该病的特征。

●医嘱

- 甲状腺机能低下症是犬常发的内分泌疾病。甲状腺激素的低下引起皮肤的脱毛、脂漏性皮肤等症状。皮肤以外的症状呈各种各样，出现倦怠感、肥胖、低体温、神经肌肉损伤及繁殖障碍等。
- 通过给予甲状腺激素，皮肤症状会在 2~3 个月内及其他症状也会在数天之内几乎消失（有时神经肌肉异常并不完全消失），不过有的需要进行终身治疗。

病例 132 猫，颈部脱毛和痂皮，爪床炎症

症 状

暹罗猫，6 岁，绝育雄性。伴有瘙痒的脱毛，由于“诊断为天疱疮，先在其他医院进行治疗，但不见好转”而来医院就诊。最初发病是在 10 个月之前，从耳廓开始出现病变，涂敷了外用的肾上腺皮质激素制剂，但病变进一步向面部扩散（图 132-1，图 132-2），且在四肢端，特别是前肢爪周围同样出现脱毛和皮痂（图 132-3）。伴随这些症状，出现精神沉郁和食欲下降。此外，伴发外耳炎。目前，在其他医院用波尼松龙（1mg/kg，每隔 24h）、多西环素和盐酸赛庚啶一（止痒药）进行治疗。没有进行皮肤病理组织学检查。在原医院的皮肤搔挠检查中没有发现外寄生虫。在挤压涂片检查中，发现了球菌，用头孢治疗了 2 周，但无效。在 CBC 呈现白细胞增多， 但血液化学筛查中没有发现异常。在细菌鉴定检查中，查出肠球菌。

问题

（a）确诊应进行何种检查？

（b）这种治疗方法，为什么没有治愈？

图 132-1

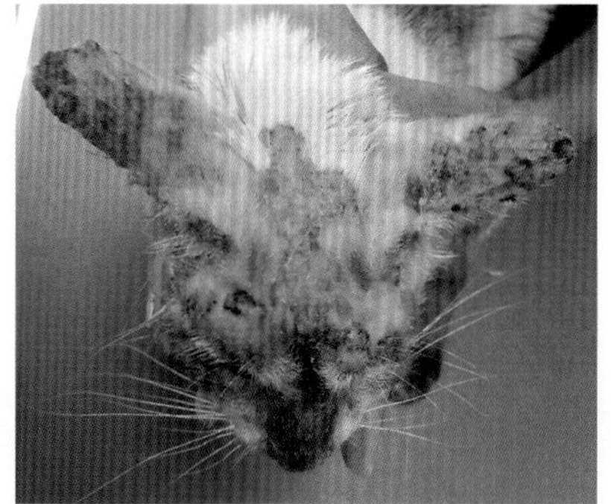

图 132-2

图 132-3

解答

（a）对于病变部位进行细胞学检查，当不怀疑感染时，应进行生物学检查和皮肤病理组织学检查。

当通过细胞学检查没有检测到细菌或真菌感染时，进行皮肤的病理组织学检查。

在本病例中检测到由球菌引起的细菌感染。在这种情况下，先用抗生素治疗2~3 周，以消除脓皮症，然后在进行病理组织学检查。与脓皮症中出现的变性嗜中性白细胞和球菌相比，天疱疮时出现非变性嗜中性白细胞和肌溶解细胞。特别是在没有受损脓疱中无细菌，且多数为非变性嗜中性白细胞和肌溶解细胞时，其为落叶天疱疮的可能性极高。做了细胞学检查之外，如果仍具有脓疱时，不要破坏脓疱，对其用于生物学检查。具有许多病变部位时，其脓疱受损后，由厚厚的痂皮覆盖。

（b）即使给予波尼松龙，但若剂量为 1mg/kg 时，常常无效。

在病变发生一定的改善之前，给予免疫抑制量的肾上腺皮质激素制剂。一般情况下，每隔 24h 投与波尼松龙（2~4mg/kg），当症状减轻或治愈后，经数周或数个月逐渐减量，最终维持症状消失或能容忍症状的最小剂量。

由于需要长期的免疫抑制治疗，因此，在治疗前必须进行 FeLV 和 FIV 检查。

●要点

- 猫不存在易发落叶天疱疮的品种。在各种年龄段均可发病，不过发病最多的是中年期。病变最常发生的部位为面部、耳廓、爪周围和乳头周围，其中，耳廓的病变发生频率最高，可形成厚厚的固着性的痂皮。由于外耳道内的皮痂脱落而伴发外耳道炎。本病例中，这些临床症候与落叶天疱疮相一致，因此，根据视诊，落叶天疱疮也纳入鉴别诊断疾病中。

●医嘱

- 需要长期治疗，如果症状得到缓解，则用最小剂量的药物就能予以维持。
- 长期使用肾上腺皮质激素的副作用下，有可能引发肝病和糖尿病。因此，有必要进行定期治疗评估。
- 紫外线对于猫天疱疮的影响尚不清楚。

病例 133 犬，雪特兰，面部和尾脱毛

症 状

雪特兰犬，5 岁，雌性。在 4 个月龄时，发现面部脱毛，用抗生素和氢强的松进行了治疗，但症状没有得到改善。

检查时发现眼周围、鼻梁、颊部、耳廓和尾端及四肢出现脱毛、红斑、痂皮、色素沉着和形成瘢痕，鼻部出现色素脱失（图 133–1，133–2）。此外一般状态良好，症状出现好坏反复，没有发现瘙痒和疼痛。

由本犬产下的幼犬中，有的也出现面部、四肢和尾脱毛（图 133–3）。

问题

（a）可能的诊断病是什么?

（b）什么犬种中易发?

（c）主要发病年龄是?

（d）皮肤以外可见的症状是?

图 133–1

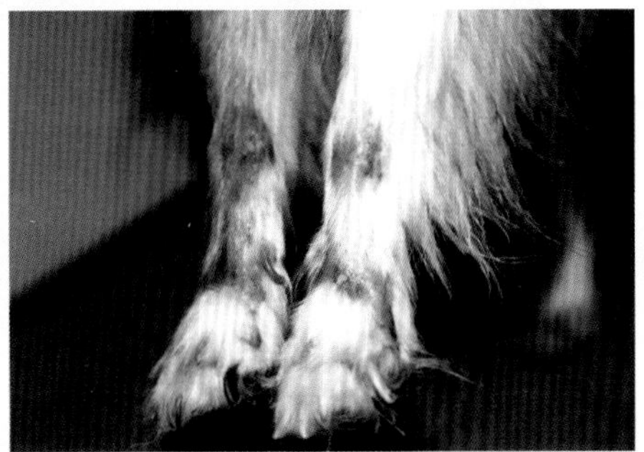

图 133–2

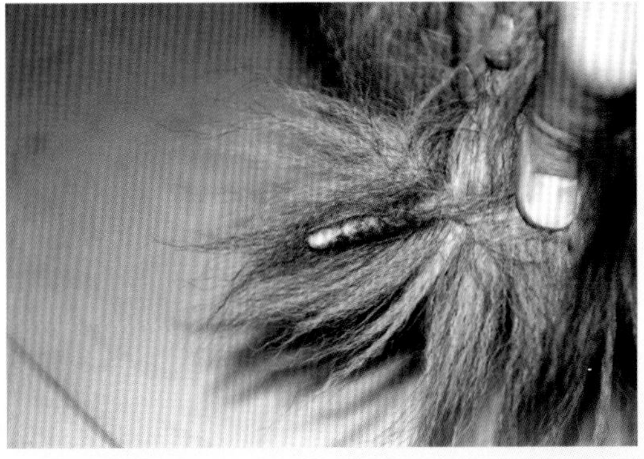

图 133–3

解答

（a）根据本病的犬种、发病年龄、家族史和临床症状，怀疑为家族性皮肤肌肉炎。当发现面部出现伴有脱毛的炎症性皮肤症状时，需要鉴别的有蠕形螨症和脓皮症和皮肤真菌症等的感染性皮肤疾病、圆盘状红斑狼疮（皮肤红斑狼疮）等的自身免疫性疾病和血管炎等疾病。

（b）据报道，犬的家族性皮肤肌肉炎发生于雪特兰犬及其杂交后代，不过，据报道，相似的缺血性皮肤疾病也见于其他犬种。

（c）一般情况下，生后2~6个月龄发病，而成犬极少见。皮肤症状出现于鼻梁、眼周围、口唇、耳廓尖端、尾端、四肢的骨隆起部位等区域。皮疹呈现各种程度的丘疹、水泡、脱毛、红斑、鳞屑、痂皮、糜烂、溃疡、色素沉着或色素失调、瘢痕形成（图133–1，图133–2，图133–3）。通常不出现瘙痒症状。

（d）肌炎和血管炎。在雪特兰发病时，当皮肤症状出现以后，可观察到左右对称性的侧头肌和咬肌的萎缩。在严重的病例，有的出现发育迟缓和跛行及诱发拒食道症。

●要点

- 犬的家族性皮肤肌肉炎是引起皮肤和肌肉及有时血管炎症的，比较罕见的遗传性疾病，在柯利犬中属于常染色体性优势遗传模式。
- 在发病诱因上，除遗传因素以外，可能还与自身免疫机制、细菌和病毒感染和光照相关。
- 成犬发病极其罕见，不过，外伤、发情、分娩及长时间的日光照射可能与诱发或者复发有关联。患有本病的犬应避免光照和外伤，如果发生继发感染，则要用抗生素或药浴进行对症治疗。有的病例可通过使用必需脂肪酸或己酮可可碱来缓解皮肤症状。

●医嘱

- 犬的家族性皮肤肌肉炎是病因不明的遗传性疾病，尚未见有发病与性别的相关性的报道。不存在传染同居动物和人的危险，但应避免患病犬的繁殖。
- 一般情况下，在生后6个月之前发病，大多数在1岁左右时自然痊愈。
- 从留有瘢痕而症状改善的病例、面部、四肢、尾皮肤症状持续存在的病例，到肌肉症状严重而长期生存困难的病例等，其预后各种各样。

病例 134 犬，未绝育雄性，被毛菲薄，下腹部线状红斑

症 状

雪特兰犬，6 岁，未绝育雄性，3 天前开始腹泻而来医院就诊。在一般检查中，被毛无光泽而干燥。躯干和尾的被毛变薄（图 134–1，图 134–2），腹部出现脱毛。此外，从包皮至阴茎形成线状红斑（图 134–3）。CBC 中无特别异常，血液生化检查中，ALP 为 879IU/L。

问题

（a）鉴别诊断有哪些？可能是什么病？

（b）除对腹泻进行检查之外，还要检查什么？

（c）适合做何种处置？

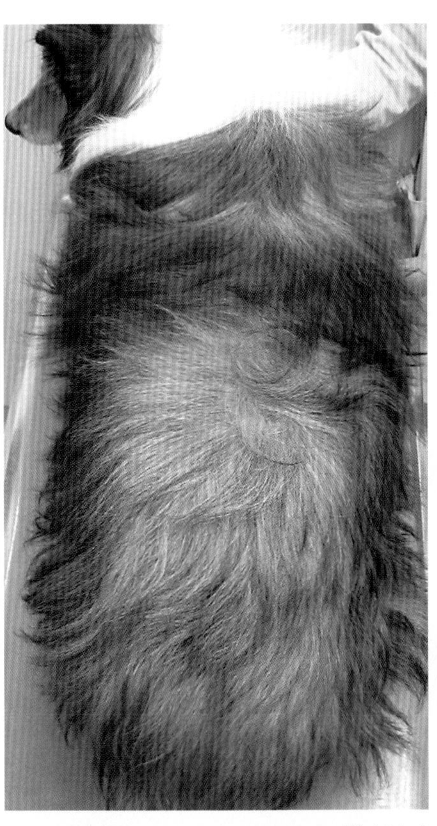

图 134–1

图 134–2

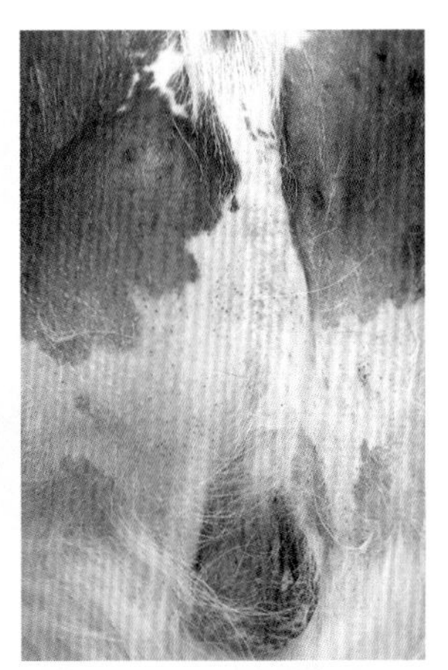

图 134–3

解答

（a）可列举的对称性非炎症性脱毛的鉴别诊断有甲状腺机能低下、肾上腺皮质机能亢进、性激素性失调、脱毛症 X 等。其中，出现从阴茎至睾丸的线状红斑症状的可能是伴有脱毛症状的雌激素过剩。

（b）通过触诊确认睾丸，当发现为潜在睾丸（隐睾）时，通过 X 线和超声波等图片检查，加以确认。此外，通过 CBC 评价雌激素对骨髓的影响，对甲状腺和肾上腺机能已进行评价。本病例中，雌激素值呈现高值的 84pg/mL（参考值：雄性 15 以下，雌性 26~62，发情期 75 以上）。此后，实施隐睾的摘除手术，通过病理组织学检查诊断为支持（足）细胞瘤。

（c）实施潜在睾丸（隐睾）摘除手术及去势手术。

●要点

- 隐睾构成支持细胞瘤和间质细胞瘤的发病因素。
- 在支持细胞瘤和睾丸间质细胞瘤等的分泌性细胞瘤，常常引起雌激素产生过多。这种情况下，除出现像本病例的皮肤症状之外，还会引起对侧睾丸的萎缩、雌性化乳房的形成及包皮下垂等。
- 一般情况下，由于骨髓被抑制而出现造血机能障碍（贫血、白细胞减少及泛血细胞减少），对此应予以重视。

●医嘱

- 在健康身体检查等过程中发现为隐睾时，必须向主人解释清楚，并说明实施隐睾摘除和绝育手术的必要性。
- 应说明，在多数病例中，由雌激素对骨髓抑制而引起的症状是不可逆的，由此可能会危及生命。

病例 135　犬，雪特兰，鼻和肢端红斑，脱毛

症　状

雪特兰犬，6 个月龄，雌性。1 个月前开始在鼻梁、前肢端部和尾出现红斑和脱毛而来医院就诊。没有瘙痒，脱毛范围逐渐扩大（图 135-1，图 135-2）。在初诊时发现出现鼻梁部脱毛和红斑，但没有出现糜烂和痂皮。健康状态良好，在皮肤鉴别检查和血液检查中未见异常。

问题

（a）鉴别诊断中最可能的疾病。

（b）病因是什么?

（c）应采取何种治疗方法?

图 135-1

图 135-2

解答

（a）可列举的鉴别疾病有雪特兰和柯利犬的家族性皮肤肌肉炎、血管炎、甲状腺机能低下症、全身性红斑狼疮等。本病例，从犬种为雪特兰，发病年龄为 6 个月未满，在鼻镜、尾端和四肢骨隆起部位出现病变等情况，最有可能的疾病为家族性皮肤肌肉炎。

（b）虽然病因尚不清楚，一般认为，它是涉及遗传因素的免疫介导性的病态及与末梢血管障碍相关。

（c）有的病例没有经过治疗仅保留瘢痕而痊愈，而有的病例不仅保留瘢痕而且出现渐进的肌肉萎缩而出现长期痛苦。有效的治疗方法，可经口给予与维生素 E（每隔 24h，400~800IU/ 只）、己酮可可碱（每隔 24h，25mg/kg）或者波尼松龙（每隔 24h，1mg/kg），采用此方法，用药至病变发生改善。

●要点

- 一般情况下从 2~6 月龄开始发病，同胞幼子中的多只可同时发病。
- 病变通常为非瘙痒性，主要为鼻梁部、耳廓部、口唇部、尾部和四肢的骨隆起部位出现红斑、脱毛、糜烂、溃疡和痂皮。
- 有的病例除皮肤症状以外，还出现肌肉萎缩，出现步态和咀嚼异常。

●医嘱

- 应向主人说明该病为遗传性疾病，即使治疗其症状可能难以改善。
- 预后与其严重度不同而呈现差异，幼年期发病的可以自然痊愈，而成年期发病时，则不能自然痊愈。此外，即使病变消失，有时会复发。

病例 136 犬，12 岁，强烈瘙痒，鳞屑

症 状

小型腊肠犬，12 岁，雄性。几个月前开始出现强烈瘙痒、鳞屑和脱毛（图 136-1，图 136-2）。在其他医院用波氏松龙和抗生素（口服）进行了治疗，不但病情没有得到改善，反而病变部位逐渐扩大，为此来医院就诊。对此犬进行了定期蚤预防。每天散步 2 次，每月去一次美容，除此之外，主要待在屋里。最近，主人也出现伴有瘙痒的丘疹（图 136-3）。

问题

（a）可能是什么疾病?

（b）需要哪些检查?

（c）如何治疗?

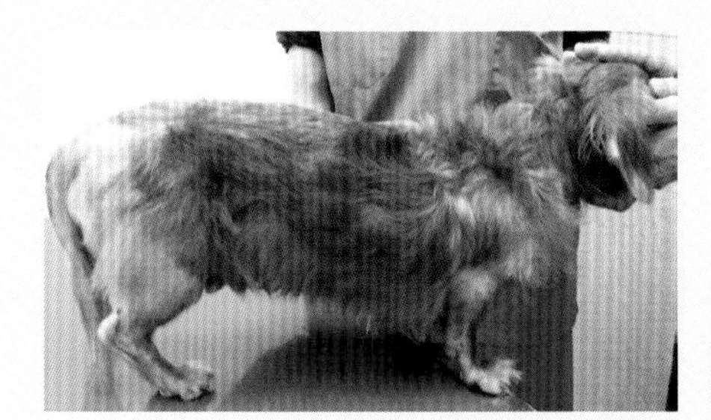

图 136-1

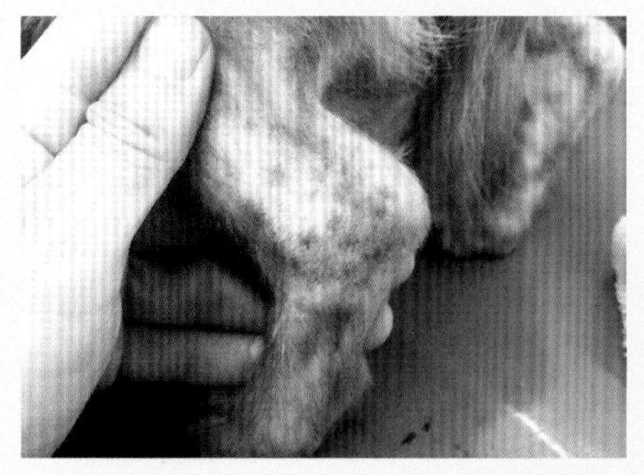

图 136-2

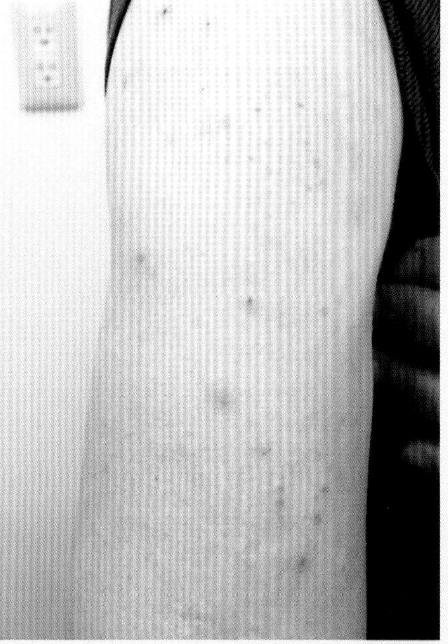

图 136-3

(a) 疥螨。

(b) 需要进行详细的皮肤搔挠检查。即使没有发现外寄生虫，也要探索试验性治疗（例如赛拉霉素，伊维菌素）。

(c) 如果是疥螨，极有可能其感染身边的同种动物，因此，应调查同居动物或接触过的动物是否存在同样的症状，并隔离患病犬。作为治疗，可以考虑以下方法，即外用赛拉霉素（6mg/kg，1次/月，共2次，或1次/2~3周，共3~4次），皮下注射伊维菌素（200~400μg/kg，1次/2周，共2~3次），口服伊维菌素（200~400μg/kg，1次/周，共4~6次），用双甲咪药浴（250mg/kg，1次/2周，共2~3次），外用非普罗尼喷剂（1次/月，共2次），口服米尔倍霉素（2mg/kg，1次/周，共3次）。

●要点

- 犬疥螨病是由犬疥螨引起的，对宿主特异性极强，不过也可对人和其他动物产生一过性症状的人畜共患传染性疾病。作为抗原的疥螨的上皮、唾液、粪便等中含有的成分可诱发过敏反应，呈现强烈的瘙痒。
- 对于疥螨的诊断，通过查出疥螨即可确诊。感染部位在皮肤表面（皮肤角质内），在皮肤搔挠试验时，仅仅搔挠浅层即可，不过应尽量选取多个病变部位进行检查。
- 对于疥螨，如果选择了适当的治疗方法就能治愈。即使通过皮肤检查没有查出疥螨，如果怀疑为此病，建议采取积极的试验性治疗。

●医嘱

- 由于犬疥螨不仅感染犬，而且有可能引起人和猫等动物而发生一过性症状的人畜共患传染病，因此，需要告诉主人，在病犬康复之前，免疫力特别低下的人和动物应避免接触。
- 告诉主人，疥螨虽然在脱离犬身体之后的3天内就会死亡，但病犬接触过物和场所（例如床、服装、玩具）应用50℃以上的温水进行清洗或者用杀疥螨有效的制剂等进行喷雾消毒。
- 告诉主人，对于犬疥螨，如果通过皮肤搔挠试验查出疥螨就可以确诊，不过有时不易查到，根据情况，应采取积极的试验性治疗。

病例 137 犬，博美，颈部和大腿部脱毛

症 状

博美犬，4 岁，未绝育雄性。由于颈部脱毛和瘙痒来医院就诊。 病犬全身的初生毛很少，几乎都是再生毛 (图 137–1)，可见颈部和大腿部尾侧脱毛 (图 137–2，图 137–3) 。在颈部脱毛部位出现表皮小环。在对表皮小环部位的挤压涂片检查中，观察到少数的嗜中性白细胞和球菌，在多处的被毛检查中，几乎所有的毛的毛根处于休止期。在血液检查中未见异常。

问题

(a) 从犬种、脱毛部位、血液检查结果，最可能为哪种疾病? 此外，采取何种方法进行诊断?

(b) 本病犬呈现瘙痒，是引起脱毛的原发要因吗?

(c) 有何治疗方法? 此外，各种治疗方法有何特点?

图 137–1

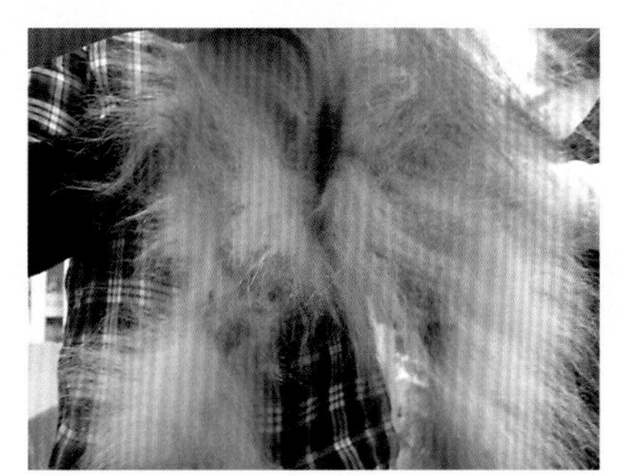

图 137–2

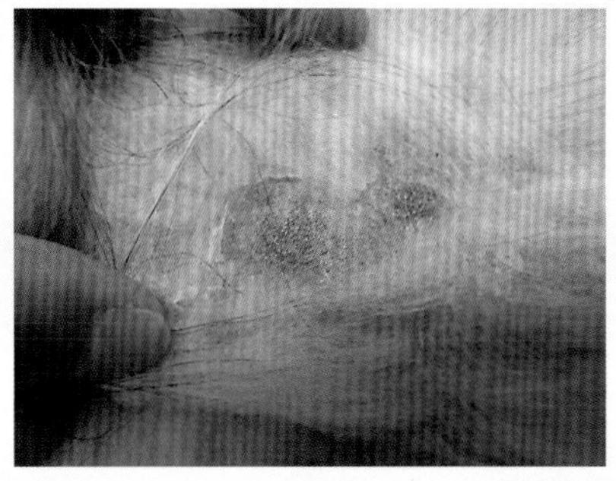

图 137–3

解答

（a）本病犬的全身初生毛减少，残留有纤细柔软的再生毛。颈部、大腿部尾侧出现脱毛，大腿部尾侧出现色素沉着。此外，患病犬为北方犬种的博美犬。另外，根据血液检查中没有发现异常，最可能的疾病是脱毛症 X。

脱毛症 X 是见于博美等源于北方的犬种的脱毛症。

依据犬种、脱毛部位（颈部、背部、大腿部尾侧）怀疑为本病，再根据发病年龄（2~5 岁）、身体检查及排除其他内分泌疾病后最终诊断。

（b）通常由脱毛症 X 引起脱毛不会诱发瘙痒。如图所示的那样，本病例多处出现表皮小环，通过挤压涂片检查明确了病犬呈现浅在性脓皮症。经口服头孢（22mg/kg，2 次 / 天，持续 2 周），使瘙痒和表皮小环症状得到改善。当皮肤干燥时，应通过清洗以保持湿度。

（c）作为治疗的选项，对于未绝育的进行绝育手术，经口给予褪黑素或曲洛斯坦，或者无需治疗。尚不清楚通过绝育手术能否促进被毛完全再生，但如果可能还是实施绝育手术。持续口服 1~3 个月褪黑素（3~12mg/ 只，每隔 12~24h），褪黑素的优点在于副作用较小。

曲洛斯坦被许可用于治疗库欣氏症候群，不过在本病治疗上使用后诱发被毛再生的几率极高。但是，由于对肾上腺具有抑制作用，由此会产生副作用，因此，有必要对其予重视。对于本病的最大问题在于犬的美观，如果采用药浴等香波治疗和继发感染治疗，大多数情况下不成问题。此外，主人通过给病犬穿上外套以掩盖脱毛而得以满意。

●要点

- 根据犬种就可以作出初步诊断，通过血液检查和皮肤检查排除其他疾病，由此可以确诊。病犬的皮肤防御机能降低，如果加强保湿和预防继发感染，就能保持良好皮肤屏障。

●医嘱

- 由于本病仅关乎犬的外观，而健康上无大碍，因此，不进行治疗也是一种选项。
- 由于几乎无副作用，因此推荐实施绝育手术和使用褪黑素的治疗。

病例 138 犬，标准贵妇，脱毛和鳞屑

症 状

标准贵妇，6 岁，绝育雄性。1 年前开始出现对抗生素无反应的鳞屑和脱毛而来医院就诊。在初期，本病犬的颈部、躯干、腰荐部出现上述症状，所有的发疹也呈现斑状型。据说发症部位没出现瘙痒症状。皮肤检查发现，毛干中附有厚厚的鳞屑（图 138-1），不过没有观察到外寄生虫和真菌。

问题

（a）可能为何种疾病?

（b）如何确诊?

（c）采取何种方法治疗?

图 138-1

解答

（a）犬皮脂腺炎。

（b）为了确诊必须进行皮肤病理学检查。当皮脂腺部位出现肉芽瘤性炎症和皮脂腺消失时，可重点怀疑为此病。

（c）减轻鳞屑采取角质溶解香波和保湿。有报道称环孢霉素 A（5~10mg/kg，每隔 24h）不仅可以缓解症状而且促进皮脂腺再生。祛苔藓制剂也可用于本病治疗，不过要留意诱发畸形皮脂腺等副作用。

●要点

- 据认为标准贵妇、秋田犬、比兹拉犬等好发犬皮脂腺炎，不过，对于其他犬种的皮脂腺炎也有报道。
- 本病出现头部、耳廓部、躯干部、腰荐部等斑状至糜烂性的脱毛及附着有厚厚的鳞屑等症状。可通过肉眼观察到毛干部附着厚厚的鳞屑（毛囊角栓）。
- 确诊本病需要做皮肤生物学检查。在病理组织学上，如果观察到与皮脂腺部一致的肉芽肿性炎和皮脂腺的显著消失，即可考虑为本病。

●医嘱

- 本病虽然难以根治，但通过治疗其症状可以得到改善，因此，根据确诊情况，有必要选择适当的治疗方法。

病例 139 犬，雌性，皮痂，表皮小环

症 状

小型腊肠犬，10 岁，雄性。3 岁时首次出现皮肤症状和外耳炎以来，病情不断反复。根据其他医院开的处方，即口服头孢菌素后瘙痒症状有所缓解，但皮疹没有得到改善，因此，其后停止口服用药，从 4 年前开始，每隔 2 周进行 1 次浸泡泡浴。

到医院的观察结果，除头部以外，全身各处的被毛部中散在有表皮小环，且附着有痂皮（图 139–1）。揭开表皮小环的痂皮后，露出可见的红斑（图 139–2），通过此处进行挤压涂片检查结果，检查出大量的球菌（图 139–3）。定期进行了跳蚤预防，最近几年一直坚持食喂含生蛋白的过敏用疗法食物。

问题

（a）可疑的诊断是什么？

（b）和哪种疾病需要鉴别？

（c）需要进行哪种检查和调查？

（d）需要怎样管理和治疗？

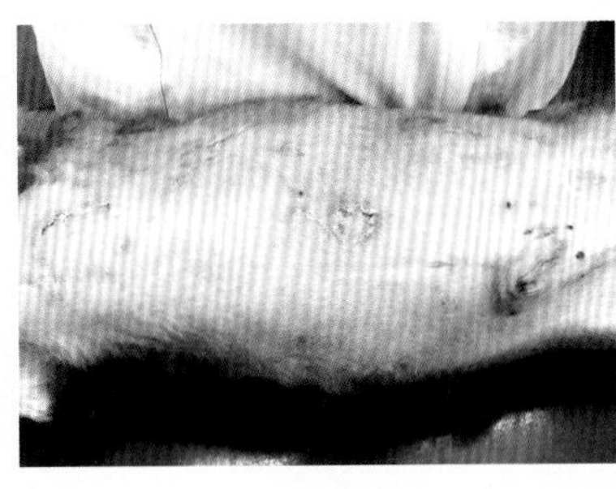

图 139–1

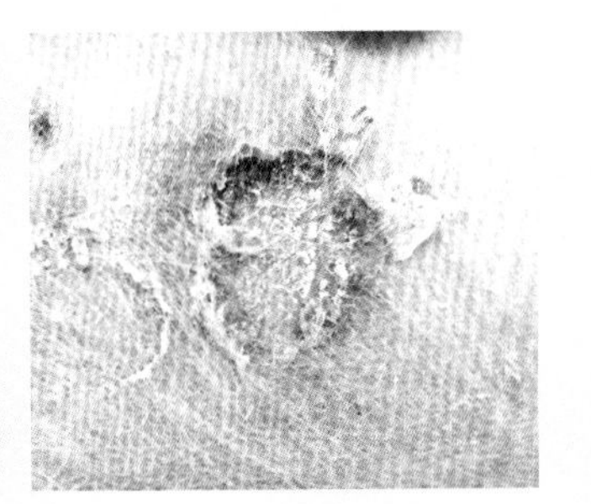

图 139–2

图 139–3

解答

（a）浅在性脓皮症。

（b）多形红斑、落叶天疱疮、上皮性淋巴瘤、蠕形螨症、皮肤真菌等。

（c）需要进行挤压涂片检查、皮肤搔挠检查、被毛检查、细菌培养检查和敏感性试验。此外，由于是高龄，因此认真观察一般状态的基础上，进行血液检查和尿液检查，并进行原发病的相关情况调查。

（d）作为浅在性脓皮症的治疗，需要全身性给予具有敏感性的抗生素。对于本病例，据说在过去投予头孢菌素后得到良好的效果，因此，需要详细了解当时所使用量和使用方法的具体情况，并在重新做药物敏感试验的基础上，需要判定增殖菌对头孢菌素是否具有耐药。抗生素的使用至少持续 2 周时间，然后才能判定其效果。除此之外，如果发生像本病例这样的全身出现再发性脓皮症时，需要并用含抗生素的浴液进行药浴治疗。抗生素药浴治疗应每周进行 2 次，至少持续进行 2 周后对其效果进行评定。如果这些治疗无效，且没有通过一般血液检查等确诊原发疾病时，希望进行皮肤生物学的病理组织学检查。由于本病例在一般血液等检查中没有发现异常，在经敏感性试验的基础上投与米诺环素（PO，每隔 12h，8mg/kg），并在剃毛后，用含抗生素浴液进行了药浴治疗，经 3 周病情呈现改善的倾向。

●要点

- 用于治疗浅在性脓皮症的抗生素有头孢氨苯(22~30mg/kg，每隔 12h)、米诺环(5~12 mg/kg，每隔 12h ）、阿莫西林克拉维酸（22mg/kg，每隔 12h）、（5mg/kg，每隔 12~24h）、（5mg/kg，每隔 24h）、思诺沙星（8mg/kg，每隔 2 周 1 次，SC）等，至少连续使用 2 周后进行效果判定。
- 抗生素浴液含有洗必泰、过氧化苯、磺氟、乳酸醚等，基本的使用方法为，每周进行 2 次，连续用 2 周后进行效果评定。对于全身出现的病变，可探讨剃掉被毛的必要性。
- 对于顽固性和再生性浅在性脓皮症，在进行细菌培养和敏感性试验的基础上，需要评定所使用的抗生素是否适合。
- 用合适的抗生素治疗后仍无效的脓皮症，在了解原发病的基础上，实施皮肤生物学的病理组织学检查。

●医嘱

- 应向主人说明，浅在性脓皮症是在免疫力低下或皮肤机能低下的条件下，由于常在菌（特别是伪中间型葡萄球菌繁殖过度引起的疾病，其不感染人和其他同居动物。
- 当高龄犬患有顽固性和再生性浅在性脓皮症时，应向主人说明，需要进行一般检查，或根据情况进行内分泌机能检查、透视检查等，以了解是否存在诱发免疫力低下的原发疾病。

病例 140 犬，绝育雄性，脱毛和痂皮

症 状

吉娃娃，10 岁零 2 个月，绝育雄性，体重 2.4kg。2 周前开始，从躯干（图 140–1）、眼周围和鼻梁至颊部（图 140–2）、胸背部（图 140–3）和大腿部的后侧（图 140–4）排出脓汁，并出现脱毛。在其他医院用蒽诺沙星（15mg/只，每隔 24h）和用碘氟消毒等治疗，但没有效果，为此来医院就诊。

问题

（a）鉴别诊断的疾病有哪些？

（b）图 140–5 是对脓疱的细胞学检查中观察的结果，可见什么细胞？

（c）如何诊断？

（d）治疗方法包括哪些？

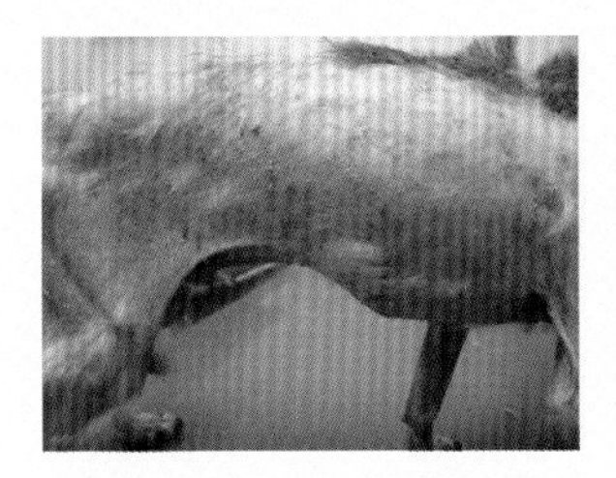

图 140–1

图 140–2

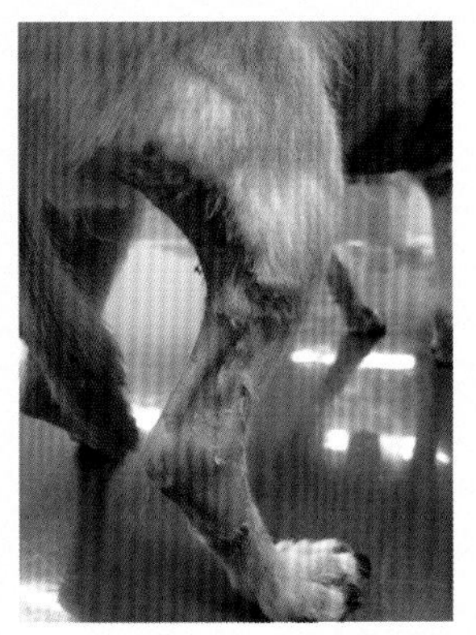

图 140–3

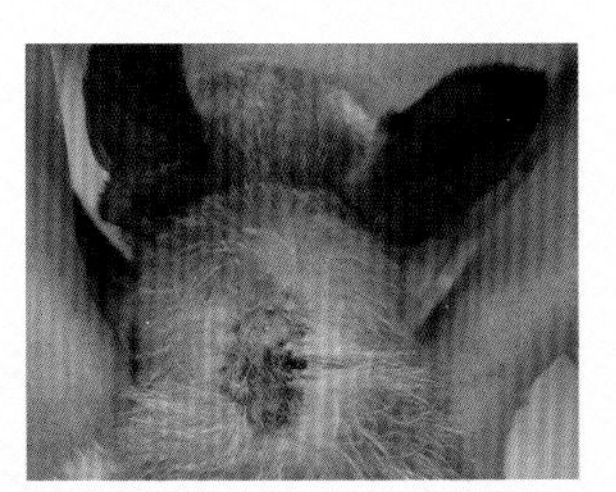

图 140–4

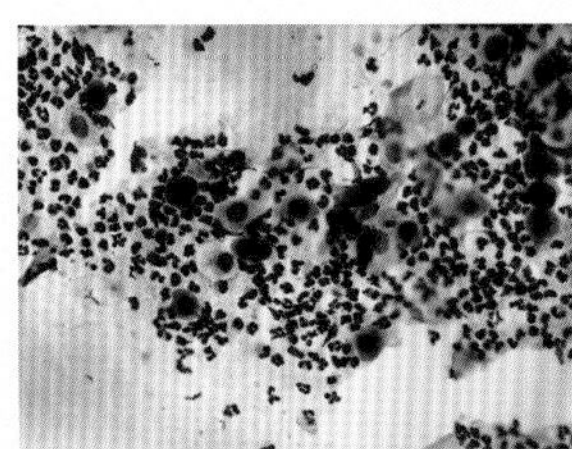

图 140–5

解答

（a）可列举的鉴别诊断疾病有浅在性脓皮症、皮肤真菌症、蠕形螨症、上皮性淋巴瘤、落叶天疱疮、角质层下脓疱性皮肤症、药疹等。

（b）见有大量的大型且具有嗜酸性核的肌溶解性细胞和未变性嗜中性白细胞。观察不到细菌。

（c）综合临床症状、细胞学和病理组织学检查结果，诊断为落叶天疱疮。

（d）在治疗中，使用波尼松龙（2~4mg/kg，每隔 12h，PO），作为并用的药物有阿卟啉（2mg/kg，PO，1~2 天 1 次，猫不能用）、金葡聚糖（1mg/kg，每隔 7 天，IM）、环孢霉素（2.5~5mg/kg，每隔 12h，PO）、四环素和尼先安（体重 10kg 以上时，各 500mg，每隔 8h，PO；体重 10kg 以下时，各 250mg，每隔 8h，OP）等。

●要点

- 落叶天疱疮在犬和猫的自身免疫性皮肤疾病中最为常见的疾病。它是由自身产生的针对复层扁平上皮的细胞间连接装置（可能是桥粒黏合斑蛋白）的自身抗体（通常为 IgG）引起的疾病。即由于抗体沉积于细胞间，引起表皮最上层的细胞与细胞间出现分离现象。由此分离出来的细胞被称为肌溶解细胞。
- 初期病变为浅在性脓疱，但往往不易发现，通常主人发现的都是继发病变（浅在性糜烂、红斑、鳞屑、痂皮、表皮小环、脱毛等）。
- 通常病变从鼻梁、眼周围及耳廓开始，并逐渐向全身扩展，不过几乎不出现包括脏器在内的全身性症状，瘙痒程度也可各种各样。在犬通常不出现黏膜病变。在猫，有的病例出现爪床和乳头周围的病变。

●医嘱

- 落叶天疱疮为自身免疫性疾病，在犬和猫中最为常见。通常，仅仅在皮肤中出现病变，瘙痒程度各种各样。通常大多数预后良好，不过维持缓解状态需要进行终身治疗。

病例 141 犬，鼻溃疡并发肿瘤

症 状

杂种，10 岁，绝育雄性。由于鼻镜部发生肿瘤而来医院就诊。在鼻镜部局部形成伴有溃疡的肿瘤（图 141–1）。周围伴有色素脱失。虽然主人没有注意到，但躯干部也观察到红皮症（图 141–2）或伴有溃疡的局面、肉枕的糜烂及色素脱失（图 141–3）等。据说一般健康状态无异常，几乎无瘙痒。在身体检查中出皮肤以外无异常。

问题

（a）发现漏查多个症状，应该从哪几点看待皮疹?

（b）可能的疾病是什么?

（c）生物学检查中应注意的事项?

（d）治疗方法?

图 141–1

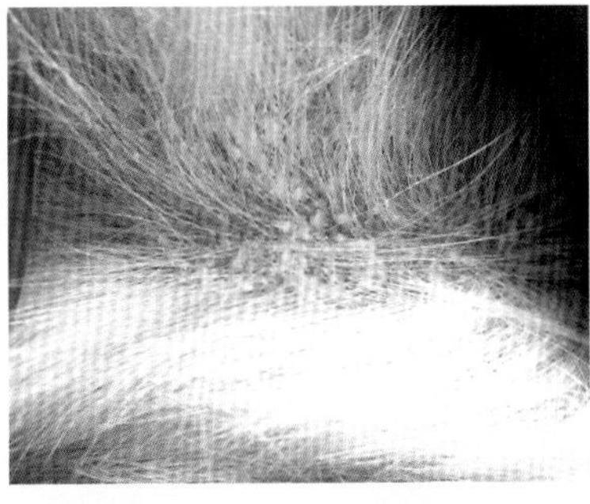

图 141–2

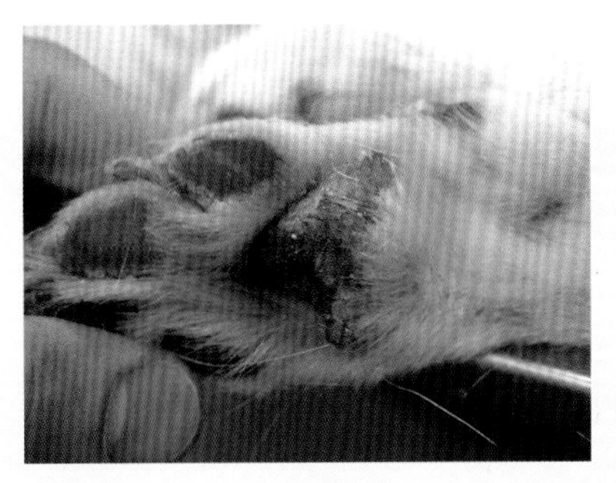

图 141–3

解答

（a）应关注图 141–1，图 141–3 中出现的色素脱失。如果发生色素脱失，表明发生波及基底膜损伤的疾病。此外，像图 141–1 所示那样呈现增生性病变时，显示发生浸入基底膜后增生的肿瘤性疾病。此外，对于红斑症，其在疥螨和过敏性皮肤炎中也发生，不过本病例中关注无瘙痒这一点。

（b）从临床症状上看，上皮性淋巴瘤（菌状息肉症）的可能性最大。

（c）由于呈现各种各样的病理变化，因此，希望尽量采集多处且不同病变的样本。如果仅采集一个部位的样本进行生物学检查，则不能从病理组织学角度进行最终诊断。

（d）以往用一种维生素 A 的异维 A 酸（1~3mg/kg，每隔 24h，PO）等方法。此外，据报道，用 CCNU（50~100mg/m^2）等治疗也可获得良好的效果。

●要点

- 上皮性淋巴瘤是向表皮和衍生物中侵入为特征的淋巴细胞系的肿瘤性疾病。
- 发病时期可分为红皮症期、局面期和肿瘤期，不过往往很难区分。所以很难严格对其划分。
- 由于临床症状变化非常复杂，Scott 等建议采取如下的分类方法。
- ①剥脱性红皮症；②皮肤黏膜境界部病变；③孤立性或多发性局面或结节；④口腔内溃疡性病变。
- 由于临床症状多种多样，因此，需要和多种疾病进行鉴别。

●医嘱

- 向主人说明，该病预后不良。
- 有的病例的病程发展很快，而有的维持 2 年左右的临床经过。
- 由于异维 A 酸和 CCNU 为在日本尚未获得许可的药物，如果使用该药时，应预先争得主人的同意。

病例 142 犬，吉娃娃脱毛

症 状

吉娃娃，1 岁零 3 个月龄，绝育雄性，由于脱毛而来医院就诊。生后 3 个月龄开始，大腿部的被毛变薄，此后脱毛逐渐向头部、颈部和四肢部扩展。经观察发现颈部、耳廓外侧、背部、四肢为中心的全身脱毛（图 142-1，图 142-2，图 142-3）。

问题

（a）应采取何种检查及可能为何种疾病?

（b）本病的病因?

（c）如何治疗? 预后如何?

图 142-1

图 142-2

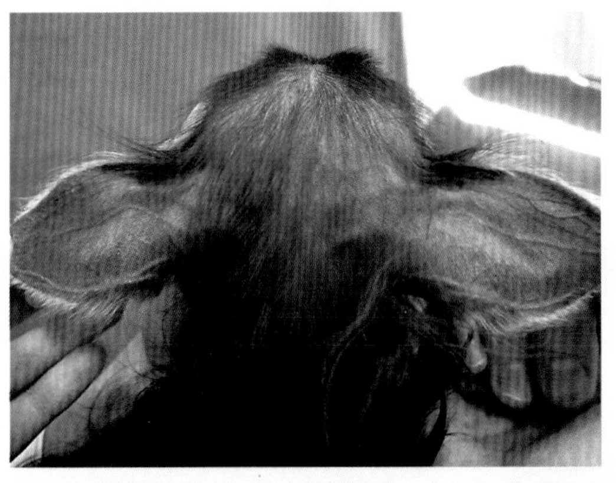

图 142-3

解答

（a）除脱毛以外没有可见的皮肤疾病，根据生后早期出现脱毛的特点，怀疑可能是遗传性脱毛症。此外，本病犬的被毛颜色为黑褐色，根据留有白色被毛，而深色被毛脱落的情况，怀疑为淡色被毛脱毛症。通过挤压涂片检查和皮肤搔挠检查，排除感染症和外寄生虫症。另外，根据需要还要作为筛查进行血液检查，以排除可能由内分泌性疾病引起的脱毛。

在诊断淡色被毛脱毛症时，对拔毛的显微镜检查很重要。拔下脱毛部周围的同色被毛后，将其放入滴有无机油或生理盐水的载玻片上，然后盖上盖玻片后进行显微镜检查。

在本病例中，如图 142-4 所示的那样，在多处观察到毛干部形成的大的黑色素凝聚块。此外，在病理组织学检查中，也发现毛囊内形成大量的黑色素凝聚 (图 142-5)，本病例为淡色被毛脱毛症。

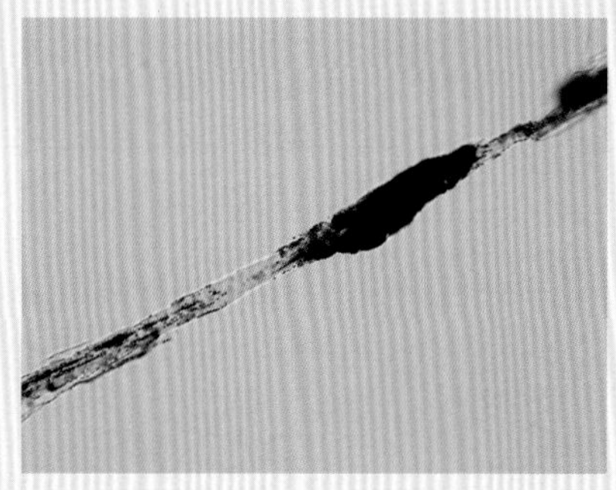

图 142-4

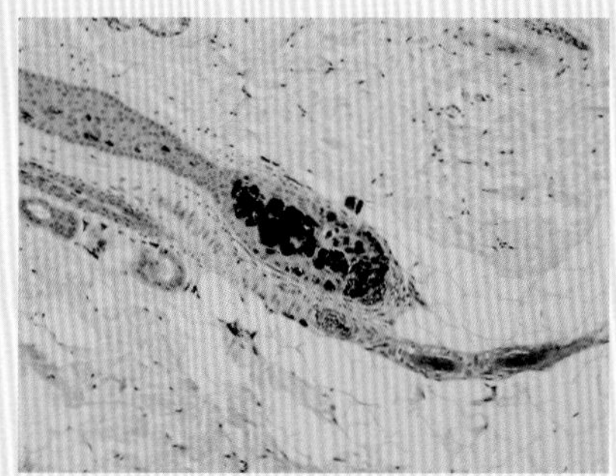

图 142-5

（b）淡色被毛脱毛症根据形成大量大的黑色素凝聚情况看，被毛未能正常发育，因此，也可以考虑被毛会发生脆弱和受到破坏。即在初期被毛不是脱落，而是中段折断。随着年龄的增长，毛囊不能正常发育，使被毛变得完全脱毛。对于本病例，认为黑色素从黑色素细胞输送发生异常是其原因之一，怀疑出现常染色体劣势遗传。

（c）认为本疾病是先天性黑色素运输异常为其根本原因，尚未见到有关有效治疗方法的相关报道。出现黑色素凝聚、伴有毛囊的脓肿化和继发感染，根据相应病变选择适当的抗生素制剂或洗浴进行治疗。本疾病只在外观上带来问题，对于动物的 QOL 不产生影响。

●要点

- 淡色被毛脱毛症（CDA）和黑色被毛毛囊异常症均与黑色素异常凝聚有关的脱毛症，其临床症状和病理组织学变化非常相似。
- 淡色被毛脱毛症在黑色或褐色等具有珍惜被毛的犬种发生，而黑色被毛毛囊形成异常症则在鲜明被毛为主色中具有暗色被毛形成斑点的犬种发生，其暗色被毛部发生脱毛。

●医嘱

- 本疾病为被毛结构上的异常其脱毛的原因，通过治疗改善脱毛极其罕见。不过，本病对动物健康不产生影响，对此应向主人求得理解。
- 不仅说明本病没有有效的治疗方法，还要在通过皮肤和血液检查、排除由感染症和内分泌疾病引起的脱毛症的可能性的基础上，说明其在健康上无影响。

伍德氏灯检查

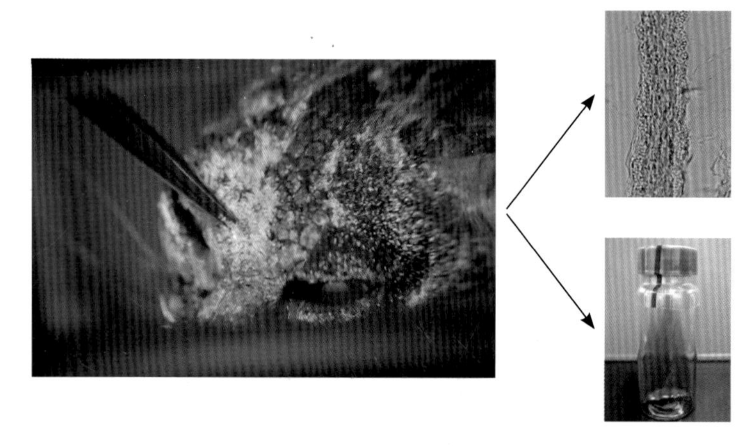

是用于检查皮肤真菌的简便检测方法，约 50% 的犬小孢子菌感染呈阳性反应（荧光发光）。当呈现阳性反应时，在伍德氏灯直射下采集感染的被毛后，用于直接显微镜检查和真菌培养检查。在检查过程中，应注意由鳞屑和痂皮及外用制剂等显示的假阳性。此外，还要注意即使伍德氏灯检查呈阴性，也不能否定皮肤真菌症存在的可能。

真菌培养鉴定

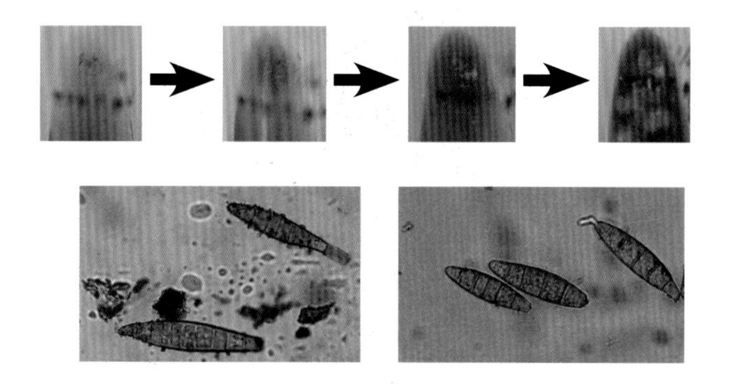

在下列情况下实施真菌培养鉴定检查。① 对皮肤真菌感染症，需要对作为感染源的皮肤真菌的菌种鉴定；② 当怀疑是深在性的皮肤真菌感染症等情况下，考虑实施该检查。在验证由真菌感染时，需要进行皮肤搔挠物直接镜检、细胞学诊断、拔毛检查和病理组织学检查，应理解真菌培养鉴定检查并不是直接验证真菌感染的特异检查。如果在医院中，用皮肤真菌简易培养基（DTM）进行培养鉴定检查时，应保持合适温度、湿度，并定时性（基本上每天都观察）观察培养基的颜色变化和菌落形成情况，如果形成了菌落，在显微镜观察大分生子和小分生子的形态。当被确认为犬小孢子菌时，可以考虑其感染源源于动物（特别是猫），而确认为石膏样小孢子菌时，其主要的感染源源于土壤。